21世纪高等教育计算机规划教材

计算机网络基础与应用

Computer Networks: Principle and Application

郑良斌 主编

李桐 解凯 副主编

U0258309

人民邮电出版社

北京

图书在版编目（CIP）数据

计算机网络基础与应用 / 郑良斌主编. -- 北京：
人民邮电出版社，2012.8（2019.12重印）
　21世纪高等教育计算机规划教材
　ISBN 978-7-115-28422-8

Ⅰ．①计… Ⅱ．①郑… Ⅲ．①计算机网络－高等学校
－教材 Ⅳ．①TP393

中国版本图书馆CIP数据核字（2012）第161010号

内 容 提 要

　　本书从应用的角度出发，在简单介绍计算机网络的发展过程、工作模式和应用领域等基本概念后，首先介绍 Internet 应用，重点讨论了信息检索、电子邮件、WWW、FTP、博客、播客、P2P 等应用，然后依次介绍 TCP/IP、局域网、Internet 接入技术、数据通信、网络安全等内容。TCP/IP 部分重点介绍计算机网络体系结构，IP、ARP、TCP、UDP、DNS、DHCP 等协议的基本概念及应用领域；局域网部分重点介绍数据传输介质、局域网介质访问控制方式、以太网协议和以太网组网方法；Internet 接入技术重点介绍网络互联设备的特点及应用场合、通过局域网和 ADSL 接入 Internet 的配置方式；数据通信重点介绍数据通信基础知识和差错控制基本方法；网络安全重点介绍计算机病毒、常见网络攻击及防范技术，数据加密、防火墙及软件防火墙的配置与使用。

　　本书的编写过程中，始终贯彻"以应用为主，理论与实践并重"的指导思想。从常用 Internet 应用为起点，自顶向下，由广域网到局域网，逐步分析支撑计算机网络应用的网络技术和解决方案；以应用为背景，将理论分析与实际操作训练有效结合，使读者能比较全面、深入地认识计算机网络，对具体的网络应用"知其然且知其所以然"。

　　本书可作为高等学校公共基础课教材，也可供计算机及其相关专业参考，还可作为培训教材和自学参考书。

21 世纪高等教育计算机规划教材

计算机网络基础与应用

◆　主　　编　郑良斌
　　副主编　李　桐　解　凯
　　责任编辑　刘　博

◆　人民邮电出版社出版发行　　北京市丰台区成寿寺路 11 号
　　邮编　100164　电子邮件　315@ptpress.com.cn
　　网址　http://www.ptpress.com.cn
　　北京捷迅佳彩印刷有限公司印刷

◆　开本：787×1092　　1/16
　　印张：17.25　　　　　　　　2012 年 8 月第 1 版
　　字数：452 千字　　　　　　2019 年 12 月北京第 7 次印刷

ISBN 978-7-115-28422-8

定价：36.00 元

读者服务热线：**(010)81055256**　印装质量热线：**(010)81055316**
反盗版热线：**(010)81055315**

前言

　　计算机网络正以前所未有的速度延伸到世界的每个角落，涉及人们生活的方方面面，使人类的工作和生活方式发生了巨大变化。现在，互联网已成为人们继报纸、广播、电视之外又一个更为重要的信息来源，当今社会已经逐渐成为一个运行在计算机网络上的社会。掌握计算机网络的常用应用，理解其工作的基本原理，对生活在现代社会的大多数人而言，尤其是已跨入大学校园的大学生，是必须且有益的。本书的编写目的就是为广大读者提供一本合适的学习计算机网络知识的教材。

　　现有的计算机网络教材大多数是从基本概念入手，按照物理层、数据链路层、网络层、传输层到应用层的顺序，自底向上、由局域网到广域网，逐步深入地解析网络原理与实现方法。这种教材的特点是循序渐进地介绍计算机网络相关知识点，便于读者由浅入深地理解网络工作原理和实现技术。编者通过多年的教学实践发现，计算机网络公共基础课采用这种教材，会使刚刚接触计算机网络课程的读者一开始就接触到很多计算机网络方面抽象的概念，容易使读者产出畏难情绪，不利于调动读者学习计算机网络的积极性。另外，计算机网络技术、解决方案层出不穷，读者在面对具体的计算机网络实际问题时，往往显得比较茫然，不能很好地将理论知识与实践有效结合。

　　本书采用"应用驱动"的思路，在简单介绍计算机网络的发展过程、工作模式和应用领域等基本概念后，首先介绍与实际生活密切相关的 Internet 应用，这样不仅能有效提高读者应用计算机网络的能力，还能激发读者学习计算机网络的兴趣。然后自顶向下、由广域网到局域网再到网络互联，逐步分析网络应用背后的计算机网络基本原理。本书的编写方式符合读者平时使用互联网服务功能的需求，针对具体的网络应用，逐步剖析网络工作原理，有利于读者将计算机网络基本原理与实际操作有效结合，使读者对计算机网络应用"知其然且知其所以然"。

　　本书由郑良斌主编，李桐、解凯副主编。参加编写的有郑良斌（第 1 章）、苗峰（第 2 章）、解凯（第 3 章）、李桐（第 4 章和第 6 章）、程明智（第 5 章）和陈红斌（第 7 章）。本书的编写得到北京印刷学院计算机专业和数字媒体技术专业全体教师的大力支持与帮助，并获得北京市教委专项"北京印刷学院电气信息类专业建设项目"的资助，在此深表感谢！

　　由于作者水平有限，书中不妥和错误之处在所难免，恳请读者批评指正。

编　者

2012 年 5 月

目 录

第1章
计算机网络概述

本章学习要点
- ➤ 计算机网络的发展历程
- ➤ 计算机网络的组成与分类
- ➤ 计算机网络的主要用途
- ➤ 互联网的工作模式与发展

1.1　计算机网络概念

计算机网络是指将地理位置不同的具有独立功能的多台计算机及其外部设备，通过通信线路连接起来，在网络操作系统、网络管理软件及网络通信协议的管理和协调下，实现资源共享和信息传递的计算机系统。

从定义可以看出：第一，只有两台或两台以上的计算机互连才能构成计算机网络，达到资源共享的目的。第二，信息传递需要一条通道，这条通道可以是物理的有线介质，如双绞线、同轴电缆或光纤等，也可以是无线介质，如激光、微波或卫星通道等。第三，计算机之间的通信必须遵循一些特定的协议。

从广义上看，计算机网络是以信息共享为目的，用通信线路将多个计算机连接起来的计算机系统的集合。从用户角度看，计算机网络可以理解为存在一个能为用户自动管理的网络操作系统，由它调用完成用户需要的资源，而整个网络就像一个大的计算机系统，对用户是透明的。

1.2　计算机网络的发展

计算机网络是现代通信技术与计算机技术相互结合发展的产物。这两者的结合体现在现代通信网络为计算机之间的数据传输和信息交换提供了必要的条件，而计算机技术的发展渗透到现代通信技术中，又提高了通信网络各方面的性能。计算机网络始于20世纪50年代，它的产生和演变过程经历了从简单到复杂、从低级到高级、从单机系统到多机系统、从终端与计算机之间的通信到计算机与计算机之间通信的过程。

1.2.1　联机系统

联机系统是由一台中央计算机连接大量地理位置分散的终端而构成的计算机系统。终端通常指计算机的外围设备，包括显示器、控制器及键盘等。在联机系统阶段，用户通过各自的终端与计算机连接，即通过终端设备使用本地或远程的计算机资源。需要说明的是，用户终端仅仅是一台输入输出设备，不具备任何计算能力和处理能力，所以这一时期的终端称为非智能终端。整个系统完全受控于中央计算机，若中央计算机故障或不开机，则整个系统就无法运行。

联机系统是通过公用电话系统将终端设备与中央计算机相连，计算机与公用电话系统以及公用电话系统与用户终端设备之间的连接是通过调制解调器（modem）实现的。调制解调器俗称"猫"，它是通过电话拨号接入网络的必备硬件设备。通常计算机内部使用的是"数字信号"，而通过电话传输的信号是"模拟信号"。调制解调器的作用就是将计算机发送的数字信号转换成可以在电话线传输的模拟信号（这一过程称为调制），再通过电话线发送出去；接收端接收信息时，把从电话线上接收的模拟信号转换成数字信号后再传送给计算机（这一过程称为解调）。

随着用户终端数目的增加，中央计算机的负担越来越重，为减轻中央计算机的压力，提高系统的效率，在通信线路和中央计算机之间通常设置一个前端处理机（Front End Processor，FEP）或通信控制器（Communication Control Unit，CCU），专门负责终端之间的通信控制。引入前端处理机后，中央计算机只负责数据处理工作，通信工作则交给前端处理机完成。另外，在终端较集中的地区设置集线器和多路复用器，通过低速线路将附近的终端连至集线器和多路复用器，再通过高速线路、调制解调器与中央计算机的前端处理机相连，构成远程联机系统，如图1-1所示。

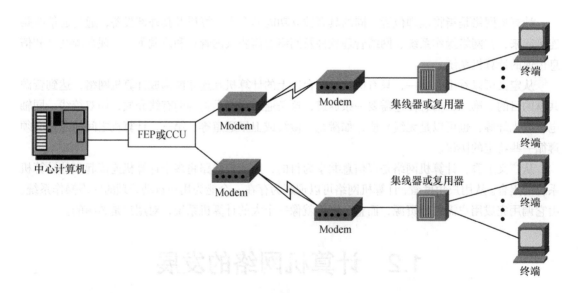

图 1-1　远程联机系统示意图

1.2.2　计算机互连网络

20世纪60年代后期，随着计算机技术和通信技术的进步，出现了将多台计算机通过通信线路连接起来为用户服务的网络，这就是计算机—计算机网络，如图1-2所示。它与以单台计算机为中心的联机系统的显著区别是：这里的多台计算机都有自主处理能力，它们之间没有主从关系。在这种系统中，终端和中央计算机之间的通信已发展到计算机与计算机之间的通信。随后各大计算机公司都推出了自己的网络体系结构，以及实现这些网络体系结构的软、硬件产品，如1974

年 IBM 公司推出的 SNA（System Network Architecture）和 1975 年 DEC 公司推出的 DNA（Digital Network Architecture）。但这些网络大都是各自研制的，没有统一的网络体系结构，要实现更大范围的信息交换和共享，把不同公司的计算机网络互连起来十分困难，不能适应信息社会日益发展的需要。因此，人们迫切希望建立一系列的国际标准，得到一个开放式网络系统。

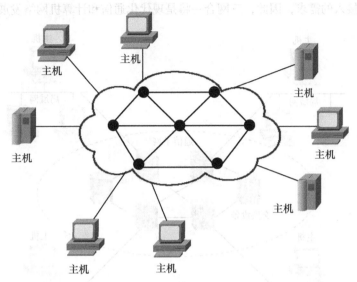

图 1-2　计算机互连网络结构示意图

1.2.3　标准化网络

20 世纪 70 年代中期，计算机网络开始向体系结构标准化的方向迈进，即正式步入网络标准化时代。标准化网络具有统一的网络体系结构，遵循国际标准化协议，标准化使得不同计算机网络能方便地互连在一起。

1984 年国际标准化组织（International Standards Organization，ISO）正式颁布了一个称为开放系统互连参考模型（Open System Interconnection Reference Model，OSI/RM）的国际标准。该模型将网络分为 7 个层次，有时也称为 OSI 七层模型。OSI 模型目前已被国际社会普遍接受，并被公认为是计算机网络体系结构的基础。

20 世纪 80 年代，随着微机的广泛使用，局域网获得了迅速发展。美国电气与电子工程师协会（IEEE）为了适应微机及局域网发展的需要，于 1980 年 2 月成立了 IEEE 802 局域网标准委员会，并制定了一系列局域网标准。

这一阶段的网络产品有了统一标准，为推动计算机网络技术进步和应用奠定了良好的基础。这一阶段典型的标准化网络结构如图 1-3 所示，其中通信子网的交换设备主要是路由器和交换机。

1.2.4　网络互连与高速网络

20 世纪 90 年代，随着计算机网络技术的迅猛发展，特别是 1993 年美国宣布建立国家信息基础设施（National Information Infrastructure，NII）后，全世界许多国家都纷纷建立了自己的 NII，极大地推动了计算机网络的发展，使计算机网络的发展进入一个崭新的阶段，这就是计算机网络互连与高速网络阶段，如图 1-4 所示。

这一阶段，计算机网络开始向宽带化、综合化和数字化方向发展。宽带化也称为网络高速化，就是指网络的数据传输速率可达几十到几百兆比特/秒（Mbit/s），甚至是几十吉比特/秒（Gbit/s）的量级。传统的电信网络、有线电视网络和计算机网络在网络资源、信息资源和接入技术方面虽都各有特点与优点，但建设之初都是面向特定业务的，任何一家基于现有的技术都不能满足用户宽带接入、综合接入的需求，因此，三网合一将是现代化通信和计算机网络发展的趋势。

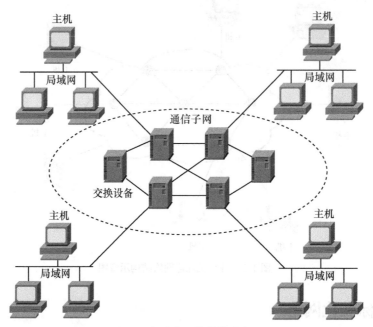

图 1-3　标准化网络结构示意图

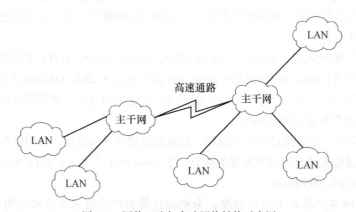

图 1-4　网络互连与高速网络结构示意图

1.3　计算机网络的组成

网络是计算机技术的延伸，与计算机系统的组成相似，计算机网络也包括硬件部分和软件部分，但是与计算机系统的组成又有所不同，在计算机网络的组成中，无论是硬件还是软件都与通信有关。

为了简化计算机网络的分析与设计，有利于网络的硬件和软件配置，按照系统功能，计算机网络可分为通信子网和资源子网两个部分，如图 1-5 所示。

1.3.1 通信子网

通信子网也称为数据传输系统，其主要任务是实现不同数据终端设备之间数据传输。通信子网由通信控制处理机、通信线路与其他通信设备组成，负责完成网络数据传输、转发等通信处理任务。

通信控制处理机在网络拓扑结构中被称为网络节点。它一方面作为连结资源子网的主机和终端的接口，将主机和终端连入网内；另一方面又作为通信子网中的分组存储转发节点，完成分组的接收、校验、存储、转发等功能，实现将源主机报文准确发送到目的主机的作用。目前通信控制处理机一般为路由器和交换机。

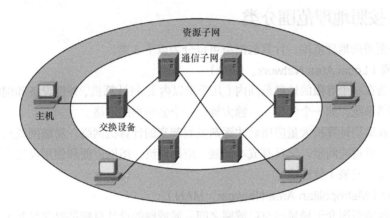

图 1-5 计算机网络的组成

通信线路是供通信控制处理机与其他部分连接的通信通道。通信线路可以是有线信道，也可以是无线信道。按数据信号传输速率的不同，通信线路分为高速、中低速和低速 3 种。一般终端网络采用低速通信网络，骨干网络采用高速通信网络。

1.3.2 资源子网

资源子网主要负责全网的信息处理，为网络用户提供网络服务和资源共享功能。资源子网包括主机系统、终端、I/O 设备、联网外设、各种软件资源与信息资源。

（1）主机系统（Host）：它是资源子网的主要组成单元，装有本地操作系统、网络操作系统、数据库、用户应用系统等软件。它通过通信线路与通信子网的通信控制处理机相连接。用户可以通过主机系统接入网络。

（2）终端：终端是能通过通信信道发送和接收信息的一种设备，直接面向用户，实现人机对话，用户通过它与网络进行联系。终端的种类很多，有简单的输入、输出终端，也有带微处理器的智能终端。智能终端除具有输入、输出信息功能外，还具有存储和处理信息的能力。终端可以通过主机系统、终端设备控制器或通信控制处理机接入网络。

（3）网络操作系统：网络操作系统是建立在各主机操作系统之上的一个操作系统，用于实现不同主机之间的用户通信，以及全网硬件和软件资源的共享，并向用户提供统一的、标准的接口，方便用户使用网络。

（4）网络数据库：网络数据库是建立在网络操作系统之上的一种数据库系统，可以集中驻留在主机上，也可以分布在多台主机上。它向用户提供存取、修改网络数据库的服务，以实现网络数据库的共享。

（5）应用系统是建立在上述部件基础上的具体应用，以实现用户的需求。

1.4 计算机网络的分类

计算机网络的分类方法很多，可以从不同角度对计算网络进行分类，如按照地理范围分类、按照拓扑结构分类、按照协议分类、按照信道访问方式分类、按照数据传输方式分类等。下面主要介绍前三种分类方式。

1.4.1 按照地理范围分类

按照网络覆盖的地理范围，计算机网络可以分为以下 3 类。

1. 局域网（Local Area Network，LAN）

局域网是指在一个有限的地理范围内（几千米以内），将计算机、外围设备和网络互连设备连接在一起的网络系统，如一个学校、一幢大楼、一个公司内的网络。

局域网是在微型计算机大量应用后才逐渐发展起来的计算机网络。局域网既具有容易管理与配置、速率高、延迟时间短，又具有成本低廉、应用广泛、组网方便和使用灵活等特点，所以深受广大用户欢迎，发展十分迅速。

2. 城域网（Metropolitan Area Network，MAN）

城域网的覆盖范围介于局域网与广域网之间。城域网的设计目标是要满足几十千米范围内的大量公司、企业、机关的多个局域网互连需求，以满足大量用户之间的数据、语音、图形与视频等多种信息的传输需求。在城域网中，许多局域网借助一些专用网络互连设备连接到一起，没有连入局域网的计算机也可以直接接入城域网，访问城域网。

3. 广域网（Wide Area Network，WAN）

广域网也称为远程网，它的覆盖范围从几十千米到几千千米，甚至更远。广域网往往覆盖一个国家、地区或横跨几个洲，形成国际性的远程网络。广域网将分布在不同范围的计算机系统互连起来，达到资源共享的目的。相对局域网而言，广域网的信息传输距离长，但数据传输速率较低。一些大的跨国公司，像 IBM、SUN、DEC 等计算机公司都建立了自己的企业网，通过通信部门的通信网络，将分布在世界各地的子公司连接起来。人们广泛使用的国际互联网就是广域网。

1.4.2 按照拓扑结构分类

计算机网络拓扑结构是通过网络中节点与通信线路之间的几何关系表示网络结构，反映网络各实体间的结构关系。计算机网络按照拓扑结构可分为 5 种类型：星型、环型、总线型、树型和网状型，如图 1-6 所示。

1. 星型拓扑结构

多个节点连接在一个中心节点上构成的网络称为星型网络，中心节点控制全网的通信，任何两节点之间的通信都要通过中心节点，中心节点既要负责数据处理，又要负责数据交换，是网络的控制中心。星型拓扑结构简单，易于实现，便于管理，但是网络的中心节点也是全网可靠性的瓶颈，中心节点的故障可能造成全网瘫痪。以太网近年来大多数都采用的星型结构，但中心节点不是一台主机，而是一个集线器或交换机。

2. 环型拓扑结构

环型拓扑结构中，节点通过点到点通信线路连接成闭合环路。环中的数据将沿一个方向逐站传送。环型拓扑结构简单，传输延时确定，但是环中每个相邻节点之间的通信线路都会成为网络可靠性的瓶颈。环中任何一个节点出现线路故障，都可能造成网络瘫痪。为保证环的正常工作，需要进行较复杂的环维护处理工作。环节点的加入和撤出过程都比较复杂。由于环型网近年来没有取得太大的进展，在局域网中已很少采用。

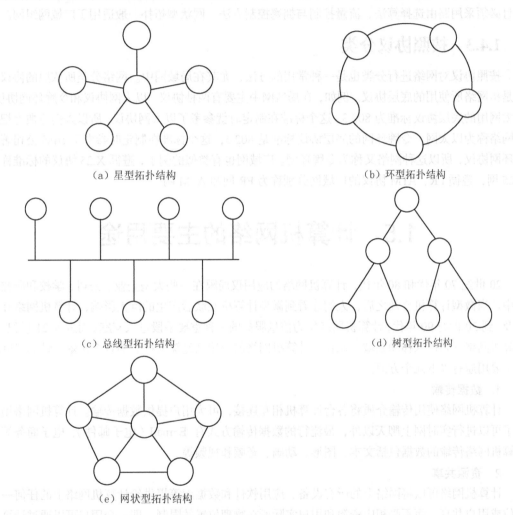

（a）星型拓扑结构　　　　　　　　　　　　（b）环型拓扑结构

（c）总线型拓扑结构　　　　　　　　　　　　（d）树型拓扑结构

（e）网状型拓扑结构

图 1-6　计算机网络拓扑结构

3. 总线型拓扑结构

总线型拓扑是由一条高速公用总线连接若干节点形成的网络。总线型网络通常采用广播式通信方式发送和接收数据。当一个节点利用总线发送数据时，其他节点只能接收数据。如果有两个或两个以上的节点同时利用公共总线发送数据，就会出现冲突，造成传输失败。总线型拓扑结构的优点是结构简单灵活、可扩展性好、设备投入量少、成本低、安装和使用方便，缺点是必须解决多节点访问总线的介质访问控制策略问题。

4. 树型拓扑结构

星型拓扑的中心节点如果连接另一台交换机或集线器，就构成了具有分支的树型拓扑，树型拓扑可以看成是星型拓扑的扩展。在树型拓扑结构中，节点按层次进行连接，信息交换主要是在上、下节点之间进行，相邻及同层节点之间一般不进行数据交换或数据量较小。

5. 网状型拓扑结构

网状型拓扑又称无规则型拓扑，在网状拓扑结构中，节点之间的连接是任意的，节点间的通路比较多，数据在传输时可以选择多条路径。当某一条线路出现故障时，数据分组可以寻找其他线路迂回到达目的地，所以网络具有很高的可靠性。但是，网状型拓扑结构复杂，建网费用较高，而且必须采用路由选择算法、流量控制与拥塞控制方法。网状型拓扑一般适用于广域网组网。

1.4.3 按照协议分类

按照协议对网络进行分类也是一种常用的方法，尤其在局域网中。网络分类所依照的协议一般是指网络所使用的底层协议。例如，在局域网中主要有两种协议：以太网协议和令牌环网协议。以太网用的底层协议标准为 802.3，这个标准在制定时就参考了以太网协议，所以人们习惯上把这种网络称为以太网。令牌环网的底层协议标准是 802.5，这个标准在制定时参考了 IBM 公司著名的环网协议，所以这种网络又称为令牌环网。广域网也有类似的例子，遵循 X.25 协议的标准称为 X.25 网，遵循 FR、ATM 协议的广域网分别称为 FR 网和 ATM 网。

1.5 计算机网络的主要用途

20 世纪 70 年代和 80 年代，计算机网络的应用仅局限在一些大型企业、公司、学校和研究部门中。当微型计算机普及之后，人们才看到微型计算机互联后产生的巨大影响，计算机网络开始普及。到 20 世纪 90 年代，计算机网络作为信息服务的一种重要手段进入家庭。而进入 21 世纪后，计算机网络开始进入移动领域。现在，计算机网络的应用已经深入社会的各个角落。计算机网络的主要用途有以下几个方面。

1. 数据传输

计算机网络使用传输介质将各台计算机相互连接，可为用户提供数据传输。计算机网络用户除了可以进行实时网上聊天以外，最流行的数据传输方式有 E-mail（电子邮件）、电子商务等。计算机网络传输的数据包括文本、图形、动画、音频和视频等。

2. 资源共享

计算机网络可以将网络上的所有设备、应用软件和数据库等提供给计算机网络上的任何一个单位或用户共享，而不受相应资源和用户实际所在物理位置的限制，即一个用户可以通过计算机网络访问和使用上万千米以外的设备、应用软件和数据库，与当地用户访问和使用毫无区别。

目前，应用最广泛的万维网将全世界的 Web 服务器连接到一起，以主页的形式向广大用户提供文本、图形、动画、图像、音频与视频等多媒体信息的资源共享。

3. 分布式处理

由于网络是由多台计算机组成的分布式系统，因此对于庞大而复杂的任务，可以采用适当的算法分配给多台计算机协同处理，均匀负荷，提高效率。分布处理是保证系统在部分硬件发生故障时仍能连续、可靠工作的重要方法，如果其中的某台计算机发生故障，不能继续工作，网络上的其他计算机可自动代替其工作。

1.6　互联网应用技术的工作模式

互联网应用技术的工作模式主要有两种，分别为客户/服务器（Client/Server，C/S）工作模式和对等（Peer to Peer，P2P）工作模式。

1.6.1　C/S 工作模式

1. C/S 工作模式的特点

从应用程序工作的角度，应用程序分为客户端程序与服务器端程序。以 E-mail 应用程序为例，E-mail 应用程序分为服务器端的邮局程序与客户端的邮箱程序。用户在自己的计算机中安装并运行客户端的邮箱程序，就能够成为电子邮件系统的客户端，发送和接收电子邮件。而安装邮局程序的计算机就成为电子邮件服务器，它为客户提供电子邮件服务。

2. 采用 C/S 工作模式的原因

互联网应用系统采用 C/S 模式的主要原因是网络资源分布的不均匀性。网络资源分布的不均匀性表现在硬件、软件和数据 3 个方面。网络中计算机系统的类型、硬件结构、功能都存在很大的差异，它可以是一台大型计算机、高档服务器，也可以是一台个人计算机，甚至是一个 PDA 或家用电器。它们在运算能力、存储能力和外部设备的配备等方面存在很大差异。从软件的角度来看，很多大型应用软件都安装在一台专用的服务器中，用户需要通过互联网访问服务器，成为合法的用户之后才能够使用网络的软件资源。从信息资源的角度看，某一类型的数据、文本、图像、视频或音乐资源存放在一台或几台大型服务器中，合法的用户可以通过互联网访问这些信息资源。这样做对保证信息资源使用的合法性与安全性，以及数据的完整性与一致性是非常必要的。

网络资源分布的不均匀性是网络应用系统设计者设计思想的体现。组建网络的目的就是要实现资源共享，资源共享表现出网络中的节点在硬件配置、运算能力、存储能力以及数据分布等方面存在的差异与分布的不均匀性。能力强、资源丰富的计算机充当服务器，能力弱或需要某种资源的计算机作为客户。客户使用服务器的服务，服务器向客户提供网络服务。因此，客户/服务器模式反映了网络服务提供者与网络使用者的关系。在客户/服务器模式中，客户与服务器在网络服务中的地位不平等，服务器在网络服务中处于中心地位。在这种情况下，客户（Client）可以理解为"客户端计算机"，服务器（Server）可以理解为"服务器端计算机"。

1.6.2　P2P 工作模式

P2P 是网络节点之间采取对等的方式，通过直接交换信息来共享计算机资源和服务的工作模式。有时人们也将这种技术称为"对等计算"技术，将能提供对等通信功能的网络称为"P2P 网络"。目前，P2P 技术已广泛应用于实时通信、协同工作、内容分发与分布式计算等领域。据统计数据表明，目前的互联网流量中 P2P 流量超过 60%，P2P 已经成为当今互联网应用的新的重要形式，也是当前网络技术研究的热点问题之一。

P2P 已经成为网络技术的一个基本术语。P2P 技术涉及 3 方面内容：P2P 通信模式、P2P 网络与 P2P 实现技术。P2P 通信模式是指 P2P 网络中对等节点之间直接通信的能力。P2P 网络是指在互联网中由对等节点组成的一种动态的逻辑网络。P2P 实现技术是指为实现对等节点之间直接通信的功能和特定的应用所需设计的协议、软件等。因此，术语 P2P 泛指 P2P 网络与实现 P2P 网络的技术。

1.6.3　C/S 与 P2P 工作模式的区别与联系

在传统的互联网中，信息资源的共享采用以服务器为中心的 C/S 工作模式。以 Web 服务器为例，Web 服务器是运行 Web 服务器程序且计算能力与存储能力强的计算机，所有 Web 页都存储在 Web 服务器中。服务器可以为很多 Web 浏览器客户提供服务。但是，Web 浏览器之间不能直接通信。显然，在传统互联网的信息资源的共享关系中，服务提供者与服务使用者之间的界限是清晰的。

P2P 网络则淡化了服务提供者与服务使用者的界限，所有节点同时身兼服务提供者与服务使用者的双重身份，以达到"进一步扩大网络资源共享范围和深度，提高网络资源利用率，使信息共享达到最大化"的目的。在 P2P 网络环境中，成千上万台计算机之间处于对等的关系，整个网络通常不依赖于专用的集中式服务器。P2P 网络中的每台计算机既可以作为网络服务的使用者，也可以向其他提出服务请求的客户提供资源和服务。这些资源可以是数据资源、存储资源和计算资源等。

从网络体系结构的角度看，C/S 与 P2P 模式在传输层及以下各层的协议结构相同，差别主要表现在应用层。采用传统 C/S 模式的应用层协议主要包括 DNS、SMTP、FTP、Web 等。P2P 模式的应用层协议主要包括支持文件共享 Napster 与 BitTorrent 服务的协议、支持多媒体传输 Skype 服务的协议等。

由此可见，P2P 网络并不是一个新的网络结构，而是一种新的网络应用模式。构成 P2P 网络的节点通常已是互联网的节点，它们脱离传统互联网的客户/服务器工作模式，不依赖于网络服务器，在 P2P 应用软件的支持下以对等的方式共享资源与服务，在计算机网络上形成一个逻辑网络。这就像在一所大学里，学生在系、学院、学校等各级组织的管理下展开教学和课外活动，同时学校也允许学生自己组织社团（如计算机兴趣小组、电子俱乐部、学术论坛），开展更加适合不同兴趣与爱好的同学的课外活动。这种结构与互联网与 P2P 网络的关系很相似。

1.7　我国互联网应用的发展

随着我国经济的高速发展，社会对互联网应用的需求日益增长，互联网的广泛应用对我国信息产业的发展产生了重大的影响。因此，了解我国互联网发展的特点与趋势，对学习计算机网络与互联网技术尤为重要。

我国互联网发展状况数据由中国互联网信息中心（CNNIC）组织调查、统计，从 1998 年起，每年 1 月和 7 月发布两次。调查统计的内容主要包括中国网民人数，互联网普及率，以及网民结构特征、上网条件、上网行为，互联网基础资源等方面的基本情况。2012 年 1 月，中国互联网网络信息中心（http://www.cnnic.net.cn/）发布了"第 29 次中国互联网络发展状况统计报告"。

1.7.1　我国互联网网民数量增长情况

如图 1-7 所示，截止到 2011 年 12 月底，我国网民数量已经达到 5.13 亿，居世界第一，较 2010 年年底增加了 5580 万人，互联网普及率攀升到 38.3%，较 2010 年年底增加了 4 个百分点，并将继续保持快速增长的趋势。中国手机网民人数达到 3.56 亿人，同比增长 17.5%，与前几年相比，中国整体网民规模的增长进入平台期。网民数量的快速增长是反映我国经济、文化、科技与教育高速发展的重要标志之一。

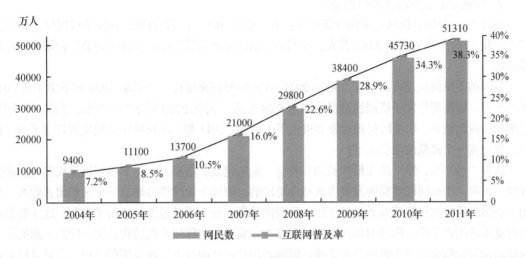

图 1-7 中国网民规模与普及率

从网民年龄结构上看，过去 5 年内，10～29 岁群体互联网使用率保持高速增长，目前已接近高位，未来在这一人群的提升空间有限，而 50 岁以上人群的互联网使用率变化幅度很小，30～39 岁群体的互联网使用率逐步攀升，目前还有一定的增长空间，将成为下一阶段网民增长的主要群体。

互联网普及率是互联网对一个国家或地区影响程度的重要标志之一。图 1-7 给出了 2004～2011 年我国互联网普及率的增长情况。截止到 2011 年 12 月底，我国互联网普及率达到 38.3%，超过了国际互联网的平均普及率。尽管我国的网民规模和普及率持续快速增长，但是由于我国人口基数大，在互联网普及率上与互联网应用发展较发达的美国、日本、韩国、俄罗斯相比还是有一定差距。

截至 2011 年 12 月底，我国农村网民规模为 1.36 亿人，占整体网民的 26.5%，其增幅依然低于城镇网民。随着农村互联网接入条件的不断改善，农村网络硬件设备更加完备，农村地区网民规模在持续增长。但由于我国城市化进程的加快，农村地区的人口大量向城市转移，农村网民规模增长相对不明显。

1.7.2 我国互联网网民接入方式的变化

1. 我国宽带网民规模的增长

宽带网民是指过去半年使用宽带接入互联网的网民。宽带接入方式包括电话交换机的 ADSL 接入、有线电视网的 Cable modem 接入、光纤接入、电力线接入、局域网接入等。截至 2011 年 12 月底的统计数据表明，家庭电脑上网宽带网民规模达到 3.92 亿人，占家庭电脑上网网民的 98.9%，与 2010 年基本持平。

这里的宽带网民只是使用宽带接入方式的互联网用户，而不是以网络传输速率来定义和区分的。根据国际经合组织（OECD）的统计，2007 年 10 月，OECD 主要国家的平均网络下行速率已经达到 17.4Mbit/s，互联网应用发达的日本下行速率甚至已经超过 90 Mbit/s。而我国以 ADSL 为主的网络接入大多数下行速率都不超过 4Mbit/s，同时是共享宽带，在高峰时段速率会更低，因此目前我国宽带接入的带宽落后于世界互联网发达国家，同时这也预示着在宽带接入方面还存在着很多的产业发展空间。

2. 我国手机上网网民规模的增长

2011 年，我国手机网民规模继续稳步扩大。截至 2011 年 12 月底，我国手机网民达到 3.56 亿人，较 2010 年年底增加 5282 万人。我国的手机网民数尽管继续保持增长态势，但增长速度明显放缓。

我国的手机网民规模经历了 2008～2010 年 3 年的高速增长，尤其是 2008 年下半年至 2010 年上半年，短短两年间手机网民数量净增达 2.04 亿人。而从 2010 年下半年开始，我国手机网民的增长呈现出疲态，手机网民规模发展进入了平台期。2011 年，手机网民规模发展延续了这一趋势，保持在一个较低的增长水平。

这种"慢、快、慢"的 S 形增长曲线符合一般的创新扩散模式，是手机网民规模发展的必然规律。但是，手机网民规模的发展应该是分阶段的，而每个阶段都将形成一个 S 形增长曲线。目前，我国的手机网民规模发展正处于第一阶段的后期，处于增长速度较慢的平台期。这主要是由于存量手机用户中第一阶段的潜在用户已经基本完成了向实际用户的转化，第一阶段末期的手机网民增长只能依靠新增手机用户来支撑；但随着用户体验的改进、新应用的出现（尤其是针对农村、老年人的应用）、网络的进一步优化、资费的下调等，我国的手机互联网发展将跨入第二个增长阶段，开始一个新的 S 形增长曲线。总体来说，在没有应用、资费等方面的较大变化之前，我国的手机网民规模将保持在一个较低的增长水平稳步发展。

1.7.3　我国 IP 地址、域名与国际出口带宽增长情况

1. 我国 IP 地址的增长

IP 地址分为 IPv4 和 IPv6 两种。目前主流应用是 IPv4 地址。截至 2011 年 12 月底，我国 IPv4 地址数量为 3.302 亿，较 2010 年年底增长 19.0%。2011 年 2 月，互联网数字分配机构（The Internet Assigned Numbers Authority，IANA）将最后 5 个 A 类地址分配给五大区域地址分配机构（RIR），标志着全球 IPv4 地址已经分配完毕。2011 年 4 月，亚太互联网络信息中心（APNIC）宣布亚太地区 IPv4 地址也已分配完毕，最后一个 A 类地址只用于 IPv6 过渡。五大区域地址分配机构（RIR）的分库预计将在 2011～2015 年间相继被分配完毕，全球 IPv4 地址将真正枯竭。

截至 2011 年 12 月底，我国拥有 IPv6 地址 9398 块/32。由于我国 IPv6 发展起步较晚，IPv6 地址资源拥有数量落后于美国、日本、德国等国家。

2. 我国域名服务器的增长

截止到 2011 年 12 月底，我国域名总数为 775 万。其中，.COM 域名数量 364 万，占我国域名总数的 46.0%。.CN 域名总数 353 万，占比例为 45.5%。

目前，.CN 域名中，.CN 结尾的二级域名比例最高，占到.CN 域名总数的 64.5%，其次是.COM.CN 域名，为 27.2%。

3. 我国网站的增长

截止到 2011 年 12 月底，我国的网站数，即域名注册者在中国境内的网站数为 230 万。

4. 我国网络国际出口带宽的增长

我国国际出口带宽继续发展，截止 2011 年 12 月底达到 1 389 529 Mbit/s，较 2010 年同期上涨 26.4%，我国互联网国际出口连接能力在不断增强。

1.7.4　我国互联网应用情况分析

从 2011 年 12 月底公布的第 29 次统计报告数据可以清楚地看出，我国网民的互联网应用习惯出现显著变化，包括新型即时通信、微博等在内的新兴互联网应用迅速扩散，与此同时，一些传统的网络应用使用率明显下滑，显示出互联网发展创新速度之快。我国网民的互联网应用特征变化总结起来包括以下几点。

1．网民的沟通交流方式发生明显变化

2011 年中国网民即时通信使用率上升较快，增至 80.9%。同时，许多传统交流沟通类应用的用户规模出现萎缩：电子邮件使用率从 2010 年的 54.6%降至 47.9%，用户量减少 392 万人；论坛/BBS则由 32.4%降至 28.2%，用户量也略有减少。社交网站使用率在今年上半年出现明显下滑后，下半年人数增长情况有所好转，目前使用率止跌回稳，达到 47.6%。以上数据显示出网民通过互联网进行交流互动的习惯和方式与以往出现较大不同。

2．网络新闻使用率快速下滑，微博成为网民重要的信息获取渠道

2011 年微博快速崛起，目前有近半数网民在使用，比例达到 48.7%，成为网民获取新闻信息的重要渠道。相比之下，网络新闻用户规模增速仅为 3.9%，使用人数为 3.67 亿，使用率从上一年的 77.2%下降至 71.5%。近年来网络新闻使用率一直在下降，网民通过互联网获取新闻信息的渠道正在发生转移。

3．娱乐类应用普遍走低，但网络视频用户增幅明显

大部分网络娱乐类应用的使用率在 2011 年延续下降势头，网络音乐、网络游戏和网络文学用户规模在 2011 年增长幅度较小，使用率也分别下滑至 75.2%、63.2%和 39.5%。相比之下，网络视频行业的发展势头相对良好，用户规模同比增加 14.6%，达到 3.25 亿人，使用率提升至 63.4%。

4．电子商务类应用使用率保持上升态势

电子商务类应用稳步发展，网络购物、网上支付、网上银行和在线旅行预订等应用的用户规模全面增长。与 2010 年相比，网购用户增长 3344 万人，增长率达到 20.8%，网上支付、网上银行使用率也增长至 32.5%和 32.4%。另外，团购成为全年增长第二快的网络服务，用户年增速高达 244.8%，用户规模达到 6465 万人，使用率提升至 12.6%。

1.8　本　章　小　结

计算机网络是计算机技术和通信技术密切结合的产物。本章主要介绍了计算机网络的概念、组成、分类、主要用途，以及互联网应用技术的工作模式和我国互联网应用的发展前景。

计算机网络是指将地理位置不同的具有独立功能的多台计算机及其外部设备，通过通信线路连接起来，在网络操作系统、网络管理软件及网络通信协议的管理和协调下，实现资源共享和信息传递的计算机系统。

计算机网络的发展大致可以分为 4 个阶段。第一阶段是联机系统，即以一台中心计算机连接大量在地理上处于分散位置的终端；第二阶段是计算机互联网络，形成若干台计算机互联的系统；第三阶段是网络体系结构标准化，形成网络体系结构国际标准；第四阶段是网络互联与高速网络，使用计算机网络的发展进入一个崭新的阶段。

计算机网络主要由通信子网和资源子网组成。通信子网负责完成网络数据的传输、转发等通

信处理任务，主要由通信控制处理机、通信线路等组成。资源子网负责完成数据处理和网络资源共享，主要由主机系统、终端及各种信息资源等组成。

计算机网络可按照多种方式进行分类。按照地理范围可分为局域网、城域网和广域网。局域网有区域限定、线路专用、较高的通信速率和开放性等特点。局域网的优势在于容易管理与配置，而且速率高、延迟时间短、成本低廉、组网方便和使用灵活等。广域网的特征是信息的传输距离相对较长、数据传输速率较低、网络的连接结构随意性较大等。按照拓扑结构可分为星型、环型、总线型、树型和网状型等5种结构网络。

计算机网络的主要用途是数据传输、资源共享和分布式处理。互联网应用技术的工作模式有客户/服务器（C/S）工作模式和对等（P2P）工作模式。目前，我国互联网应用的发展呈现出网民数量快速增长、即时通信使用率较快上升、微博快速崛起、网络视频用户增幅明显、电子商务类应用稳步发展等特点。

习 题

1. 什么是计算机网络？它有哪些功能？
2. 计算机网络的发展可分为几个阶段？每个阶段各有什么特点？
3. 计算机网络由哪几部分组成？各部分的作用是什么？
4. 简述资源子网和通信子网的组成和特点。
5. 计算机网络可分为哪些类型？
6. 常用的计算机网络拓扑结构有哪几种？各有什么特点？
7. 局域网、城域网和广域网的主要特征是什么？
8. 简述我国互联网发展的现状及趋势。

第2章
Internet 应用

本章学习要点

➢ WWW 浏览器和服务器的应用
➢ 常用搜索引擎命令
➢ 电子邮件的收发方式
➢ FTP 客户端和服务器端的应用
➢ 博客和播客的应用

2.1　Internet 概述

2.1.1　Internet 基础知识

通俗地说，Internet 是位于世界各地的成千上万的计算机相互连接在一起形成的，可以相互通信的计算机网络系统，它是当今最大的和最著名的国际性资源网络。Internet 就像在计算机与计算机之间架起的一条条高速公路，各种信息在上面快速传递。这种高速公路网遍及全世界，形成了像蜘蛛网一样的网状结构，使人们得以在全世界范围内交换各种各样的信息。与 Internet 相连接，就可以分享其上丰富的信息资源，这是其他任何社会媒体或服务机构都无可比拟的。

Internet 可以说是人类历史上的一大奇迹，就连它的创作者们也没有预见到它会产生如此巨大的社会影响力。可以说，它改变了人们的生活方式，加速了社会向信息化发展的步伐。

从网络通信技术的角度看，Internet 是一个以 TCP/IP 网络协议连接各个国家、各个地区以及各个机构的计算机网络的数据通信网。从信息资源的角度看，Internet 是一个集各个部门、各个领域的各种信息资源为一体，供网上用户共享的信息资源网。今天 Internet 已远远超过了网络的含义，它成为一个"社会"。虽然至今还没有一个准确的定义来概括 Internet，但是这个定义应从通信协议、物理连接、资源共享、相互联系、相互通信的角度综合考虑。所以，一般认为，Internet 的定义应包含下面 3 个方面的内容。

（1）Internet 是一个基于 TCP/IP 协议簇的网络。

（2）Internet 是一个网络用户的集团，网络使用者在使用网络资源的同时，也为网络的发展壮大贡献自身的力量。

（3）Internet 是所有可被访问和利用的信息资源的集合。

2.1.2　Internet 的形成和发展

Internet 的前身是 ARPANET，它是由美国国防部的高级研究计划局（ARPA）资助的，其核心技术是分组交换技术。1969 年 12 月，美国的分组交换网 ARPANET 投入使用。经过长期的研究，1983 年 TCP/IP 正式成为 ARPANET 的网络协议标准。由于 ARPANET 的功能不断完善，不断有新的网络加入，该网络变得越来越大，1983 年正式命名为 Internet，即因特网。

由于 ARPANET 的研究获得了成功，1985 年，美国国家科学基金会 NSF 决定建立美国的计算机科学网 NSFNET。NSFNET 建成后，Internet 得到了快速的发展。到 1988 年，NSFNET 已经接替了 ARPANET 成为 Internet 的第二代主干网。1990 年，ARPANET 正式宣布停止运行。

Internet 的第二次大发展得益于 Internet 的商业化。1992 年，专门为 NSFNET 建立高速通信线路的 ANS 公司建立了一个传输速率为 NSFNET 30 倍的商业化的 Internet 骨干通道——ANSNET Internet 主干网由 ANSNET 代替 NSFNET 是 Internet 商业化的关键一步。以后出现了许多专门为个人或单位接入 Internet 提供产品和服务的公司，即 Internet 服务提供商（ISP）。1995 年 4 月 NSFNET 正式关闭。

我国于 20 世纪 90 年代初通过中国科学院高能物理研究所接入 Internet。1994 年 8 月，我国开始建立自己的计算机互联网——CHINANET，并接入 Internet，CHINANET 先在北京、上海两地设立枢纽节点，实现与 Internet 相连，并且可以与国内的中国公用分组交换数据网、中国公用数字数据网（CHINANET）、公用交换电话网（PSIN）和中国公用电子信箱系统（CHINANET）互联构成了 CHINANET 的主干网。

从 20 世纪 90 年代起，我国陆续建造了基于 Internet 技术的，可以和 Internet 互联的十大骨干网，分别是：中国公用计算机互联网 CHINANET、中国教育和科研计算机网 CERNET、中国科技网 CSTNET、中国金桥信息网 CHINAGBN、中国联通计算机互联网 UNINET、中国网通公用互联网 CNCNET、中国移动互联网 CMNET、中国长城网 CGWNET、中国国际经济贸易互联网 CIETNET 和中国卫星集团互联网 CSNET。

2.1.3　Internet 提供的服务

Internet 的飞速发展和广泛应用得益于其提供的大量服务，主要有以下几项服务。

1．WWW 服务

WWW 是目前最受用户欢迎的一种服务。它是基于超文本的信息查询工具，它把 Internet 上不同地点的相关数据信息有机地组织起来，供用户查询。WWW 的用户界面非常友好，著名的 WWW 客户程序有：火狐、360 浏览器、Internet Explorer 等。

2．搜索引擎服务

搜索引擎是 Web 网页的组成部分（许多网站的主页上都有搜索引擎，如新浪首页 www.sina.com），它能对 Internet 上的所有信息资源进行搜集整理，以供用户查询。它包括信息搜集、信息整理和用户选择查询 3 部分。

3．电子邮件服务（E-mail）

电子邮件又叫伊妹儿，它利用计算机的存储、转发原理，克服时间、地理上的差距，通过计算机终端和通信网络进行文字、声音、图像等信息的传递。它是 Internet 的一项重要功能。

4．文件传输服务

文件传输（FTP）服务器允许 Internet 上的客户将一台计算机上的文件传送至另一台计算机上。它可以传送所有类型的文件：文本文件、二进制可执行文件、图像文件、声音文件、数据压缩文件等。FTP 比任何方式（如电子邮件）交换数据都要快得多。

5. 远程登录服务

在 Internet 中，用户可以通过远程登录使自己成为远程计算机的终端，然后在它上面运行程序，或使用它的软件和硬件资源。

2.2　WWW

WWW 的出现是 Internet 发展中的一个里程碑。WWW 服务是 Internet 上最方便、最受欢迎的服务类型。它的影响力已远远超出了专业技术范畴，并且进入电子商务、远程教育与信息服务等领域。

2.2.1　WWW 概述

1. WWW 的基本概念

WWW 即环球信息网，又称万维网，是一个基于超文本方式的信息查询方式，也是目前 Internet 上最方便也最受欢迎的信息服务类型。WWW 是一种建立在 Internet 上的全球性的、交互性的、动态、多平台、分布式的图形信息系统。WWW 通过超文本传输协议（HTTP）将 Internet 上不同地址的信息有机地组织在一起，向用户提供多媒体信息，其基本单位称为网页（Web 页）。每个网页可以包含文字、图形、图像、动画、音乐等多种信息。

WWW 是通过 WWW 服务器（即 Web 站点）来提供服务的。网页可存放在全球任何地方的 WWW 服务器上，用户通过一个 Web 浏览器的应用软件（如 IE、Netscape）访问全球任何地方的 WWW 服务器上的信息或文件。WWW 服务采用客户机/服务器工作模式。

2. WWW 的起源与发展

1989 年，瑞士日内瓦 CERN（欧洲粒子物理实验室）的科学家 Tim Berners Lee 首次提出了 WWW 的概念，采用超文本技术设计分布式信息系统。1990 年 11 月，第一个 WWW 软件在计算机上开发成功了。一年后，CERN 就向全世界宣布 WWW 诞生了。1994 年，Internet 上传送的 WWW 数据量首次超过了 FTP 数据量，成为访问 Internet 资源最流行的方法。近年来，随着 WWW 的兴起，在 Internet 上大大小小的 Web 站点纷纷建立，势不可挡。当今 WWW 成了全球关注的焦点，为网络上流动的庞大资料找到了一条可行的统一通道。

WWW 之所以受到人们的欢迎，是由其特点所决定的。WWW 服务的特点在于高度的集成性，它把各种类型的信息（如文本、声音、动画、录像等）和服务（如 News、FTP、Telnet、Gopher、E-mail 等）无缝连接，提供了丰富多彩的图形界面。WWW 的特点可归纳为以下几个方面。

（1）客户可在全世界范围内查询、浏览最新信息。

（2）信息服务支持超文本和超媒体。

（3）用户界面统一使用浏览器，直观方便。

（4）由资源地址域名和 Web 网点（站点）组成。

（5）Web 站点可以相互连接，以提供信息查找和漫游访问。

（6）用户与信息发布者或其他用户可以相互交流信息。

由于 WWW 具有上述突出特点，所以在许多领域中得到广泛应用，大学研究机构、政府机关甚至商业公司都纷纷出现在 Internet 上，高等院校通过自己的 Web 站点介绍学院概况、师资队伍、科研和图书资料以及招生招聘信息等。政府机关通过 Web 站点为公共提供服务、接受社会监督并发布政府信息。生产厂商通过 Web 站点用图文并茂的方式宣传自己的产品，提供优良的售后服务。

3. WWW 的有关术语

（1）网页

在 WWW 上将信息组织成类似于图书页面的形式，称为网页。网页中除了包含普通文字、图形、图像、声音、动画等多媒体信息外，还可以包含指向其他网页或文件的超链接，故称为超文本。可在 WWW 服务器上建立网站，而某个网站的第一个页面称为主页（Home Page），其作用是引导用户访问本地或其他网站的页面，如图 2-1 所示。

图 2-1　某网站的首页

（2）HTML

超文本标记语言（HyperText Markup Language，HTML）是一种用来编写 Web 网页的描述文档格式的标记式语言，它通过在文档中嵌入一些专用的标记符号，对文本的语义进行描述，利用 WWW 浏览器解释后，将其效果展现出来。因此，HTML 只提供这些标记符号的标记语法。HTML 是 WWW 上的专用语言，最早由 Tim Bernern lee 提出，它是 WWW 上描述页面的内容和结构的标准语言。在 WWW 被提出的同时，HTML 1.0 也随之推出，它只是一种简单的语言。随后推出的 HTML 2.0，已被推荐为 Internet 的一个标准。1995 年 W3C（World Wide Web Consortium）推出的 HTML 3.0，加入了许多多媒体的功能，如图文混合、表格以及更精细的文字排版控制等。1997 年 HTML 4.0 推出了，其中又增加了许多新特性，并提供更强大的表格和编程能力。

要编写动态网页就要编程，在 HTML 的基础上增加了新的编程技术，如 JavaScript、VBScript、CGI 和 ASP 等，传统的静态网页即可成为绚丽多彩、充满互动性的动态网页。

（3）HTTP

HTTP 是超文本传输协议，是客户端浏览器或其他程序与 web 服务器之间的应用层通信协议。在 Internet 上的 Web 服务器上存放的都是超文本信息，客户机需要通过 HTTP 传输所要访问的超文本信息。HTTP 包含命令和传输信息，不仅可用于 Web 访问，也可以用于其他因特网/内联网应用系统之间的通信，从而实现各类应用资源超媒体访问的集成。

HTTP 设计得简单而灵活，它是无状态和"无连接"的基于 Client/Server 模式。HTTP 具有以下 5 个重要的特点。

① 以客户服务器模型为基础

HTTP 支持客户与服务器之间通信及相互传送数据，一个服务器可以为分布在世界各地的许多客户服务。

② 简易性

HTTP 被设计成一个非常简单的协议，这使得 Web 服务器能高效地处理大量请求，客户机要连接到服务器，只需发送请求方式和 URL 路径等少量信息。HTTP 规范定义了 7 种请求方式，最常用的有 3 种：GET、HEAD 和 POST，每一种请求方式都允许客户以不同类型的消息与 Web 服务器进行通信，因此 Web 服务器也可以是简单小巧的程序。由于 HTTP 简单，HTTP 的通信与 FTP、Telnet 等协议的通信相比，速度快而且开销小。

③ 灵活性与内容—类型标识

HTTP 允许任意类型数据的传送，因此可以利用 HTTP 传送任何类型的对象，并让客户程序能够恰当地处理它们，内容—类型标识指示了所传输数据的类型。打个比方，如果数据是罐头，内容—类型标识就是罐头上的标签。

④ 无连接性

HTTP 是"无连接"的协议，但值得特别注意的是，这里的"无连接"是建立在 TCP/IP 之上的，与建立在 UDP 之上的"无连接"不同。这里的"无连接"意味着每次连接只限处理一个请求。客户要建立连接需先发出请求，收到响应，然后断开连接，实现起来效率很高。采用这种"无连接"，在没有请求提出时，服务器就不会空闲等待。完成一个请求之后，服务器不会继续为这个请求负责，从而不用为保留历史请求而耗费宝贵的资源。这在服务器的一方实现起来非常简单，因为只需保留活动的连接，不用为请求间隔而浪费时间。

⑤ 无状态性

HTTP 是无状态的协议，这既是优点也是缺点。一方面，由于缺少状态使得 HTTP 累赘少，系统运行效率高，服务器应答快；另一方面，由于没有状态，协议对事务处理没有记忆能力，若后续事务处理需要前面处理的相关信息，那么这些信息必须在协议外面保存；另外，缺少状态意味着所需的前面信息必须重现，导致每次连接需要传送较多的信息。

（4）URL

统一资源定位符（URL）是用于完整的描述 Internet 上网页和其他资源的地址的一种标识方法。Internet 上的每一个网页都具有一个唯一的名称标识，通常称之为 URL 地址，这种地址可以是本地磁盘，也可以是局域网上的某一台计算机，更多的是 Internet 上的站点。简单地说，URL 就是 Web 地址，俗称"网址"。

统一资源定位符 URL 包括调用方法、域名主机、端口和路径。URL 由 3 部分组成：协议类型、主机名和路径及文件名如图 2-2 所示。

URL 地址格式为：scheme：//host：port/path。其中，协议是指定服务连接的协议名称，一般有以下几种。

① http 表示与一个 WWW 服务器上超文本文件的连接。

② ftp 表示与一个 FTP 服务器上文件的连接。

③ gopher 表示与一个 Gopher 服务器上文件的连接。

④ news 表示与一个 Usenet 新闻组的连接。

⑤ telnet 表示与一个远程主机的连接。

⑥ wais 表示与一个 WAIS 服务器的连接。

⑦ file 表示与本地计算机上文件的连接。

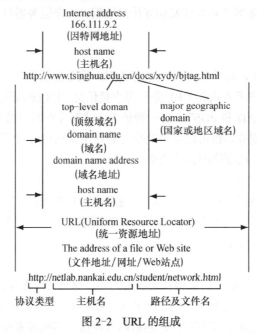

图 2-2　URL 的组成

目录路径就是在某一计算机上存放被请求信息的路径。在使用浏览器时，网址通常在浏览器窗口上部的 Location 或 URL 框中输入和显示。下面是一些 URL 的例子。

① http：//www.computerworld.com 计算机世界报主页。

② http：//www.cctv.com 中国中央电视台主页。

③ http：//www.sohu.com "搜狐"网站的主页。

④ http：//www.bigc.edu.cn 北京印刷学院主页。

⑤ http//www.chinavista.com/econo/checono.html 中国财经热点主页。

4. WWW 的工作模式

WWW 是基于客户机/服务器工作模式的，客户机安装 WWW 浏览器（或者简称为浏览器），服务器安装 WWW 服务器，被称为 Web 服务器，浏览器和服务器之间通过 HTTP 相互通信，Web 服务器根据客户提出的需求（HTTP 请求），为用户提供信息浏览、数据查询、安全验证等方面的服务。客户端的浏览器软件具有 Internet 地址（Web 地址）和文件路径导航能力，按照 Web 服务器返回的 HTML 所提供的地址和路径信息，引导用户访问与当前页面相关联的下文信息。主页是 Web 服务器提供的默认 HTML 文档，为用户浏览该服务器中的有关信息提供方便。

Web 浏览器/服务器系统为用户提供页面的过程可分为以下 3 个步骤。

（1）浏览器向某个 Web 服务器发出一个页面请求，即输入一个 Web 地址。

（2）Web 服务器收到请求后，寻找特定的页面，并将页面传送给浏览器。

（3）浏览器收到并显示页面的内容。

2.2.2　WWW 浏览器

1. WWW 浏览器的结构和工作原理

WWW 浏览器是用来浏览 Internet 上的 Web 页的客户端软件。

WWW 浏览器的工作原理如图 2-3 所示。当我们要使用 WWW 服务来浏览网页时，首先由 WWW 浏览器与 WWW 服务器建立 HTTP 连接，然后向 WWW 服务器发出访问网页信息的请求；WWW 服务器根据客户的请求找到被请求的网页，然后将相应的 HTML 文件返回给 WWW 浏览器，WWW 浏览器对接收到的 HTML 文件进行解释，然后在本地计算机的屏幕上显示页面信息。

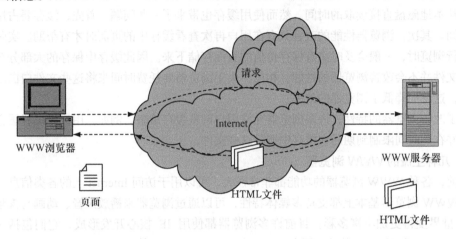

图 2-3　WWW 浏览器的工作原理

浏览器的结构要比服务器的结构复杂得多。服务器只是重复地执行一个简单的任务：等待浏览器打开一个连接，按照浏览器发来的请求向浏览器发送页面；关闭连接，并等待浏览器（也可能是另外的浏览器）的下一个请求。但浏览器却包含若干大型软件组件，它们协同工作。浏览器的主要组成部分如图 2-4 所示。

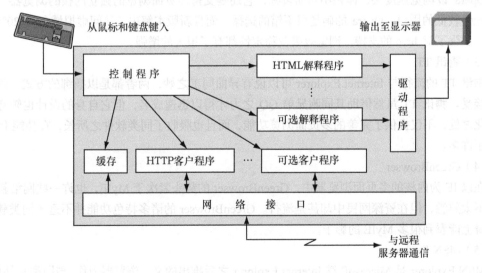

图 2-4　浏览器的主要组成部分

从图 2-4 可看出，一个浏览器有一组客户、一组解释程序，以及管理这些客户和解释程序的控制程序。控制程序是其中的核心部件，它解释鼠标的单击和键盘的输入，并调用有关的组件来执行用户指定的操作。例如，当用户用鼠标单击一个超链接时，控制程序就调用一个客户从所需文档所在的原地服务器上取回该文档，并调用解释程序向用户显示该文档。

在浏览器中还设有一个缓存。浏览器将它取回的每一个页面副本都放入本地磁盘的缓存中。当用户单击某个选项时，浏览器首先检查磁盘的缓存。若缓存中保存了该项，那么浏览器就直接从缓存中得到该项副本而不必从网络中获取，从而明显地改善浏览器的运行特性。对于网络链接较为缓慢的用户，这种缓存就显得更加重要。因为从网络上取回一个很大的文件所需的时间将大大超过从本地磁盘直接读取的时间。然而使用缓存也带来了一些问题。首先，缓存要占用大量的磁盘空间。其次，浏览器性能的改善只有在用户再次查看缓存中的页面时才有帮助。实际上，用户在进行浏览时，一般会及时将有保存价值的页面存储下来。因此缓存中保存的大部分今后不再查看的文件并不会改善浏览器的性能。相反，由于浏览器要耗费时间来将这些文件白白地存储在磁盘上，这反而降低了浏览器的效率。

为了改善浏览器的特性，许多浏览器允许用户调整缓存策略。例如，用户可设置缓存的时间限制，并在此时间限制到期后在缓存中删除这些文件。

2. 几种主流的 WWW 浏览器

目前，各种 WWW 浏览器的功能都非常强大，可以用于访问 Internet 上的各类信息。更重要的是，WWW 浏览器基本上都支持多媒体特性，可以通过浏览器来播放声音、动画与视频，使得WWW 世界变得更加丰富多彩。目前许多浏览器都使用 IE 核心开发形成，它们包括 Opera、GreenBrowser、腾讯 TT、傲游（原名 MyIE2）、MSN Explorer 等。

（1）Internet Explorer

IE 是大家最为熟悉，也是占据市场份额最多的浏览器，与 Windows 系统的无缝结合及操作简易是它最大的优势。由于不支持多页面浏览而导致开启多个网页时系统资源占用率较高，这也是它最大的"缺陷"。

（2）Opera

Opera 以浏览速度快，体积小巧而著称，它还是支持多页面浏览的独立内核的浏览器。对于机器配置较低的用户，Opera 的确是很不错的选择，而且新版本解决了访问虚拟域名时 20%的干扰，也加强了对 Java 的支持，浏览效果及稳定性都有了很大的增强。

（3）腾讯 TT

腾讯 TT 的流行与 Internet Explorer 可以说有异曲同工之妙，两者都是以捆绑的方式"强迫"用户接受。腾讯 TT 虽然借助其同胞兄弟 QQ 之力才得以迅速成名，但它自身的设计也颇有一些人性化之处，不仅提供了完善的多页面浏览功能，而且也吸收了同类软件之所长，在功能上比 IE 增强了许多。

（4）GreenBrowser

在以 IE 为内核的多页面浏览器中，GreenBrowser 的势头紧次于 MyIE，也许一些网络新手们对它不太熟悉，但在资深网民中却甚是流行。GreenBrowser 的诸多特色功能并不逊于同类软件，在它身上能看到很多 MyIE 的影子。

（5）MSN Explorer

MSN Explorer 是 Microsoft 继 Internet Explorer 之后推出的又一浏览器力作，与同类软件相比，它更加侧重于界面的美观性，功能的个性化及多媒体方面的应用。该程序的很多功能都是在线实现的，但其安全性也相应的比 IE 要高。该软件在某些方面的突出特点是其他浏览器所不可比拟的，这都是 Microsoft 技术实力的体现。

说明：MSN Explorer 的最新版是 V9.1 测试版。

（6）傲游（原名 MyIE2）

傲游的前身是 MyIE2，从 MyIE 推出至今，其用户认知度的迅速提升，使它逐渐步入主流浏览器的行列。MyIE2 是笔者最常使用的浏览器，虽然用得久了难免会发现一些 BUG，但不可否认，它丰富的功能的确是不少其他工具所不可比拟的。再加之傲游还拥有数量不菲的实用插件资源且兼容 IE 的插件，这使得程序更具有功能扩展性。

2.2.3　WWW 服务器

1. WWW 服务器简介

为了使网站客户能正常浏览网站内容，除了将网站实体存储在网络中外，还必须安装 WWW 服务器（如 IIS 中的 WWW 服务器）。

WWW 服务器的作用是接受来自客户端的访问请求返回适当的 HTML 文档，如图 2-5 所示。

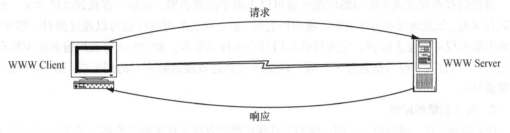

图 2-5　WWW 客户与服务器的关系示意图

2. WWW 服务器软件的选择依据

WWW 服务器软件有很多种，在选择 WWW 服务器软件时，应重点考虑站点规模和用途。基于 Internet 访客众多的大型站点，应具备强大的多线程处理能力；基于 Internet 的企业站点一般对安全性有较高的要求；小型站点一般在处理资源拮据的服务器上运行，此时应选择轻量级的 WWW 服务器软件。

UNIX 和 Windows 是目前的主流操作系统。由于 UNIX 版本众多且彼此的兼容性不好，若选择基于 UNIX 的软件，则需要考虑该软件是否支持所采用操作系统的版本。

商业软件和免费软件。一般商业 WWW 服务器软件的安装、管理比较方便，能提供可靠、稳定和安全的服务，可随时获得技术支持，维护成本较低；免费软件则相反。需要指出的是，某些免费软件也可提供十分强大的功能，在某些方面的表现甚至优于商业软件，但是在对用户的友好性方面很难与商业软件相比。对于使用 Windows 平台的用户而言，最好选择 Microsoft 的 IIS（Internet Information Service）。IIS 直接集成于操作系统中，具有易于安装、配置和维护的特点，能最大限度地体现 Windows 平台的优越性能。

IIS 是 Microsoft 内置在 Windows Server 2003、Windows Vista Home Premium、Windows XP Professional X64 Editions 操作系统中的网络文件和应用服务器。IIS 支持标准的信息协议，集成了安装向导、集成的安全性和身份验证实验程序、Web 发布工具和对其他基于 Web 的应用程序的支持等附加特性，为 Internet、Intraneta、Extranet 站点提供服务器解决方案。IIS 是基于 TCP/IP 的 Web 应用系统，IIS 与 Windows 是完全集成的，可以充分利用 Windows 中 NTFS 文件系统内置的安全性来保护 IIS。IIS 完全支持 Microsoft Visual Basic 编程系统、VBScript、MicrosoftJScript 开发软件和 Java 组件，也支持基于 Web 程序中的 CGI 应用程序、ISAPI 扩展和过滤器。IIS 能够提供 Web、FTP、SMTP 服务，可以为用户构建功能强大的 Web 服务器。

2.3　搜索引擎

2.3.1　搜索引擎概述

1. 引言

有了浏览器，我们就可以做到"秀才不出门，便知天下事"。但这还不够，还要学会"挑选天下事"。这就引出了当今 Internet 一种无处不在的服务——搜索引擎，一种能够从全球电脑上搜索资源并找到所需信息的工具。作为足以影响人类历史进程的伟大发明，搜索引擎正在发挥更大的作用，其深远的影响甚至不是我们今天所能全部预见的。

当我们有不知道或不明白的问题时就可以求助于搜索引擎。例如，查找词语的含义、电话号码归属地、街道地图和行车方向、股票行情等，甚至在丢失物品时也可以通过搜索引擎寻找。搜索引擎不仅可以搜索这些，它还提供热门网络流行语服务，如 2010 年我国搜索频率较高的词汇有："给力"、"神马都是浮云"等。网络热门话题或搜索频率高的词汇能反映出社会状况和世情民心。

2. 搜索引擎的原理

搜索就是"在正确的地方使用正确的工具和正确的方法寻找正确的内容"。但是，对于普通人而言，掌握诸多搜索引擎的可能性不大，用一两个具有代表性的搜索引擎达到绝大多数的搜索目的就可以了。

搜索引擎以词为单位将获取到成千上万的网页进行索引标注，然后按照特点的数据结构存储在服务器中。当用关键词进行搜索时，服务器将对标注的内容进行匹配，若匹配成功就返回结果。所以搜索时瞬间就返回上百万条结果。这些从其他网站获取的内容被存储到搜索服务器的缓存，故此显示的内容不一定是最新内容，需要单击相应的链接打开观看，若链接打不开的话，就单击"网页快照"查看缓存中的内容。可能有的人会因此担心搜索引擎的即时性，其实不必担心，搜索引擎服务商的成千上万台服务器昼夜不停地标注更新网页，能让用户检索到绝大多数关心的即时信息。

3. 搜索引擎的历史和现状

1990 年加拿大麦吉尔大学计算机学院的师生开发出 Archie 系统。Archie 能定期搜集并分析 FTP 服务器上的文件名信息，查找各个 FTP 主机中的文件，但用户必须输入精确的文件名进行查找，查找的结果是文件存在于哪个 FTP 服务器中。虽然 Archie 搜集的信息资源不是网页（HTML 文件），但搜索引擎的基本工作方式是一样的，能自动搜集信息、建立索引、提供检索服务。所以，Archie 被公认为现代搜索引擎的鼻祖。

随着万维网的出现，越来越多的信息以网页形式出现，也就出现了能够获取这些网页内容的程序，即 Robot(机器人)。很多人开发了各种各样的搜索引擎，早期比较著名的有 Lycos 和 Infoseek。1994 年 4 月，美籍华人 Jerry Yang(杨致远)创办了 Yahoo 网站和以目录为主的搜索引擎，但 Yahoo 索引的数据是手工输入的，功能比较简单。1997 年 9 月 15 日，斯坦福大学的博士生 Larry Page 注册了 google.com 的域名。随后，Sergey Brin 和 Scott Hassan、Alan Steremberg 也共同参与了进来，Google 以网页级别（PageRank）来判断网页的重要性，使得搜索结果按照网页的重要性进行排序。Google 的出现是搜索引擎发展史上的一个里程碑事件，其后出现了很多著名的搜索引擎。

如我国的 Baibu、美国 Microsoft 的 Bing，还有众多国家本土的搜索引擎，它们的区别主要是 Robot 程序不同。搜索引擎不但是 Internet 一个极为活跃的领域，而且充满着无限的商机，诞生了很多与之相关的行业和术语，如搜索引擎优化、搜索引擎营销、搜索引擎排名等。

2.3.2　著名搜索引擎介绍

1. Google 搜索引擎

Google 是多语言综合性搜索引擎，它以提供网上最好的查询服务、促进全球信息的交流为使命，是目前优秀的支持多语言的搜索引擎之一。

Google 提供简单易用的免费服务，用户可以在瞬间返回相关的搜索结果。在访问 Google 主页时，Google 提供网站、图像、新闻、新闻组、BBS 等多种资源的查询，包括中文、繁体、英语等 35 个国家和地区的语言资源。Google 目录中收录了 80 多亿个网址。Google 搜索引擎的网址是 http：//www.google.com.hk/，其主页如图 2-6 所示。

图 2-6　Google 搜索引擎主页

2. 百度搜索引擎

百度（Baibu）是目前全球最优秀的中文信息与传递技术供应商。我国所有提供搜索引擎的门户网站中，80%以上都由百度提供搜索引擎技术支持，现有客户包括新浪、搜狐、263、21cn、上海热线等。百度是我国互联网用户最常用的搜索引擎，每天完成上亿次搜索。它也是全球最大的中文搜索引擎，可查询数十亿中文网页。百度搜索引擎具有准确性高、查全率高、更新快以及服务稳定的特点，能够帮助广大网民快速地在浩如烟海的 Internet 信息中找到自己需要的信息，因此深受网民的喜爱。百度的网址是 http：//www.baidu.com/，其主页如图 2-7 所示。

图 2-7　百度首页

（1）百度网页搜索

百度搜索引擎简单方便，仅需在主页的搜索框内输入查询内容，然后按回车键或单击"百度一下"按钮，即可得到最符合查询需求的网页内容。例如，在百度搜索引擎主界面的搜索框内输入需要查询的内容"触屏手机"，按回车键，或者用鼠标单击搜索框右侧的"百度一下"按钮，就可以得到符合查询需求的有关"触屏手机"的网页信息，如图 2-8 和图 2-9 所示。

图 2-8　输入关键字

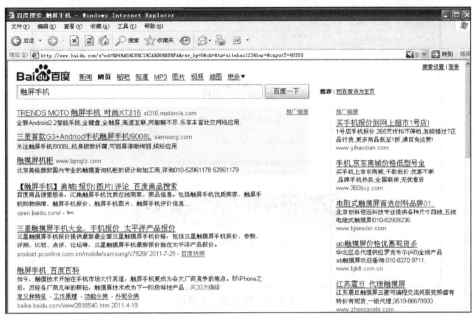

图 2-9　搜索信息结果

在搜索结果页（见图 2-10）中，可以根据不同的需要操作。搜索结果标题：单击标题，可以直接打开该结果网页。搜索结果摘要：通过摘要，可以判断这个结果是否满足需要。百度快照：百度快照是该网页在百度的备份，如果原网页打不开或者打开速度慢，可以查看百度快照浏览页面内容。相关搜索：相关搜索是其他和你有相似需求的用户的搜索方式，按搜索热门度排序。

图 2-10　搜索结果

（2）百度图片搜索

百度图片搜索引擎是世界上最大的中文图片搜索引擎，百度从数十亿中文网页中提取各类图片，建立了世界第一的中文图片库。到目前为止，百度图片搜索引擎可检索图片已经达到近亿张。而且可以利用百度新闻图片搜索从中文新闻网页中实时提取新闻图片，它具有新闻性、实时性、更新快等特点。单击图 2-11 所示的"图片"链接，或者在 IE 地址栏中输入 http://image.baidu.com/，都可以打开百度图片搜索主界面，在搜索框中输入要搜索的图片关键词："七夕"，如图 2-11 所示，单击"百度一下"按钮，即打开搜索结果页面，如图 2-12 所示，单击自己喜欢的图片进行浏览或保存。

图 2-11　输入图片关键词

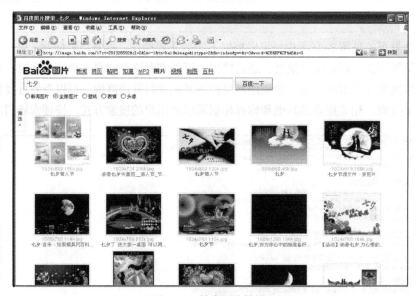

图 2-12　搜索图片结果

（3）百度 MP3 搜索

百度 MP3 搜索引擎功能在搜索 MP3 方面具有较大的优势，百度在天天更新的数十亿中文网页中提取 MP3 链接从而建立了庞大的 MP3 歌曲链接库。百度 MP3 搜索拥有自动验证链接有效性的卓越功能，总是把最优的链接排在前列，最大化地保证用户的搜索体验。用户可以按照列表提供的信息获知歌曲的大小和格式，并选择试听或者下载。还可以利用百度歌词搜索功能，通过歌曲名或歌词片段，搜索想要的歌词。单击图 2-13 所示的"MP3"链接，或者在 IE 地址栏中输入 http：//mp3.baidu.com/，都可以打开百度 MP3 搜索主界面。在搜索框中输入要搜索的歌曲或歌手名称，如"成龙"，如图 2-13 所示，单击"百度一下"按钮，打开搜索结果页面。在该页面中，除了罗列出该歌手的歌曲名称外，还显示了这些歌曲的音乐格式、大小和链接速度等，如图 2-14 所示，单击喜欢的歌曲进行链接试听。

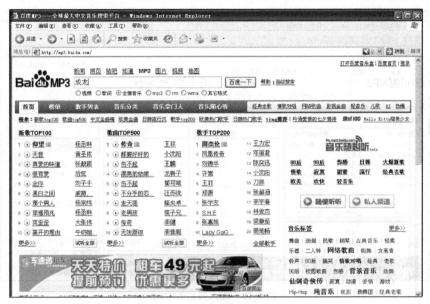

图 2-13　输入搜索歌曲或歌手名

图 2-14　搜索歌曲的结果

　　在使用百度 MP3 搜索引擎过程中，不但能查找到 MP3 歌曲，而且还能搜索到免费电影和电视剧，在百度 MP3 搜索主界面中可以看到如下几项：视频、歌词、全部音乐、mp3、rm、wma、其他格式。在默认情况下，百度 MP3 搜索是搜索全部音乐格式，只要指定某一媒体文件的类型，即可搜索到相应类型的文件。例如，在搜索框中输入"变形金刚"，并选中其中的"rm"项，如图 2-15 所示。按回车键或者单击"百度一下"按钮，打开搜索结果页面，就会出现很多"变形金刚"的相关链接，如图 2-16 所示。选较大的文件进行试看或下载，因为电影和电视剧等视频文件一般都比较大。

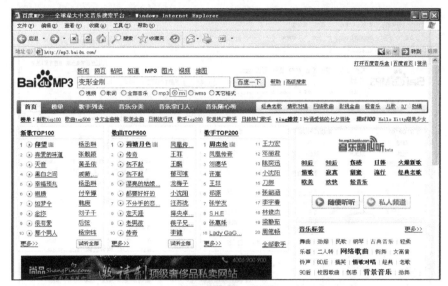

图 2-15　输入搜索关键词

图 2-16　搜索结果列表

（4）Yahoo!的使用

Yahoo! 的中文译名是雅虎，是最早、最成功的搜索引擎，它创造了搜索引擎的模式，其网址是 http：//cn.yahoo.com.它支持多种语言，其中文网址是 cn.yahoo.com。其数据库容量大、包含门类多、综合性强、反应速度快，通过主题查找率高，具有较好的分类目录。其缺点是查全率低、查询结果的相关性稍差。图 2-17 所示为 Yahoo! 的主页。

在使用搜索引擎时，使用一些高级查询技巧，可以有效地提高查询的准确率。运用下列几种方法可以获得更精确的检索结果。

① 利用双引号来查询完全符合关键字串的网站。例如，键入"网络基础"，会找出包含"网络基础"的网站，但是会忽略包含"网络应用基础"的网站。

② 指定关键字出现的段落。加"t"于关键字前，搜索引擎仅会查询网站名称；加"u:"于关键字前，搜索引擎仅会查询网址（URLS）。

图 2-17　雅虎中国的主页

③ 利用"+"来限定关键字串一定要出现在结果中。

④ 利用"-"来限定关键字串一定不要出现在结果中。

其实，其他的搜索引擎也有类似的功能。各种搜索引擎常用的逻辑运算符如表 2-1 所示。

表 2-1　　　　　　　　　　　　　搜索引擎常用逻辑运算符

符 号					意 义
and	&	空格	与	+（半角）	逻辑与，表示查询的结果要同时包含符号两边的两个关键字。例如，语文+数学表示查询的结果既要包含"语文"，也要包含"数学"
or	或	!		，（半角）	逻辑或，表示查询的结果只要包含符号两边的任一关键字即可。例如，语文 or 数学表示查询的结果或包含"语文"，或包含"数学"
not	非	!		－（半角）	逻辑非，表示查询的结果一定要包含符号左边的一个关键字，但一定不能包含右边的关键字。例如，学习科目 not 数学表示查询的结果包含"学习科目"，但不能包含"数学"
*	?				通配符，"关键字*"的形式表示检索以关键字开头的所有内容

雅虎中国搜索引擎会根据分类类目及网站信息与关键字串的相关程度来排列出相关的雅虎中国类目和网站。影响相关程度的因素如下。

① 和关键字串相同的字串多寡。相同的字串越多，相关程度越高。

② 和关键字串完全符合（Exact Match）的相关程度高于部分符合。

③ 和关键字串符合的字串位置。网站名称（或新闻标题）符合关键字串的相关程度高于网址（或新闻内文）符合关键字串的网站。

对新闻检索而言，新闻更新的时间也是搜寻结果排序的考虑要素，最新更新的新闻将优先列出。

（5）搜狗搜索引擎

搜狗是搜狐公司于 2004 年推出的全球首个第三代互动式中文搜索引擎。搜狗以搜索技术为核心，致力于中文互联网信息的深度挖掘，帮助中国上亿网民加快信息获取速度，为用户创造价值，搜狗网页搜索作为搜狗最核心的产品，经过两年半持续不断的优化改进，于 2007 年正式推出 3.0 版本。全面升级的搜狗网页搜索 3.0 凭借自主研发的服务器集群并行抓取技术，成为全球首个中文网页收录量达到 100 亿的搜索引擎，加上每天 5 亿网页的更新速度、独一无二的搜狗网页评级体系，确保了其在海量、及时、精准三大基本指标上的全面领先。搜狗搜索引擎的网址是 http：//www.sogou.com/，如图 2-18 所示。

图 2-18　搜狗搜索引擎的主页

2.3.3　搜索引擎使用技巧

选择合适的关键词是最基本、最有效的搜索技巧。选择关键词是一种经验积累，在一定程度上也有章可循，如果表述准确，搜索引擎会严格按照你提交的关键词去搜索，因此，关键词表述准确是获得良好搜索结果的必要前提。

1．一类常见的表述不准确

情况是，脑子里想的东西和搜索框里输入的是另外的东西。例如，要查找 2010 年国内十大新闻，关键词可以是"2010 年国内十大新闻"；但如果把关键词换成"2010 年国内十大事件"，搜索结果就没有能满足需求的了。

2．一类典型的表述不准确

例如，要查找赵薇的写真图片，用"赵薇写真"，当然没什么问题；但如果写错了字，变成"赵威写真"，搜索结果质量就差得远了。不过好在，主流搜索引擎对于用户常见的错别字输入，有纠错提示。若输入"赵威写真"，在搜索结果上方，会提示"您要找的是不是："赵薇写真"，如图 2-19 所示。

3．关键词的主题关联与简练

目前的搜索引擎并不能很好地处理自然语言。因此，在提交搜索请求时，最好把自己的想法提炼成简单的，而且与希望找到的信息内容主题关联的关键词。例如，某中学生想查一些关于励志的名人名言，他的关键词是"中学生关于励志的名人名言"。这个关键词很完整地体现了搜索者的搜索意图，但效果并不好。绝大多数名人名言，并不规定是针对中小学生的，因此，"中学生"事实上不仅与主题无关，还会使搜索引擎丢掉大量不含"中学生"，但非常有价值的信息；"关于"也是一个与名人名言本身没有关系的词，多一个这样的词，又会减少很多有价值信息；"励志的名人名言"，其中的"的"也不是一个必要的词，会对搜索结果产生干扰；"名人名言"，名言通常就是名人留下来的，在名言前加上名人，是一种不必要的重复。因此，最好的关键词应该是"励志名言"，如图 2-20 所示。

图 2-19　百度纠错提示

图 2-20　搜索结果显示

4．根据网页特征选择关键词

很多类型的网页都有某种相似的特征。例如，小说网页，通常都有一个目录页，小说名称一般出现在网页标题中，而页面上通常有"目录"两个字，点击页面上的链接就进入具体的章节页，章节页的标题是小说章节名称；软件下载页，通常软件名称在网页标题中，网页正文有下载链接，并且会出现"下载"这个词，等等。经常搜索，并且总结各类网页的特征现象，就会使得搜索变得准确而高效。例如，找明星的个人资料。一般来说，明星资料页的标题通常是明星的名字，而在页面上会有"姓名"、"身高"等词语出现。例如，找张学友的个人资料就可以用"张学友　姓名　身高"来查询。而由于明星的名字一般在网页标题中出现，因此，更精确的查询方式可以是"姓名　身高 intitle：张学友"。Intitle 表示后接的词限制在网页标题范围内。这类主题词加上特征词的查询构造方法，适用于搜索具有某种共性的网页。前提是必须了解这种共性（或者通过试验性搜索预先发现共性），如图 2-21 所示。

图 2-21　搜索结果

（1）使用布尔运算符——and/or

许多搜索引擎都允许在搜索中使用两个不同的布尔运算符：AND 和 OR。如果想搜索所有同时包含"干洗"和"连锁"的网页，只需要在搜索引擎中输入"干洗 AND 连锁（and 可以用空格代替）"，搜索引擎将返回以干洗连锁为主题的网页。如果想要搜索所有包含"干洗"或"连锁"的网页，只需要输入"干洗 OR 连锁（or 可以用"|"代替，据笔者观察，百度中使用"|"比较准）"，搜索引擎会返回与干洗有关或者与连锁有关的网页。

（2）把搜索范围限定在网页标题中——intitle

网页标题通常是对网页内容提纲挈领式的归纳。把查询内容范围限定在网页标题中，有时能获得良好的效果。使用方式是在查询内容中特别关键的部分前加上"intitle："。例如，找有关 mba 的留学信息，就可以这样查询：mba intitle：留学，注意，intitle：和后面的关键词之间不要有空格。

（3）把搜索范围限定在特定站点中——site

如果知道某个站点中有自己需要找的东西，就可以把搜索范围限定在这个站点中，提高查询效率。使用方式是在查询内容的后面加上"site：站点域名"。例如，在"生活常识网"中搜索有关"美容"的文章，就可以这样查询：美容 site：lcose.com。注意，"site："后面跟的站点域名不要带"http：//"；另外，site：和站点名之间不要带空格。

（4）把搜索范围限定在 url 链接中——inurl

网页 URL 中的某些信息，常常有某种有价值的含义。如果对搜索结果的 URL 做某种限定，就可以获得良好的效果。实现的方式是用"inurl："后跟需要在 URL 中出现的关键词。例如，找关于 Flash 的使用技巧，可以这样查询：flash inurl：jiqiao，这个查询串中的"flash"可以出现在网页的任何位置，而"jiqiao"则必须出现在网页 URL 中。注意：inurl：语法和后面所跟的关键词不要有空格。

（5）精确匹配——双引号和书名号

如果输入的关键词很长，搜索引擎在经过分析后，给出的搜索结果中的关键词可能是拆分的。如果对这种情况不满意，可以尝试让搜索引擎不拆分关键词。给关键词加上双引号，就可以达到这种效果。例如，搜索北京印刷学院，如果不加双引号，搜索结果被拆分，效果不是很好，但加上双引号后，"北京印刷学院"获得的结果就全是符合要求的了。书名号是百度独有的一个特殊查询语法。在其他搜索引擎中，书名号会被忽略，而在百度，中文书名号是可被查询的。加上书名号的关键词有两层特殊功能，一是书名号会出现在搜索结果中；二是被书名号扩起来的内容不会被拆分。书名号在某些情况下特别有效，例如，查名字很通俗和常用的电影或者小说。例如，查电影"手机"，如果不加书名号，很多情况下出来的是通信工具——手机，而加上书名号后，《手机》结果就都是关于电影方面的了。

（6）要求搜索结果中不含特定关键词—— -

如果发现搜索结果中有某一类网页是不希望看见的，而且，这些网页都包含特定的关键词，那么用减号语法就可以去除所有这些含有特定关键词的网页。例如，搜"域名"，希望只是搜索关于域名方面的内容，却发现很多关于虚拟主机方面的网页。那么就可以这样查询："域名-主机"。注意：前一个关键词和减号之间必须有空格，否则，减号会被当成连字符处理，而失去减号语法功能。减号和后一个关键词之间有无空格均可。

（7）搜索特定文件类型中的关键词——filetype

以"filetype:"这个语法来对搜索对象做限制，冒号后是文档格式，如 PDF、DOC、XLS 等。例如，搜索"留学 filetype：pdf"，结果将返回包含留学的 PDF 格式的文档。注意：filetype 与关键词之间必须有空格。

2.4 电 子 邮 件

2.4.1 电子邮件概述

1. 什么是电子邮件

电子邮件简单地说就是通过 Internet 来邮寄的信件。电子邮件的成本比邮寄普通信件低得多，而且投递速度快，最多只要几分钟。另外，电子邮件使用起来也很方便，无论何时何地，只要能上网，就可以通过 Internet 发送电子邮件，或者打开自己的信箱阅读别人发来的邮件。因为它有这么多好处，所以使用过电子邮件的人，多数都不愿意提起笔来写信了。

2. 电子邮件的特点

（1）方便性。电子邮件可以像使用留言电话一样，在自己方便的时候处理记录下来的请求，通过电子邮件可以方便地传送文本信息、图像文件、报表和计算机程序。

（2）广域性。电子邮件具有开放性，许多非互联网网络上的用户可以通过网关与互联网络上的用户交换电子邮件。

（3）快捷性。电子邮件在传递过程中。若某个通信站点发现用户给出的收信人的电子邮件地址有错误而无法继续传递时，电子邮件会迅速地将原信件逐站退回，并通知不能送达的原因。当信件送到目的地计算机后，该计算机的电子邮件系统就立即将它放入收件人的电子信箱中，等候收件人自行读取。收件人任何时候都可以以计算机联机方式打开自己的电子邮件信箱查阅邮件。

（4）透明性。电子邮件先采用"存储转发"的方式为用户传递电子邮件，通过在互联网络的一些通信节点计算机上运行相应的软件，使这些计算机充当"邮局"的角色。当用户希望通过互连网络给某人发送信件时，首先要与为自己提供电子邮件服务的邮件服务器联机，然后告诉电子邮件系统发送的信件与收件人的电子邮件地址。电子邮件会自动把用户的信件通过网络逐站地送到目的地，整个过程对用户来说是透明的。

（5）廉价性。互连网络的空间几乎是无限的，公司可以将不同详细程度的有关产品、服务的信息放在网络站点上，这时顾客不仅可以随时从网上获得这些信息，而且在网上存储、发送信息的费用都低于印刷、邮寄和电话的费用。

（6）全天候。电子邮件的优点之一是没有任何时间上的限制。一天 24 小时、一年 365 天内，任何时间都可以发送电子邮件，可提供全天候服务。

3. 电子邮件的一般格式

一份完整的电子邮件一般包括两个部分：邮件头部和邮件主体。其中，邮件主体是指邮件的具体内容，一般没有什么特殊规定。但是，邮件头部相对而言却比较复杂，而且还包含电子邮件的地址写法。

（1）电子邮件的格式

电子邮件与普通的邮政信件相似，也有固定的信件格式。图 2-22 是电子邮件的信件格式。其中，电子邮件头都是由多项内容构成的，其中一部分内容由系统自动生成，如发信人地址等；另一部分内容是由发件人自己输入的，如收信人地址（To：）、抄送人地址（Cc：）或者密送地址（Bcc）和邮件主题（Subjet：）等。电子邮件主体就是实际要传送的信函内容。

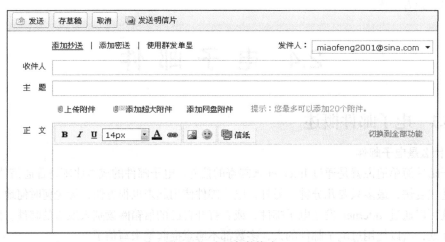

图 2-22　电子邮件格式

（2）电子邮件的地址格式

如果要使用电子邮件服务，首先要有自己的电子邮箱（E-mail Box）。每个电子邮箱都有自己的邮箱地址，叫做电子邮件地址（E-mail Address）。每个电子邮件地址在全球范围内是唯一的，它的书写格式也是全球统一规定的。

电子邮件的地址格式是：用户登录名@主机域名。其中，主机域名是指拥有独立 IP 地址的电子邮件服务器，用户登录名是指在该服务器上为用户建立的电子邮件账号。

例如，电子邮件地址"zhangsan@bigc.edu.cn"中的"zhangsan"表示电子邮件账号，也就是用户登录名，"@"符号表示"at"，"bigc.edu.cn"表示电子邮件服务器域名。因此，"zhangsan@bigc.edu.cn"表示在北京印刷学院的电子邮件服务器上，有一个名为 zhangsan 的电子邮件账号。用户在具体书写 E-mail 地址时，应该注意以下几个问题。

① 千万不要漏掉域名地址中各部分的圆点符号。

② 在书写地址时，一定不能输入任何空格，也就是说整个地址中，从用户名开始到地址的最后一个字母之间不能有空格。

③ 不要随便使用大写字母。请注意，在用户名和主机名中可能有些规定使用大写字母，但是，绝大部分都由小写字母组成。

2.4.2 电子邮件的交付过程

1. 电子邮件系统中的几个协议

电子邮件在发送和接收的过程中需要遵循一些基本协议和标准，包括 SMTP、POP3、IMAP、MIME 等。只有遵循上述这些协议和标准，电子邮件才能顺利地进行发送和接收。目前所有的 E-mail 客户软件都支持这些协议和标准。

（1）SMTP

在 TCP/IP 协议集中，提供了两个电子邮件传送协议：邮件传送协议（Mail Transfer Protocol，MTP）和简单邮件传送协议（simple mail transfer protocol，SMTP）。在 Internet 中，电子邮件的传送都是依靠 SMTP 进行的。它的最大特点就是简单，因为它只规定了电子邮件如何在 Internet 中通过发送方和接收方的 TCP 连接传送，而对其他操作，特别是前台的操作，如与用户的交互、邮件的存储、邮件系统发送邮件的时间间隔等问题均不涉及。在 Internet 中，前台与用户交互的工作是由其他程序来完成的。

（2）邮件读取协议 POP3

POP3（post office protocol version 3）是电子邮件系统的基本协议之一。用户可以利用 POP3 来访问服务器上的邮件信箱，接收自己的电子邮件。基于 POP3 的电子邮件软件为用户提供了许多方便，它允许用户在不同的地点访问服务器上的电子邮件，并决定是把电子邮件存放在服务器邮箱上，还是存放在本地计算机邮箱内。这一点对于使用免费邮箱的用户特别有好处，因为 POP3 提供了 POP 服务器收发邮件功能，电子邮件软件会将免费邮箱内的所有电子邮件一次性地下载到用户自己的计算机中，以供慢慢查阅，从而节省了大量的阅读时间。需要注意的是，不要将邮件读取协议 POP 与邮件传送协议 SMTP 弄混。发信人的用户代理向源邮件服务器发送邮件，以及源邮件服务器向目的邮件服务器发送邮件，都是使用 SMTP。而 POP 则是用户从目的邮件服务器上读取邮件所使用的协议。

（3）MIME 协议

MIME（Multipurpose Internet Mail Extensions）称为"多用途 Internet 邮件扩展协议"，它是一种编码标准，解决了 SMTP 仅能传送 ASCII 码文本的限制。MIME 定义了各种类型的数据，如声音、图像、表格、二进制数据等编码格式。人们通过对这些类型的数据进行编码，并将它们作为电子邮件中的附件进行处理，就可以保证这些内容完整和正确地传输。因此，MIME 协议增强了 SMTP 的功能，统一了编码规范。目前 MIME 协议和 SMTP 已经广泛用于各种 E-mail 系统中。

2. 电子邮件的基本工作原理

电子邮件的工作过程如图 2-23 所示。发信人调用用户代理编辑要发送的邮件，用户代理用 SMTP 把邮件传送给发送端邮件服务器。发送端邮件服务器将邮件放入邮件缓存队列中，等待发送。运行在发送端邮件服务器的 SMTP 客户进程发现在邮件缓存中有待发送的邮件后，就向运行在接收端邮件服务器的 SMTP 服务器进程发起 TCP 连接。TCP 连接建立后，SMTP 客户进程开始向远程的 SMTP 服务器进程发送邮件。当所有待发送的邮件发完之后，SMTP 就关闭所建立的 TCP 连接。

运行在接收端邮件服务器中的 SMTP 服务器进程收到邮件后，将邮件放入收信人的用户邮箱中，等待收信人在方便时进行读取。收信人打算收信时，调用用户代理，使用 POP3 将自己的邮件从接收端邮件服务器的用户邮箱中取回。

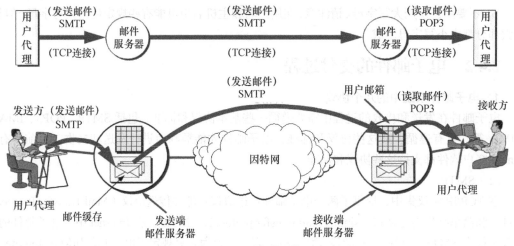

图 2-23　电子邮件工作原理

通常 Internet 上的个人用户不能直接接收电子邮件，而是通过申请 ISP 主机的一个电子信箱，由 ISP 主机负责电子邮件的接收。一旦有用户的电子邮件到来，ISP 主机就将邮件移到用户的电子邮箱内，并通知用户有新邮件。因此，当发送一条电子邮件给另一个客户时，电子邮件首先从用户计算机发送到 ISP 主机，再到 Internet，再到收件人的 ISP 主机，最后到收件人的个人计算机。ISP 主机起着"邮局"的作用，管理着众多用户的电子邮箱。每个用户的电子邮箱实际上就是用户所申请的账号。每个用户的电子邮箱都要占用 ISP 主机一定容量的硬盘空间，由于这一空间是有限的，因此用户要定期查收和阅读电子邮箱中的邮件，以便腾出空间来接收新的邮件。而用户申请电子邮箱的过程与申请 BBS、Blog 等的过程大致相同，在此就不再详细介绍了。

电子邮件在发送与接收过程中都要遵循 SMTP、POP3 等协议，这些协议确保了电子邮件各种不同系统之间的传输。其中，SMTP 负责电子邮件的发送，而 POP3 则用于接收 Internet 上的电子邮件。

2.4.3　电子邮件的收发方式

1. 提供免费电子邮箱的主要 WWW 站点

（1）Hotmail（http：//www.hotmail.com）。

（2）Usa.net（http：//www.netaddress.com）。

（3）Yahll Mail（http：//www.Yahoo.com）。

（4）Google Mail （http：//mail.google.com）。

（5）网易（http：//mail.163.com）。

（6）21 世纪（http：//mail.21cn.com）。

（7）126 信箱（http：//www.126.com）。

（8）新浪（http：//mail.sina.com）。

（9）搜狐（http：//mail.sohu.com）。

2. 免费电子邮箱的申请和注册

在发送电子邮件之前，必须有电子邮件账号，申请账号可以通过免费和收费的方式完成，下面以申请免费的新浪邮箱为例说明申请的过程。

首先登录 http：//mail.sina.com，在打开的页面中单击"注册免费邮箱"选项，打开注册新浪免费邮箱页面，在注册页面中填入注册信息（见图 2-24 和图 2-25）后单击"提交"按钮完成注册。

图 2-24　填入注册信息 1

图 2-25　填入注册信息 2

注册完成后，系统会直接进入刚才申请的电子邮箱，如图 2-26 所示，这时就可以收发电子邮件了。

图 2-26　注册成功后进入邮箱

3. 通过 Web 方式在线收发电子邮件

当计算机连入 Internet 后，通过 WWW 浏览器在网络上直接收发邮件的方式称为 WWW（Web）在线收发邮件方式。这里所谓的在线，是指所有操作都在联网的状态下进行。

　　在线方式的优点是简单、易用、直观、明了，比较适合初学者使用。不管在任何地方，都可以使用 Intemet Explorer 等浏览器在线收、发、读、写电子邮件。这种方式的缺点是付出的费用高，速度慢，性能受当时线路状况的影响较大。

　　（1）以 Web 方式进入"新浪邮箱"网站在线收取和发送电子邮件

　　联网后打开 IE 浏览器，在地址栏中输入网址 http://www..mail.sina.com，在打开的图 2-27 所示的窗口中，选择"登录免费邮箱"栏目，输入在 sina 邮箱的用户名和密码，然后单击"登录"按钮。

图 2-27　登录邮箱页面

　　在图 2-26 所示的新浪邮箱的工作窗口中，单击"写信"按钮打开写信窗口，写好邮件后，单击"发送"按钮进行发送。单击"收信"按钮，可以查看"收件箱"接收到的邮件；文件夹中的其他文件夹可以对邮箱中的邮件进行分类整理。

　　（2）新浪免费邮箱的功能

　　新浪邮箱提供给用户许多功能设置，如账户、换肤、手机服务、实验室、应用管理等。进入每个选项卡可以进行具体的功能设置，如图 2-28 所示。

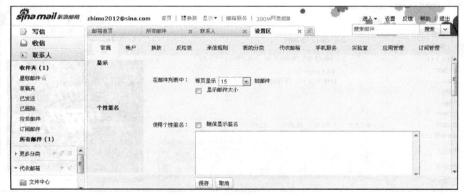

图 2-28　新浪邮箱配置选项

　　新浪免费邮箱系统提供了 POP 服务器收发邮件功能，支持利用电子邮件软件（Outlook Express 等）收发邮件，用户可以像收发本地邮箱的邮件那样，收发新浪免费邮箱内的邮件。这样不必进入邮箱主页面，也可以收发自己在免费邮箱中的邮件。需要注意的是并不是所有邮箱都支持利用电子邮件客户端软件对邮件进行收发，详细设置与相关邮件服务提供商的策略有关。关于利用 Outlook Express 电子邮件软件收发邮件的设置问题，将在实验章节中介绍。

2.5　文件传输与远程登录

2.5.1　FTP 概述

1．FTP 简介

文件传输协议（File Transfer Protocol，FTP）是 Internet 上的一种高效、快速传输大量信息的方式。它可以将大量的文件从一台计算机（FTP Server）传送到用户的本地计算机上并存储起来。FTP 的数据传输是 Internet 上网络流量的主要组成部分，通常是以 MB 为单位来计算数据流量的，FTP 数据传输的通信流量比其他任何应用程序的通信流量都要大。FTP 软件容量小，但工作效率高，传输速度快，很容易被用户掌握和使用。而且 Internet 上很多网站都提供了匿名 FTP 服务，可以为用户提供免费的文件下载。

FTP 除用于下载文件外，还广泛用于上传文件，让用户将文件从客户计算机复制到服务器计算机，一些允许用户上传文件的 Internet 或 Intranet 站点都提供 FTP 服务，如个人网页、公司网站往往通过 FTP 上传至 Internet 服务器，并且这些用户所申请的虚拟主机也是通过 FTP 来管理的。FTP 的另一突出优点是它可以在不同类型的计算机之间传送文件。无论是 PC、服务器、大型机，还是 DOS 平台、Windows 平台、UNIX 平台，只要双方都支持 FTP，支持 TCP/IP，就可以方便地交换文件。不管接入 Internet 的两台计算机相距多远，使用 FTP 服务可以在倾刻之间将一台计算机上的文件传送到另一台计算机中，如同在本地计算机磁盘间复制文件一样简单方便。

通过 FTP 传输的文件可以是任意格式，如文档文件、多媒体文件和应用程序文件。如果远程用户正使用 IE，用户就可以指定复制文件或启动关联应用程序立即显示或运行文件。FTP 将文件分为两种格式：文本文件和二进制文件。文本文件包含一系列的字符，在传送时被当做字符集处理，绝大多数的文本文件都采用 ASCII 编码。非本文文件都是二进制文件。FTP 在传输文件之前指明文件类型是非常必要的。FTP 默认以文本方式传送文件。当用户无法确定远程计算机上的文件类型时，为保险起见，选择二进制传送方式比较好。

2．FTP 的工作原理及主要功能

（1）FTP 的工作原理

FTP 是 TCP/IP 的一种具体应用，它工作在 OSI 模型的第七层，TCP 模型的第四层上，即应用层。FTP 使用 TCP 传输协议，使客户与服务器之间的连接是可靠的，而且是面向连接的，为数据的传输提供了可靠的保证。

FTP 的工作方式采用客户端/服务器模式，客户端和服务器使用 TCP 建立连接时，客户端和服务器都必须各自打开一个 TCP 端口。FTP 服务器预置两个端口 21 和 20，其中 21 端口用来发送和接收 FTP 的控制信息，一旦建立 FTP 会话，21 端口的连接在整个会话期间始终保持打开状态；端口 20 用来发送和接收 FTP 数据（仅限于 PORT 模式），只有在传输数据时才打开，一旦传输结束就断开。FTP 客户端激发 FTP 客户端服务之后，动态分配自己的端口，端口号分配的范围是 1024 ~ 65535。

FTP 工作的过程就是一个建立 FTP 会话并传输文件的过程，如图 2-29 所示。

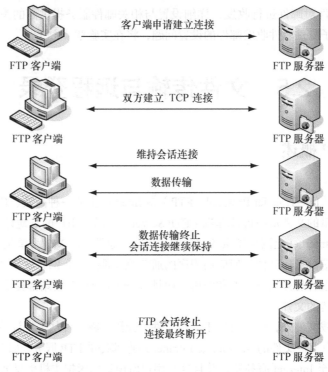

图 2-29　FTP 工作过程

整个过程可以具体描述如下。

① FTP 客户端程序向远程的 FTP 服务器申请建立连接。

② FTP 服务器的 21 端口侦听到 FTP 客户端的请求之后，做出响应，与其建立会话连接。

③ 客户端程序打开一个控制端口，连接到 FTP 服务器的 21 端口。

④ 需要传输数据时，客户端程序打开一个数据端口，连接到 FTP 服务器的 21 端口。

⑤ 需要传输数据时，客户端程序打开一个数据端口，连接到 FTP 服务器的 20 端口，文件传输完毕后断开连接，释放端口。

⑥ 要传输新文件时，客户端程序会再打开一个新的数据端口，连接到服务器的 20 端口并传输文件。

⑦ 空闲时间超过规定后，FTP 会话自行终止，也可以由客户端或 FTP 服务器自行断开连接。

（2）FTP 的主要功能

用户在登录 FTP 服务器后可指向 FTP 服务可用的目录进行上传和下载操作，并允许用户发布 FTP 命令（包括注销）。FTP 服务的主要功能可以归纳为以下 3 个方面。

① 提供软件下载的高速站点。

② Web 站点的维护和更新。

③ 在不同类型计算机之间传输文件。

2.5.2　FTP 账户类型

用户对 FTP 服务的访问方式有以下两种：一种是用户 FTP，这种方式为已在 FTP 服务器上建立了特定账号的用户使用，需要合法的用户名和密码才能登录到远程计算机传输文件；另一种是匿名 FTP，用户作为 "anonymous"。

1．用户 FTP

用户 FTP 方式为已在服务器建立了特定账号的用户使用，必须以用户名和口令登录，这种 FTP 应用存在一定的安全风险。当用户从 Internet 或 Intranet 与 FTP 服务连接时，所使用的口令是以明文方式传输的，接触系统的任何人都可以使用相应的程序来获取该账号和口令，然后盗用这些信息在系统上登录，从而对系统产生威胁。当然，对不同的用户，FTP 往往限制某些功能，防止用户全面访问或完全控制系统。

2．匿名 FTP

采用匿名 FTP 方式登录 FTP 服务器，不需要用自己的用户名和密码。在命令提示符下输入 anonymous，密码为空，即可匿名登录 FTP 服务器，如果使用 IE 浏览器通过 "ftp：//IP 地址或者域名" 的方式匿名登录 FTP 服务器，则需要通过 "文件"→"登录" 命令，在 "登录" 对话框中选择 "匿名登录" 复选框，此时浏览器自动输入匿名 FTP 的用户名和电子邮件地址，直接登录 FTP 服务器。

匿名 FTP 对任何用户都是敞开的，但基于安全考虑，匿名用户的访问范围被限定在服务器特定的区域内。一般来说，匿名登录后用户的权限很低，通常只能从服务器下载文件，而不能上传或修改服务器上的内容。Internet 上有大量的匿名 FTP 服务器，用户可以通过登录这些 FTP 服务器下载其中存储的大量共享软件和数据，前提是与服务器建立物理连接。

另外，使用 FTP 还需要注意端口号。端口是服务器使用的一个通道，它可以让具有同样地址的服务器同时提供多种不同的功能。例如，一个地址为 202.205.104.10 的服务器，可以同时作为 WWW 服务器和 FTP 服务器，WWW 服务器使用 80 端口，FTP 服务器使用 21 端口。

2.5.3　FTP 客户端的应用

1．浏览器作为 FTP 客户端

以 IE 浏览器作为客户端登录 FTP 服务器下载资料是 FTP 服务常用的方式，它不需要专门的下载工具，使用通用的 Web 浏览器和统一资源定位器（URL）即可实现与 FTP 服务器之间的文件传输，操作简单方便，但 IE 浏览器作为客户端使用在下载速度等性能方面不如专用软件好。下面介绍如何使用 IE 浏览器作为客户端下载 FTP 资源。

（1）连接 FTP 服务器

① 通过 Web 页面中的超链接连接 FTP 服务器。在 Web 页面上有一些链接指向 FTP 服务器（通常是匿名 FTP 服务器）。当用鼠标指针指向某一链接时，可以从浏览器窗口底部的状态栏中看到 FTP 服务器的 URL 地址（以 ftp://开头），单击这类链接，即可迅速连接相应的 FTP 服务器。

② 通过指定的 URL 地址连通 FTP 服务器。如果已经知道要访问的匿名 FTP 服务器地址，可以在 IE 浏览器窗口的地址栏中直接输入该 URL，如 "ftp.pku.edu.cn"，即会出现图 2-30 所示的结果。

（2）浏览 FTP 服务器文件目录和下载文件

如图 2-31 所示，通过 IE 浏览器访问 FTP 服务器的方法与资源管理器十分相似。FTP 资源作为左侧目录窗口中的一个对象，可以像访问本地资源一样访问 FTP 服务器上的资源。当需要从 FTP 服务器上下载文件时，可以选择适当的目录位置或文件，通过 "复制"→"粘贴" 的方式（可以一次选择多个文件，操作方法与资源管理器相同），将远程 FTP 服务器上的资源下载到本地指定的目录中。如果用户具有上传文件的权限，可以使用类似的方法将文件上传到远程 FTP 服务器上的指定目录中。

（3）访问 FTP 服务器目录中的文件

FTP 服务器目录中的文件可以下载到本地后再打开或运行。如果在 FTP 目录中直接双击某个文件，就会弹出图 2-32 所示的"文件下载"窗口。用户可以执行"打开"、"保存"或"取消"3 种操作方式。

当选择"打开"方式时，系统会先下载该文件，然后打开或运行此文件，此时，该文件被保存到系统临时文件夹中。

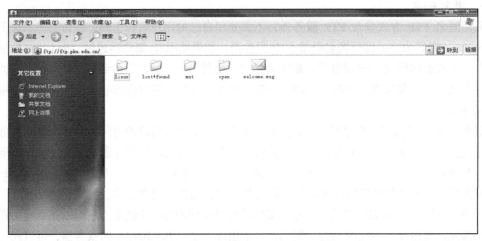

图 2-30　通过指定的 URL 访问 FTP 服务器

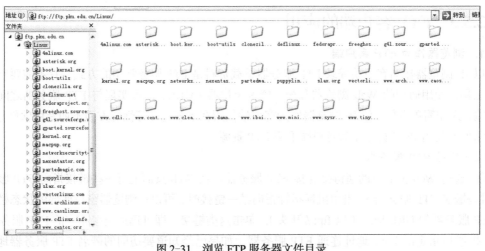

图 2-31　浏览 FTP 服务器文件目录

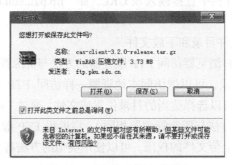

图 2-32　"文件下载"对话框

2. 通过命令方式访问 FTP

FTP 命令是 Internet 用户使用最频繁的命令之一，不论是在 DOS 还是 UNIX 操作系统下使用 FTP，都会遇到大量的 FTP 内部命令。熟悉并灵活应用 FTP 的内部命令，可以大大方便使用，并达到事半功倍的效果。只要在 DOS 命令提示符下输入 FTP 就可启动 FTP 客户端程序，出现"ftp >"提示符，如图 2-33 所示。

图 2-33　常用的 FTP 命令

3. 使用 FTP 工具软件下载

目前，FTP 文件传输工具软件有许多，如 CuteFTP、迅雷、FTPVoyager 和 FlashXP 等。这里重点介绍 FlashFXP。

FlashFXP 采用交互式界面与 FTP 服务器建立连接，连接成功之后允许用户上传和下载文件，使用 FlashFXP 不再需要记忆一些 FTP 命令，是非计算机专业人员创建或者使用 FTP 服务器的最佳途径。

（1）FlashFXP 的安装

下载 FlashFXP 安装程序后，双击安装程序，打开 FlashFXP 安装向导，按照提示一步一步完成安装。使用 FlashFXP 软件上传或下载文件之前，需要对该软件进行一些适当的设置。

① 在桌面上双击 FlashFXP 图标，便可进入 FlashFXP 软件的主界面，如图 2-34 所示。

图 2-34　FlashFXP 软件的主界面

② 在 FlashFXP 软件的主界面中，选择"文件"→"站点管理器"命令，打开"站点管理器"

窗口,如图 2-35 所示。FTP "站点管理器"窗口被分割成几个区域:左边是树状站点的组织结构,右边显示左半部某一文件中保存的站点。

图 2-35 "站点管理器"窗口

③ 可以自己增加 FTP 站点,在"站点管理器"窗口中单击"新建站点"按钮,弹出添加站点对话框,如图 2-36 所示。在对话框中填写所添加站点的一些信息,主要包括 FTP 站点名称(FTP 服务器的域名)、FTP 主机地址(FTP 服务器的 IP 地址)、FTP 站点用户名称(用户在 FTP 服务器上的用户名)、FTP 站点密码(用户的密码)、FTP 站点连接端口(FTP 服务器的连接端口,默认端口是 21)。

图 2-36 添加站点

如果采用匿名登录方式,则选中"用户名称"栏右边的"匿名"复选框。

(2)与 FTP 服务器建立连接

利用 FlashFXP 软件与 FTP 服务器建立连接,一般与任意站点直接连接。在 FlashFXP 主界面中,选择"文件"→"快速连接"命令,或单击工具栏中的"快速连接"按钮,显示图 2-37 所示的"快速连接"对话框。用户可在该对话框中输入地址、用户名、密码和端口号。

图 2-37　"快速连接"对话框

（3）FlashFXP 的文件上传和下载

① 上传文件。在利用 FlashFXP 软件上传文件之前，必须先与 FTP 服务器建立连接，而且必须拥有该站点的用户名和密码。与 FTP 服务器建立连接之后，用鼠标把 FlashFXP 主界面左下部准备上传的文件或文件夹拖到右下部相应的目录中，此时会弹出一个"确认"对话框，单击"是"按钮，实现文件的上传。

② 下载文件。与上传文件一样，在利用 FlashFXP 软件下载文件之前，必须先与 FTP 服务器建立连接，与 FTP 服务器建立连接之后，用鼠标把 FlashFXP 主界面右下部准备下载的文件或文件夹拖到左下部的相应目录中，此时同样会弹出一个"确认"对话框，单击"是"按钮，FlashFXP 便开始下载。

（4）FTP 服务器端的文件管理

① 新建文件夹。利用 FlashFXP 软件在 FTP 服务器上建立新文件夹与文件的上传和下载一样，也必须先与 FTP 服务器建立连接。建立连接之后，在 FlashFXP 主界面的右下半部分右击，在弹出的快捷菜单选择"建立新文件夹"命令，完成文件夹的新建。

② 删除文件。与 FTP 服务器建立连接之后，选中准备删除的文件，在这些文件上右击，在弹出的快捷菜单中选择"删除"命令，确认"删除选中文件"后，所选中的文件会从服务器上删除。

FlashFXP 软件还有很多强大而实用的功能，如选择性传输、断点续传、整个目录覆盖和选择删除等功能，由于篇幅有限，在此不详尽说明。

2.5.4　FTP 服务器端的应用

基于 FTP 的文件上传、下载具有使用方便、速度快、安全性高、设置灵活等特点，是广域网上最重要的服务之一。FTP 也是 Internet 最早的应用之一，不同类型的操作系统均支持 FTP 服务。FTP 服务器端软件也是多种多样、各具特色，其中，Microsoft Server 2003 中的 IIS 提供了构架 FTP 服务器的组件，如图 2-38 所示。在安装 IIS 时要选中"文件传输协议（FTP）服务器"组件，否则，在使用 FTP 时还需要单独安装 FTP 组件。

FTP 服务器安装结束后，在服务器上有专门的目录供网络客户机访问、下载、上传文件。网络管理员要根据用户需要和系统安全的要求合理地设置 FTP 站点，以提供安全、方便的文件服务。

（1）选择"开始"→"程序"→"管理工具"→"Internet 服务管理器"命令，打开"计算机管理"窗口,如图 2-39 所示,显示此计算机上已经安装好的 Internet 服务,而且都已经自动启动运行,其中有一个默认 FTP 站点。

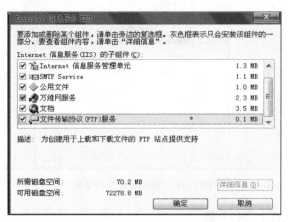

图 2-38　IIS 中的 FTP 服务器组件

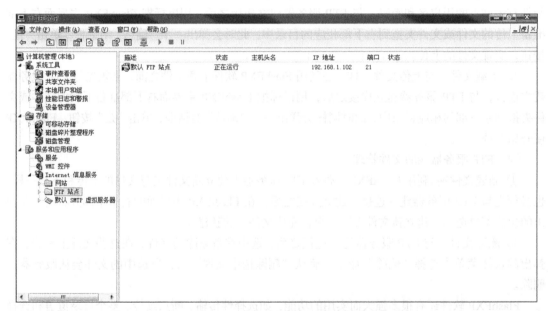

图 2-39　默认网站的 IIS 管理窗口

（2）用鼠标右键单击"FTP 默认站点"选项,选择"属性"命令,打开"默认 FTP 站点属性"对话框,选择"FTP 站点"选项卡,在"IP 地址"栏中选择"192.168.0.2","TCP 端口"维持原来的 21 不变,如图 2-40 所示。

（3）选择"消息"选项卡,在"FTP 站点消息"框内分别输入用户登录本站点成功后显示的标题信息、欢迎信息和离开本站点的告别信息,如图 2-41 所示。

（4）选择"主目录"选项卡,在"本地路径"中指定 FTP 资源的位置,如图 2-42 所示。

（5）选择"安全账户"选项卡,在该选项卡中,选择是否允许匿名用户（Anonymous）登录,并根据实际情况设置其他可管理此 FTP 站点的用户（默认为 Administrators）,如图 2-43 所示。

（6）测试 FTP 服务器。若站点允许匿名登录,则可通过指定地址 ftp: //192.168.1.2,用浏览器直接访问 FTP 站点（见图 2-44）;如果站点不允许匿名登录,则利用上述方法访问 FTP 站点时,还需要输入用户名和密码。此外，在命令提示符下也可登录 FTP 站点，如图 2-45 所示。

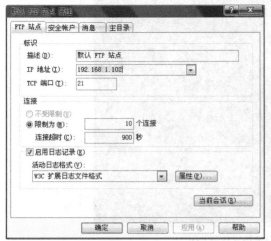

图 2-40　设置默认 FTP 站点属性

图 2-41　"消息"选项卡

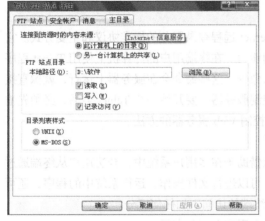

图 2-42　"主目录"选项卡

图 2-43　"安全账户"选项卡

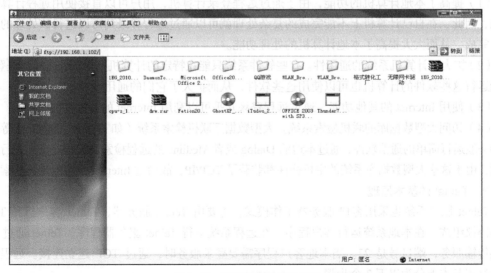

图 2-44　通过浏览器登录 FTP

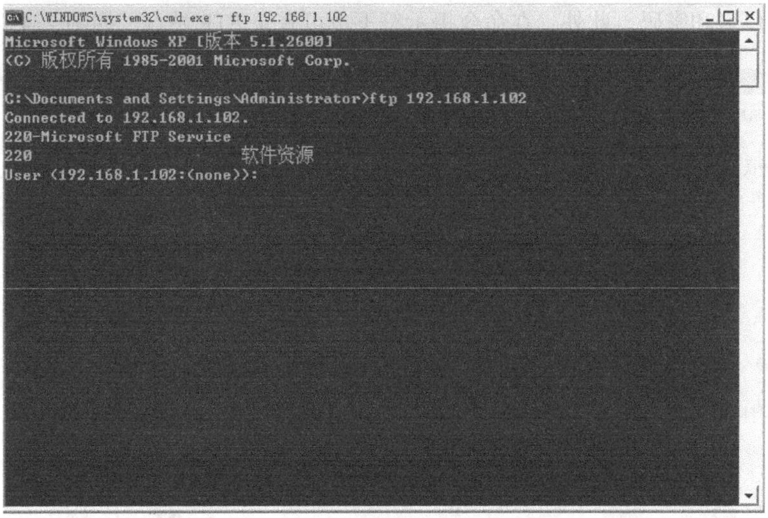

图 2-45　在命令提示符下登录 FTP

2.5.5　Telnet 应用

Telnet 协议是 TCP/IP 协议族中的一员，是 Internet 远程登录服务的标准协议和主要方式。它为用户提供了在本地计算机上完成远程主机工作的能力。在终端用户的计算机上使用 Telnet 程序连接到服务器。终端用户可以在 Telnet 程序中输入命令，这些命令会在服务器上运行，就像直接在服务器的控制台上输入一样，可以在本地就能控制服务器。要开始一个 Telnet 会话，必须先输入用户名和密码登录服务器。Telnet 是常用的远程控制 Web 服务器的方法。

1. Telnet 服务

Telnet 是一种远程登录程序，这里登录的概念借助于在多用户系统中，合法用户从终端通过输入用户名和口令进入主机系统的过程。登录后，可以进行文件操作、运行系统中的程序，还可以共享主机中的资源。Telnet 使得本地终端和远程终端的访问不加任何区分。

远程登录的应用十分广泛，其意义和作用主要表现在以下几方面。

（1）提高了本地计算机的功能，由于通过远程登录计算机，用户可以直接使用远程计算机的资源，因此，在自己计算机上不能完成的复杂处理就可以通过远程登录到可以进行该处理的计算机上完成，从而大大提高了本地计算机的处理功能。

（2）扩大了计算机系统的通用性。有些软件系统只能在特定的计算机上运行，通过远程登录，不能运行这些软件的计算机也可以使用这些软件，从而扩大了它们的通用性。

（3）使用 Internet 的其他功能。通过远程登录几乎可以利用 Internet 的各种功能。

（4）访问大型数据库的联机检索系统。大型数据库联机检索系统（如 Dialog、Medline 等）的终端一般运行简单的通信软件，通过本地的 Dialog 或者 Medline 的远程检索访问程序直接进行远程检索，由于这些大型数据库系统的主机往往都装载了 TCP/IP，故通过 Internet 也可以进行检索。

2. Telnet 的基本原理

Telnet 服务系统也采用客户/服务器工作模式，主要由 Telnet 服务器、Telnet 客户机和 Telnet 通信协议组成。在本地系统运行客户程序，在远程系统运行 Telnet 服务器程序，Telnet 通过 TCP 提供传输服务，端口号是 23。当本地客户程序需要登录服务时，通过 TCP 建立连接。远程登录服务过程基本上分为以下 3 个步骤。

（1）本地用户在本地系统登录时建立 TCP 连接。

（2）将在本地终端上输入的字符传输到远程主机。

（3）远程主机将操作结果回送到本地终端。

用户在远程主机上操作就如同操作本地主机一样，用户可以获得在权限范围之内的所有服务，包括运行程序、获得信息、共享资源等。

启动 Telnet 应用程序进行登录时，首先给出远程计算机的域名或 IP 地址，系统开始建立本地计算机与远程计算机的连接。连接建立后，再根据登录过程中远程计算机系统的询问正确输入自己的用户名和口令，登录成功后用户的计算机就好像与远程计算机直接相连一样，可以直接输入该系统的命令或执行该机上的应用程序。工作完成后可以通过注销退出，通知系统结束 Telnet 的联机过程，返回到自己的计算机系统中。

远程登录有两种形式：第一种是远程主机有用户的账户，用户可以用自己的账户和口令访问远程主机；第二种形式是匿名登录，一般 Internet 上的主机都为公众提供一个公共账户，不设口令。大多数计算机仅需输入"guest"即可登录到远程计算机上，这种形式在使用权限上受到一定限制，Telnet 命令的格式为：

Telnet<主机域名><端口号>

主机域名可以是域名，也可以是 IP 地址。一般情况下，Telnet 服务使用 TCP 端口号 23 作为默认值，对于使用默认值的用户可以不输入端口号。但有时 Telnet 服务设定了专用的服务器端口号，这时，使用 Telnet 命令登录时，必须输入端口号。

Telnet 在运行过程中，实际上启动的是两个程序，一个叫 Telnet 客户程序，它运行在本地机上，另一个叫 Telnet 服务器程序，它运行在需要登录的远程计算机上。执行 Telnet 命令的计算机是客户机，连接到上面的计算机是远程主机。连接主机成功后，接下来是登录主机。当然，要成为合法用户，必须输入可以通过主机验证的用户名和密码。成功登录后，本地机就相当于一台与服务器连接的终端，可以使用各种主机操作系统支持的指令。当本地用户从键盘输入的字符传输到远程系统后，服务器程序并不直接参与处理的过程，而是交由远程主机操作系统进行处理，操作系统再把处理的结果交由服务器程序返回本地终端。

3. Telnet 命令

无论是在 Windows 还是在 UNIX 操作系统下都可以使用命令行的方式访问 Telnet 服务器，下面以 Windows XP 为例介绍如何以命令行的方式访问 Telnet 服务器。在 Windows XP 中要想使用 Telnet 服务，首先要把这个服务打开，默认情况下为了安全，这项服务是关闭的。

（1）选择"开始"→"程序"→"管理工具"→"服务"命令，弹出图 2-46 所示的"计算机管理"窗口。

（2）在窗口中找到"Telnet"服务选项，并把该服务设置为启动，打开图 2-47 所示的对话框，单击"启动"按钮。

（3）在客户机上选择"开始"→"运行"命令，在"运行"对话框中输入"cmd"命令回车，弹出 DOS 界面，在 DOS 界面中输入"telnet"回车，如图 2-48 所示。

（4）在弹出界面中输入将要连接的 Telnet 服务器的 IP 地址或者域名，如图 2-49 所示。

（5）在弹出的界面中输入正确的用户名和密码，如图 2-50 所示。

（6）如果能通过验证，那么该用户就可以访问远程主机上的资源，访问资源的权限大小将根据用户所隶属组的权限而定，该例中的用户属于"管理员"组，所以其权限比较大，输入"dir"命令便可以查看登录的服务器上的任何资源，如图 2-51 所示。

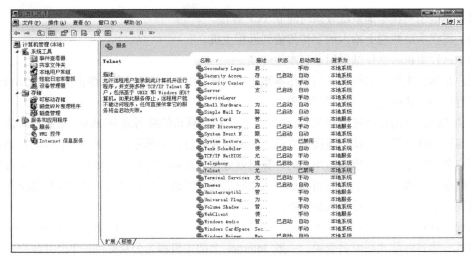

图 2-46 "计算机管理" 窗口

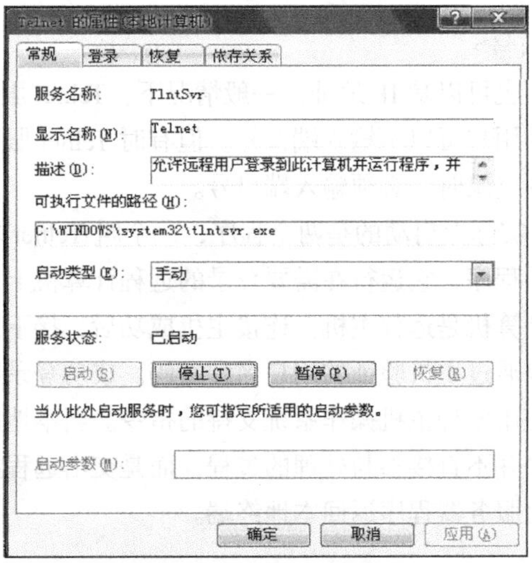

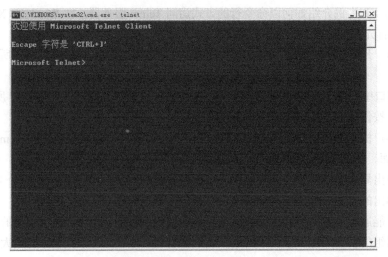

图 2-47 启动 Telnet 服务

图 2-48 执行 Telnet 命令

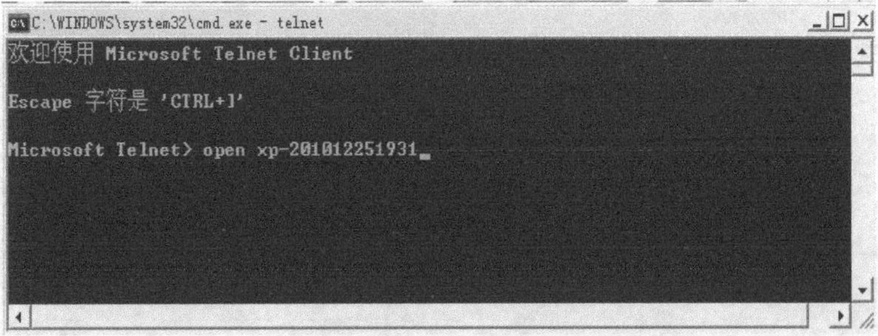

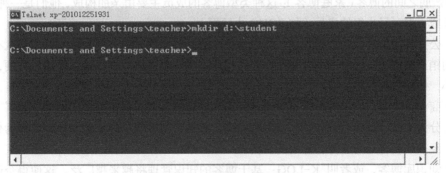

图 2-49　执行 open 命令

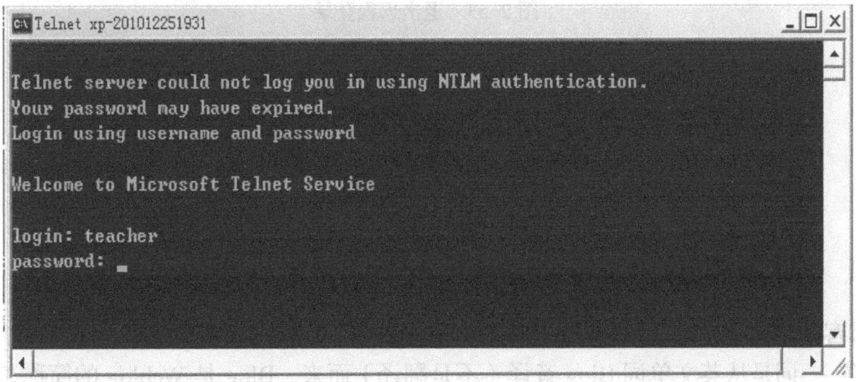

图 2-50　输入用户名和密码

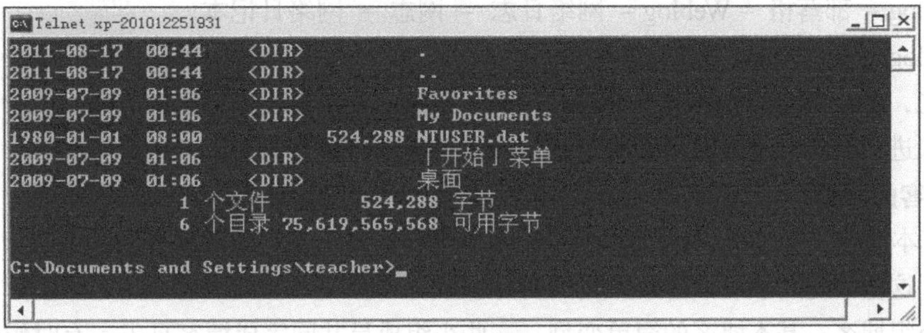

图 2-51　执行 dir 命令

（7）利用 mkdir 命令行在 Telnet 服务器的 D 盘创建一个文件夹 "student"，如图 2-52 所示。

图 2-52　执行 mkdir 命令

（8）如果要断开 Telnet 连接，输入 "exit" 命令，服务自动断开，如图 2-53 所示。

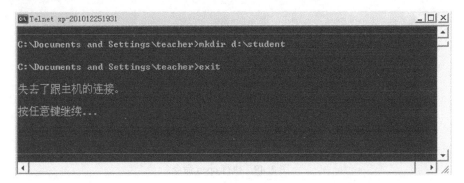

图 2-53　退出远程登录

2.6　博　　客

2.6.1　博客概述

1．博客的定义

"博客"一词是从英文单词 Blog 音译（不是翻译）而来。Blog 是 Weblog 的简称，而 Weblog 则是由 Web 和 Log 两个英文单词组合而成的。这个定义涉及以下几个方面的含义。

（1）Blog = 部落格 = Weblog = 网络日志 = 网志 = 网络日记本。

（2）Blogger = 写 blog 的人=博主。

简言之，Blog 就是以网络作为载体，简易、迅速、便捷地发布自己的心得，及时、有效、轻松地与他人进行交流，集丰富多彩的个性化展示于一体的综合性平台。

2．博客的分类

（1）基本博客：是 Blog 中最简单的形式。单个作者对于特定的话题提供相关的资源，发表简短的评论。这些话题几乎可以涉及人类的所有领域。

（2）小组博客：基本博客的简单变型，一些小组成员共同完成博客日志，有时候作者不仅能编辑自己的内容，还能够编辑别人的条目。这种形式的博客能够使小组成员就一些共同的话题进行讨论，甚至可以共同协商完成一个项目。

（3）亲朋之间的博客（家庭博客）：这种类型博客的成员主要由亲朋构成，他们是一种生活圈、一个家庭或一群项目小组的成员（如 SOHO 小区网）。

（4）公共社区博客：公共出版在几年以前曾经流行过一段时间，但是由于没有持久有效的商业模型而销声匿迹了。廉价的博客与这种公共出版系统有着同样的目标，但使用更方便，所花的代价更小，所以也更容易生存。

（5）商业、企业、广告型博客：对于这种类型博客的管理类似于通常网站的 Web 广告管理。商业博客分为 CEO 博客、企业博客、产品博客、"领袖"博客等。以公关和营销传播为核心的博客应用已经被证明将是商业博客应用的主流。

（6）知识库博客，或者叫 K-LOG：基于博客的知识管理将越来越广泛，这使得企业可以有效地控制和管理那些原来只是由部分工作人员拥有的、保存在文件档案或者个人计算机中的信息资料。知识库博客提供给了新闻机构、教育单位、商业企业和个人一种重要的内部管理工具。

　　按照博客主人的知名度、博客文章受欢迎的程度，可以将博客分为名人博客、一般博客、热门博客等。

　　此外，按照 Blog 存在的方式，还可以分为以下几种。

　　（1）托管博客：无须自己注册域名、租用空间和编制网页，只要免费注册申请即可拥有自己的 Blog 空间，是最"多快好省"的方式。

　　（2）自建独立网站的博客：有自己的域名、空间和页面风格，需要一定的条件（如自己需要会网页制作，需要懂得网络知识，当然，自己域名的博客更自由，有最大限度的管理权限）。

　　（3）附属博客：将自己的 Blog 作为某一个网站的一部分（如一个栏目、一个频道或者一个地址）。这 3 类博客之间可以演变，甚至可以兼得，一人拥有多种博客。

3．博客的主要作用

　　（1）个人观点自由表达和出版。

　　（2）知识过滤与积累。

　　（3）深度交流沟通的网络新方式。

　　博客永远是共享与分享精神的体现。

2.6.2　博客的发展过程

　　虽然博客发展的时间不长，却迅速成为继 E-mail、BBS、QQ 之后的第四大网络交流工具。博客真正的历史可以追溯到 20 世纪 90 年代中后期。1998 年，一家小小的软件公司 Pyra 的 3 位创始人为了开发一个复杂的产品而编写了一个小软件 Weblog，并以博客方式进行彼此间的交流与协作。当他们发现这一简单的小工具能给网络上的人带来很多实用功能后，就在网上免费发布了博客软件。此后，越来越多的人以这个软件为工具，加入了博客队伍行列。从此开始，博客作为一种新潮流的代表登上了网络世界的历史舞台。同年，一位 Infosift 的编辑在网上搜集了大部分博客站点的名单并将其公布在 Camworld 网站上，其他博客站点维护者发现后，纷纷把自己的网址及网站名称、主要特点等信息发送过来，使得名单日益丰富。于是，Weblog 也就自然地被简称为Blog，这代表着博客被正式命名。

　　2000 年后，随着博客数量的增多，每个博客上编写的内容逐渐混杂起来，每一个新出站点的主要内容和特色都不相同。不久，一个名叫"Eaton 网络门户"的博客站点名单诞生了，提出了应该以日期为内容的基本组织方式，由此建立了 Blog 分类排列的一大标准。之后，专门制作博客站点的 Pitas 工具软件的发布及博客网站的建立对于博客站点的快速搭建起了关键作用，博客站点的数量开始呈现爆炸性的增长。

　　2002 年 8 月"博客中国"网站的开通，标志着博客开始在中国互联网界崭露头角。当年 11 月，新闻传播学术网推出"博客擂台"新栏目，此后，中国各大主流网站开始认同并在其首页推出博客网站、频道等各个专栏。

　　2006 年至今，随着网络出版、发表和张贴文章等网络活动的急速增长，博客逐渐成了一个网络出版或发表文章的代名词。人类网络开始从基本的聊天评论方式过渡到精确的个人化目录方式。人们通过博客将自己的工作、生活和学习融合为一体，将日常的思想精华及时记录并发布，并通过链接获取对自己最有价值的信息资源。

　　不久的将来，作为一种新的媒体潮流，博客的影响力有可能超越传统媒体：作为专业领域的知识传播方式，博客可能成为该领域最具有影响力的因素之一；作为一种网络沟通工具，博客将超越 E-mail、BBS、QQ，成为人们之间更重要的沟通和交流方式。

2.6.3 精彩博客网站

根据网站性质的不同，可以将博客网站分为门户网站博客频道、专业博客网站和即时通信工具博客空间三大类。

1. 门户网站博客频道

下面介绍目前比较流行的门户网站博客频道。

（1）新浪博客。综合性网站博客，创办时间为 2005 年，主要特色是侧重名人博客，网址为 http：//blog.sina.com.cn/，其主页如图 2-54 所示。

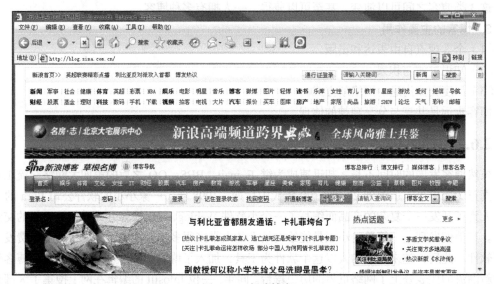

图 2-54　新浪博客

（2）网易博客。综合性网站博客，创办时间为 2004 年，主要特色是延续网易个人主页的特点，网址为 http：//blog.163.com/，其主页如图 2-55 所示。

图 2-55　网易博客

（3）东方财富网博客。财经门户网站博客，创办时间为 2004 年，主要特色是财经类名人博客和财经新闻，网址为 http：//blog.eastmoney.com/，其主页如图 2-56 所示。

图 2-56　东方财富网博客

（4）太平洋电脑博客。IT 门户网站博客，创办时间为 2005 年，主要特色是侧重 IT 产业和技术，网址为 http：//blog.pconline.com.cn/，其主页如图 2-57 所示。

图 2-57　东方财富网博客

（5）天涯博客。论坛网站博客，创办时间为 2005 年，主要特色是依托论坛，网址为 http：//log.tianya.cn/，其主页如图 2-58 所示。

2．专业的博客网站

下面介绍两个目前比较流行的专业博客网站。

（1）博客网。创办时间为 2002 年，主要特色是侧重博客专栏和博客门户，网址为 http：//www.bokee.com/，其主页如图 2-59 所示。

（2）博客大巴。创办时间为 2002 年，主要特色是重视博客的基本服务，网址为 http：//ww.blogbus.com/，其主页如图 2-60 所示。

图 2-58 天涯博客

图 2-59 博客网主页

图 2-60 博客大巴主页

3. 即时通信工具 Blog 空间

下面介绍一些目前比较流行的即时通信工具的博客空间。

（1）飞信空间。推出时间为 2006 年，面向移动客户，针对性强，依托背景中国移动，其主页如图 2-61 所示。

图 2-61　飞信空间

（2）QQ 空间。推出时间为 2005 年，面向年轻群体，个性化强，依托背景腾讯公司，其主页如图 2-62 所示。

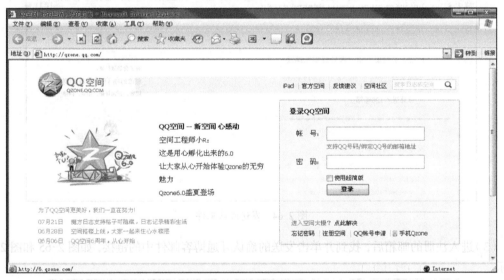

图 2-62　QQ 空间

2.6.4　博客的申请和维护

1. 博客的申请

下面就以新浪为例讲解博客的申请和日常维护方法。

（1）开通博客。在新浪首页上单击"博客"超链接，打开新浪博客首页。在该页面上单击"开通新博客"，进入注册页面如图 2-63 所示。

（2）填写个人资料。填写相关注册信息并检查无误后，选中"我已经看过并同意《新浪网络服务使用协议》"复选框，然后按回车键。提示往注册博客的邮箱发送一封确认信件，如图 2-64 所示。博客开通前需要进入邮箱确认。

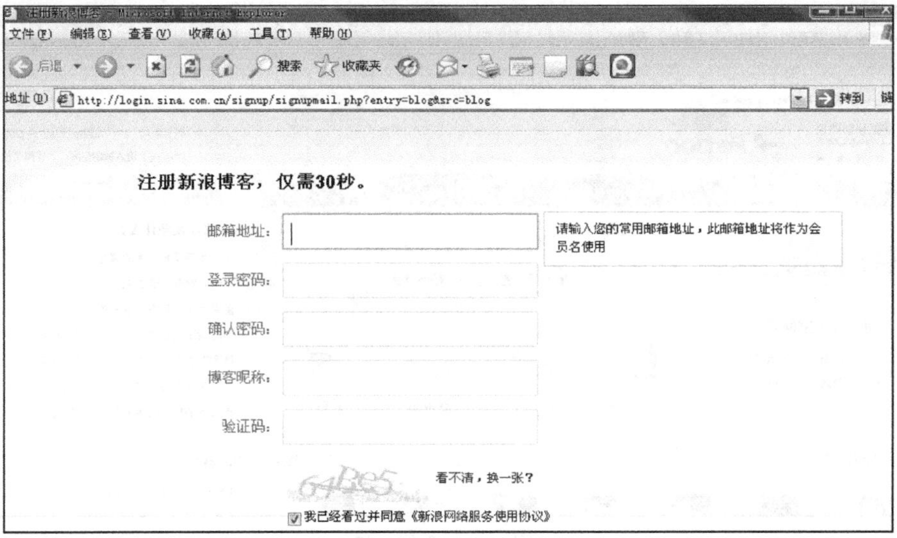

图 2-63　填写申请信息页

图 2-64　发送确认邮件

（3）进入注册的邮箱后，找到并单击发送的确认开通博客邮件中的链接，如图 2-65 和图 2-66 所示。

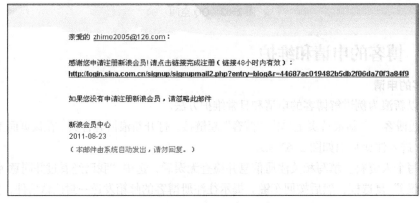

图 2-65　注册邮件中的链接

（4）跳转到博客注册成功页面，如图 2-66 所示。显示账号注册成功，但是博客未能开通，需要用户进入博客后再开通。单击"进入我的博客"按钮，进入开通博客面页，如图 2-67 所示。

图 2-66　博客账户注册成功界面

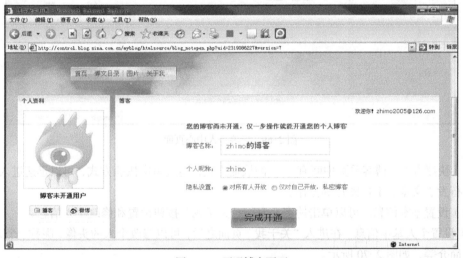

图 2-67　开通博客页面

（5）博客开通前需要设置博客的开放级别。可以选择"对所有人开放"或"仅对自己开放，私密博客"。这里选择"对所有人开放"，然后单击"完成开通"按钮，进入博客正式开通页面，如图 2-68 所示。

（6）单击该页面中的相应超链接，即可进行个人博客的相关操作。注册信息中的昵称为今后发表文章、评论、留言时使用的默认名称，是与朋友交流的重要标识；个性域名是自己博客的网址，可以通过在浏览器地址栏中直接输入该网址进行访问。用户获得免费博客空间后，可以在控制面板更改个人资料。

2. 博客的维护

博客开通以后可以进入自己的个人空间，像管理个人网站一样对自己的博客进行管理维护。用户在登录自己的博客后，可以通过博客右上方的"个人中心"或者博客左侧活动地带的各项条目的"管理"进入导航页面，如图 2-69 所示。

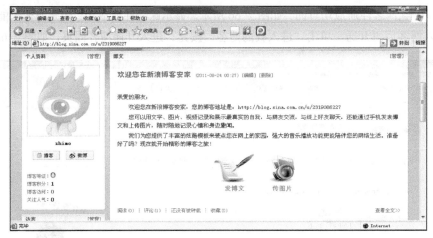

图 2-68　博客正式开通页面

图 2-69　新浪个人中心页面

（1）快捷方式。博客首页中间有 ✍ 🎞 的快捷方式，通过单击快捷方式，可以迅速进入相应的页面进行发表文章、上传图片等操作。

（2）设置基本信息。可以单击博客上方的"关于我"按钮设置和修改个人信息。

① 设置个人基本信息。在进入"关于我"页面之后，可以修改个人的头像、昵称、个人资料、经历、简介等，如图 2-70 所示。

图 2-70　修改个人信息

② **修改博客页面风格**。单击右上方的"页面设置"可以对博客页面风格进行设置，如图 2-71 所示。

图 2-71　修改页面风格

（3）**发表文章**。单击页面上的"发博文"按钮，进入文章发布页面，如图 2-72 所示。只需要在对应位置输入文章标题和内容即可。写完一篇文章后，不要急于发布，可以先使用"预览博文"查看效果，有无错别字，文字效果是否美观，整体布局是否符合要求等。效果满意后，再单击"发博文"按钮。这样一篇文件就发表成功了。如果文章写了一半，突然有了其他的事情需要处理，可以先存为草稿，这样的草稿其他用户是看不到的，可以有时间的时候，再来整理这篇文章并发布。

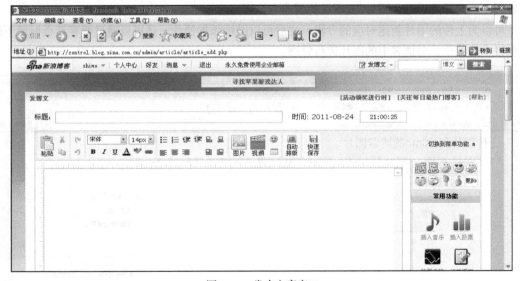

图 2-72　发表文章窗口

在写完文章之后，正式发表博文之前，还有几个选项需要做出选择。分类中有默认的私密博文选项，也可以自主创建分类。选择自己喜欢的分类，如小说、散文、传记等。选择分类之后再选择相应博文的标签，文章标签是一种自己定义的，比分类更准确、更具体，可以概括文章主要内容的关键词。然后，对文章管理权限进行相应的设置，如评论的权限、文章的可见性，以及是否允许转载等。最后要进行投稿排行榜的选择，可以把自己的博文选择到相对应的类别中，提高博文在新浪首页中展现的机会，如图 2-73 所示。

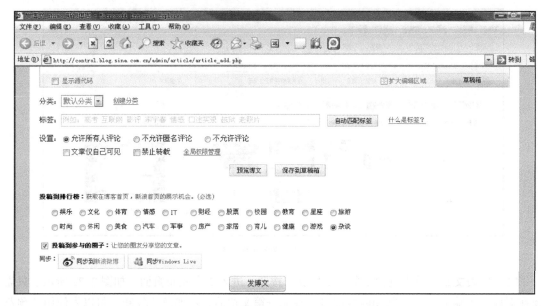

图 2-73　博文管理

（4）传图片。博客中除了文章外，还可以将个人图片上传到博客内，登录博客后进入博客首页，单击 图标，进入图 2-74 所示的上传图片页面。

上传图片分为 3 个步骤，按照顺序选择"步骤 1 选择照片"，在弹出的对话框中选择要上传的本地图片，选择之后进入图 2-75 所示的新建专辑页面。

可以为上传的图片新建对应的专辑，之后可以继续添加照片。还可以通过博客首页标题下的导航栏中的菜单，对博客中的图片进行管理。

图 2-74　上传图片

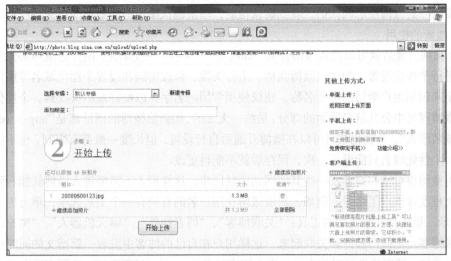

图 2-75 新建专辑

2.6.5 微博

微博，即微博客（MicroBlog）的简称，可以理解为"微型博客"或者"一句话博客"。在微博上，用户可以通过 Web、WAP 以及各种客户端，将看到的、听到的、想到的事情写成一段话（不超过 140 个字），或发一张图片、视频、音乐、话题等，通过计算机或者手机随时随地分享给朋友。

目前中国主流的几个微博网站有：新浪、腾讯、搜狐、天涯、网易等。下面以新浪微博为例介绍微博的申请和使用。

1．微博的申请

在浏览器地址栏中输入 http：// weibo.com/，打开新浪微博主页，如图 2-76 所示。

图 2-76 新浪微博首页

在图 2-76 中，如果用户已经拥有了 MSN 和天翼账号，直接登录微博就可以使用，无须单独开通。如果还没用新浪账户，则必须单击"立即注册微博"按钮打开注册页面进行注册。

在注册页面填写相应信息，如果使用新浪域名以外的邮箱注册微博，注册完成后，系统会给该邮箱发送一封微博注册确认信，收到确认信后，单击确认账户链接地址即可完成注册。

2. 微博的使用

（1）微博开通后就可以进入微博首页，如图 2-77 所示。一般来说，刚开通微博要先完善个人资料，进行个性化设置，如修改微博昵称、上传头像、修改密码和设置个性化域名等操作。微博昵称是用来识别用户微博的重要名称，建议使用常用的名字，以便好友尽快找到。个性化域名是指用户微博网址中公共域名后面的部分，是独一无二的，如新浪微博的网址都是"http://weibo.com/个性化域名形式"，个性化域名可以在微博开通后自行设置，但长度一般都有限制，也不能和其他人重复，个性化域名只能设置一次，保存后就不能再更改。

（2）微博也可以和博客或一些其他网站关联同步，这样别人不需要进入微博就能看到微博信息，更大程度地推广了微博。例如，新浪微博在用户名的右侧有一个工具选项，单击进入后如图 2-78 所示。里面有几个实用的工具："关联博客"、"博客挂件"、"聊天机器人"、"浏览器插件"等。关联博客是把微博和博客关联起来，这样用户在自己的博客中发表一篇博文的同时也会自动生成一条微博。博客挂件可以放在网页里（如博客主页），展示最新微博，让更多朋友看到你的更新，分享你的新鲜事。聊天机器人是选择用户想绑定的即时聊天工具，方便快捷发布用户的实时状态。现在只能选择 MSN、Gtalk 和 UC 这三个工具，我们常用的 QQ 绑定还在开发中，不久的将来也将可以绑定。浏览器插件安装后，即可在浏览器（目前支持 IE、傲游 Maxthon、火狐 firefox 浏览器）上将当前窗口页面快速分享到新浪微博。这些工具都大大丰富了微博的使用空间，使微博更贴近我们的生活，使用更加方便。

（3）微博营销是刚刚推出的一种网络营销方式，它是随着微博的火热，催生出的有关营销方式。每一个人都可以在新浪、网易等注册一个微博，与大家交流每天更新的内容或者大家所感兴趣的话题，从而达到营销的目的。

微博的特点在于简练、面向最普通的大众和具有广播形式。微博营销模式至少有 4 种：活动营销、植入式广告、客户服务的新平台和品牌宣传。

微博营销很可能需要第三方即微博运营商的介入。第三方首先给出策划，然后需要对三类微博（企业微博、代言人微博、用户微博）进行组合，用一种受众能够认同的，并且是受欢迎的方式，对新产品、新品牌等进行主动的网络营销。

图 2-77　开通微博首页

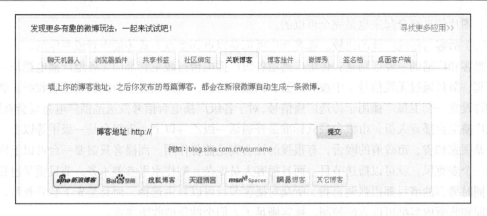

图 2-78　微博工具页

微博作为营销平台的入口有待进一步开发。因为微博用户对微博上信息的信任度高，对微博上的商业信息、商业活动也都有较高的信任度，并且对关注的人或粉丝推荐的产品更是具有好感，所以微博具有较大的潜在营销价值。微博营销的成功案例有很多，如"诺基亚的 N8 的发布会的微博直播"、"李厚霖新年童话：送许愿网友钻戒"和"伊利舒化"活力宝贝"世界杯微博营销"这些都是利用微博成功营销的案例，当然成功的案例还有很多，这里就不再一一列举了。

2.7　播　　客

2.7.1　播客概述

1．什么是播客

"播客"又被称作"有声博客"，是 Podcast 的中文直译。用户可以利用播客将自己制作的"广播节目"上传到网上与广大网友分享。"播客"（Podcasting）这个词来源自苹果电脑的"iPod"与"广播"（broadcast）的合成词，指的是一种在互联网上发布文件并允许用户订阅以自动接收新文件的方法，或用此方法来制作的电台节目。这种新方法在 2004 年下半年开始在互联网上流行以用于发布音频文件。Podcasting 与其他音频内容传送的区别在于其订阅模式，它使用 RSS 2.0 文件格式传送信息。该技术允许个人进行创建与发布，这种新的传播方式使得人人可以说出他们想说的话，将自己制作的"广播节目"上传到网上与广大网友分享。

2．播客的特点

播客在应用形式上脱胎于传统广播，在技术发展上来自于博客。下面通过对播客和博客以及播客和传统广播的比较，从中得出播客的特点。

（1）播客与博客的比较。播客和博客都是个人通过互联网发布信息的方式。个性化、平民化是它们的共同特点。

播客与博客的主要区别：博客属于文字日志，主要记录个人的文字内容。而博客内容主动接受的多一些，受众有选择权，但互动性差，而播客则是通过制作音频甚至视频节目的方式来传播自己的思想。两者相比较，播客比博客更通俗，更平易近人。在形式上，博客类似于私人办的报纸，而播客就是一个以互联网为载体的个人电台和电视台。

播客和博客之间并没有不可逾越的障碍。很多播客原来就是博客，博客将语音、视频信息和文字、图片信息结合起来也是完全可以的。

（2）播客与传统广播的比较。播客和广播都是以点到多点方式传播声音或图像的。

播客和广播的主要区别是：传统广播由各级广播电台行政主管部门（各地广播电视局）建立和管理，节目通过无线信号（中波、短波、调频）发送，听众通过收音机被动接收收听。省级台会准许设立一套卫星广播用于传送广播信号。对于各级广播电台信号发送范围广电总局会有限制。传统广播电台播音人员，市级台最低标准是普通话一级乙等以上，省级台是一级甲等以上。传统电台是国家和省、市政府的喉舌，有很强的社会舆论监督作用。而播客只需要一台可以上网的电脑和一个麦克风，就可以播送节目。而且播客人员庞杂，制作水平参差不齐，节目质量也良莠不齐。同时播客的节目都很强调自我，听众对播客节目可以自由选择，而且是先下载后收听，对收听时间和收听内容都可以方便控制。播客满足了人们个性化的收听要求。

2.7.2 播客的发展和影响

2004年2月12日，《镜报》一篇名为《听觉革命：在线广播遍地开花》的文章中，最早提到了"Podcasting"这一概念。

2004年8月，为推广个性化的收听习惯，美国MTV电视台的主持人亚当·科利和软件师戴维·温纳发明了一种播客软件"ipodder"，收听者依靠"iPodder"就可以根据爱好，自主订阅或下载互联网上个人上传的声音文件。亚当·科利为此获得了"播客之父"的称号。

2004年9月，在Google上有关播客的搜索结果还不到20个，10月初该搜索结果迅速变为5 950个，10月底迅速升至85 700个，因此2004年10月又被称为播客史上的"十月革命"，而到了2005年8月，Google上与播客有关的网页达到16 700 000个。一年时间播客迅速走红，令人瞠目。

播客其实并不神秘，它已经悄悄地渗透到了人们生活的许多方面。广为流行的歌曲"春天里"就是播客的杰作，播客今后还将打造更多的明星。在教育界，有的大学已经将上课内容制作成播客以供学生下载学习。可以毫不夸张地说，互联网正在经历一场"播客革命"。

2.7.3 热门播客网站

（1）土豆网（http：//www.tudou.com）。主要栏目有原创、电视剧、电影、综艺、排行、热点、娱乐、风尚等，如图2-79所示。

图2-79 土豆网首页

（2）QQ播客（http：//boke.qq.com/）。主要栏目有社会、娱乐、搞笑、生活、体育、游戏、科技、原创等，如图 2-80 所示。

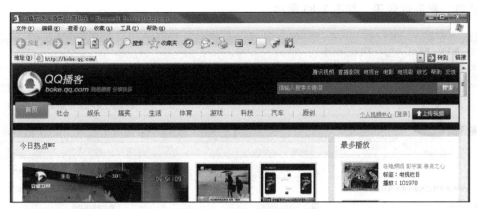

图 2-80　QQ 播客网首页

（3）新浪播客（http：//v.sina.com.cn/v/dv/）。主要栏目有新闻、体育、娱乐、大片、搞笑、微视频等，如图 2-81 所示。

图 2-81　新浪播客首页

（4）优酷网（http：//www.youku.com/）。主要栏目有电视剧、电影、综艺、动漫、咨询、娱乐、生活等，如图 2-82 所示。

图 2-82　优酷网首页

（5）偶偶网（http：//www.ouou.com/）。主要栏目有：明星MV、体育赛事、动物宠物、幽默整蛊、家庭逗乐等，如图2-83所示。

图2-83　偶偶网首页

2.7.4　播客的应用

土豆网是我国一家大型视频分享网站，用户可以在该网站上传、观看、分享与下载视频短片。土豆网于2005年4月15日正式上线，截至2007年9月，该网站每日提供的视频有5 500万之多。创始人为福建人王微。2011年8月17日晚上9点45分，土豆网在美国纳斯达克上市，股票代码为"TUDO"。在浏览器的地址栏内输入 http：//www.tudou.com/，然后按回车键，即可进入土豆网首页，如图2-84所示。

图2-84　土豆网首页

单击首页右上角的"注册"链接，进入图2-85所示的注册新用户页面。

图 2-85　注册新用户页面

在注册新用户页面可以通过电子邮件注册新用户,设置自己的用户名和密码,最后单击"完成注册"按钮,弹出一个验证码框,如图 2-86 所示,在框中输入正确的数字后才单击"确定"按钮完成注册,如图 2-87 所示。

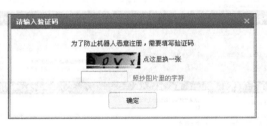

图 2-86　验证码对话框

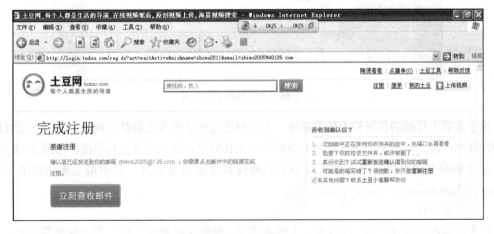

图 2-87　完成注册

成功注册成为土豆网的会员后,就可以正式开始土豆网生活了。土豆网是中国最早和最大的视频分享平台,用户可以通过其轻松发布、浏览和分享视频作品。土豆网于 2005 年 4 月 15 日正式上线，很快成为世界上最大的视频分享网站之一。现在每天土豆网的视频播放量最高超过 1 亿次，每天独立用户数超过 1500 万。这其中既包括网友自行制作的视频节目，如播客和用户原创视频，也包括内容提供商的视频节目，如电影、电视剧和娱乐综艺节目等。

土豆网想要做的，是让用户能够非常容易地发布自己制作或者收集的个人音频和影象作品。也许在每日生活中，用手机拍摄下了一些生活片断。也许在一个度假之后有很多 DV 片段想要和朋友分享。也许每天录下了自己的声音想让异地的爱人能够听到。也许录下了学校篮球队的每一场比赛，让校友们都能看到。也许在公司的年度晚会有一个精彩表演，想让家人也看到。也许，只不过是在自己的摄像头前，做了做鬼脸。要做这些事，需要一个空间来存储这些文件。所以土豆网提供了无限存储容量的个人空间。你需要一个简单方便的上传方式，我们把这个做得再简单不过了。你想有一个容易记的网址可以让朋友来观看你的个人节目，所以土豆网提供了个人主页和各种各样的方式方便你分享这些节目。

土豆网提供了一个属于你的个人主页。在这个固定的页面上，你的观众可以在一个容易记忆的固定地址找到你所制作的所有节目。在土豆上，你有一个可以和你的听众自由交流的场所。你也可以把你的朋友们加入你的联系人中，每次上传新制作的节目，都可以很容易地通知你的朋友来下载收看。同时，可以向特定的频道和专题上传节目。这些专题和频道是我们的一些合作者，如一些有趣的电视栏目，如图 2-88 所示。

图 2-88　土豆网的个人主页

除了点播土豆网的视频和上传视频外，土豆网还提供了很多工具帮助网友们享受在土豆网中上网冲浪的乐趣。单击土豆网首页右上角的土豆工具后可以进入土豆工具界面，如图 2-89 所示。

在页面的左侧提供了很多的土豆小工具和播客百宝箱等工具。其中最主要的两个工具是 iTudou 和飞速土豆。

（1）飞速土豆

因为各地网络速度不同，或者遇到上网高峰时，会造成视频很“卡”，看个视频等半天，你很烦，土豆们也觉得很烦，难受。所以土豆们开发了飞速土豆帮网友解决视频卡的问题：绿色安装，按照提示几下就能搞定。花几分钟下载 3.38 MB 大小的飞速土豆，以后每天都能节约几十分钟到数小时的卡屏时间。中途关闭了浏览器，下次打开会继续从这一点上开始下载，再也不用重头开始下载视频，漫长等待了。飞速土豆只有几个简单配置，网友能用得很开心，在你掌握中。

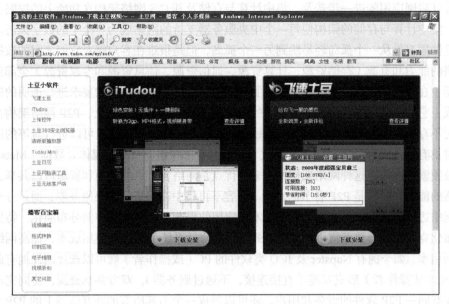

图 2-89　土豆工具界面

（2）iTudou

iTudou 目前的版本是 2.7，除了保留原有功能之外，在稳定运行的基础上，优化节目推送方式和上传流程，提高上传稳定性和成功率，在播放页面右键菜单中添加 "itudou 下载"，针对单击 "下载节目" 按钮不能下载节目的用户，使用户更顺畅地欣赏土豆视频，更便捷地发布自己的精彩节目。断点上传下载：观赏视频更顺畅，发布节目更简捷，批量上传、批量下载更稳定。可将节目转换成 mp4、3gp 格式，便于在移动设备观看。我的主页：你的订阅、最热的土豆、推荐节目一目了然。我的节目库：集中收藏下载的内容，随时随地都能看。界面优化：操作界面更美观、更实用。批量添加上传视频。新增 H264（高清 mp4 格式）的视频转换功能，可对视频画面实现适量优化。开通 "我的小组" 在线讨论功能，可随时联络在线豆友。

2.8　P2P

2.8.1　P2P 技术概述

1. P2P 的概念

对等网络（Peer to Peer，P2P）是一种资源（计算、存储、通信与信息等）分布利用与共享的网络体系架构，与目前网络中占据主导地位的客户机/服务器（Client/Server，C/S）体系架构相对应。P2P 可以用来进行流媒体通信（如话音、视频或即时消息），也可以传送控制信令、管理信息和其他数据文件，具体的应用有 Napster MP3 音乐文件搜索与共享、BitTorrent 多点文件下载和 Skype VoIP 话音通信等。开始的互联网基本协议 TCP/IP 解决的是异机种计算机互连，所有设备的通信（E-mail、FTP、BBS）都是对等的，它们是上下左右各向同性的，如图 2-90 所示。

基于 Web 应用使 C/S 结构获得巨大成功，人们通过客户机上的浏览器来操作或访问远程网站上的服务器，用户所处理的数据与应用处理软件都存放在服务器上，如图 2-91 所示。

随着互联网应用的进一步普及，集中计算与存储及其 C/S 网络架构在功能上的缺陷正逐渐暴露出来。集中计算与存储的架构使每一个中央服务器支持的网站成为一个个的数字孤岛。客户机上的浏览器很容易从一个孤岛轻易跳到另一个孤岛，但是很难在客户端对它们之间的数据进行整合。网络的能力和资源（存储资源、计算资源、通信资源、信息资源和专家资源）全部集中在中央服务器。在这种体系架构下，各个中央服务器之间也难以按照用户的要求进行透明的通信和能力的集成，它们成为网络开放和能力扩展的瓶颈。与 C/S 网络架构相反，P2P 网络架构在进行媒体通信时不存在中心节点，节点之间（Peer）是对等的，即每一个节点可以进行对等的通信，各节点同时具有媒体内容（Content）的接收、存储、发送和集成及其对媒体元数据（Metadata）的搜索和被搜索功能等。这种网络架构所带来的优点是网络各节点的能力和资源可以共享，理论上来说网络的能力和资源是 P2P 各节的总和。内容不再集中在网络的中央服务器，而是分布在靠近用户的网络边缘的各 P2P 节点上。P2P 技术的应用使得业务系统从集中向分布演化，特别是服务器的发布化克服了业务节点集中造成的瓶颈，大大降低系统的建设和使用成本，提高网络及系统设备的利用率。如今拥有 Napster 及 ICQ 类软件的 PC（或操作者）就可以选择同样拥有此类软件的另一 PC（或操作者）形成互连（直接连接，不通过服务器），双方共享资源，协同完成某种行动。而拥有同一 P2P 软件的设备和用户，还可以形成一个为其所有的在互联网上的 P2P 专用网。

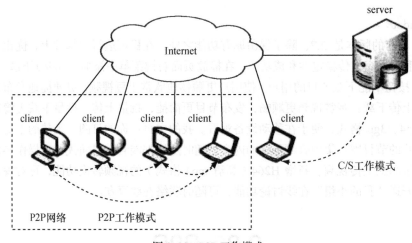

图 2-90 P2P 工作模式

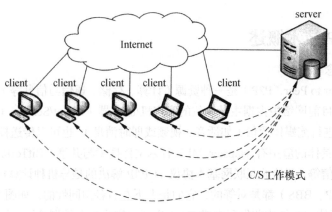

图 2-91 C/S 工作模式

2. P2P 的发展过程

如果说涉及此种特点便称之为信息技术中的 P2P 的诞生的话，那么它的历史可就远了。P2P 本身的基本技术的存在时间和我们曾经熟悉的 USENET、FidoNet 这两种非常成功的分布式对等网络技术几乎是相同的，甚至更长些。翻翻资料就可以知道，USENET 产生于 1979 年，FidoNet 创建 1984 年，它们都是一个分散、分布的信息交换系统。在最初的 P2P 应用出现时，许多使用该技术的人甚至不会使用计算机。然而正是这种孕育着思想的网络技术为 P2P 的出现搭建了摇篮。

P2P 正式步入发展的历史可以追溯到 1997 年 7 月，那几乎就是互联网在中国起步的阶段。在一段介绍此时 P2P 技术的时间表中这样写着："Hotline Communications is founded, giving consumers software that lets them offer files for download from their own computers."（1997 年 7 月，Hotline Communications 公司成立，并且研制了一种可以使其用户从别人电脑中直接下载东西的软件）。

或许还有人记得，早在 1998 年，美国波士顿大学的一年级新生、18 岁的肖恩为了解决他的室友的一个问题——如何在网上找到音乐而编写的一个简单程序，这个程序能够搜索音乐文件并提供检索，把所有音乐文件地址存放在一个集中的服务器中，这样使用者就能够方便地过滤上百个地址而找到自己需要的 MP3 文件。到了 1999 年，令他们没有想到的是，这个叫做 Napster 的程序成为了人们争相转告的"杀手程序"——它令无数散布在互联网上的音乐爱好者美梦成真，无数人在一夜之间开始使用 Napster。在最高峰时，Napster 网络有 8000 万的注册用户，这是一个让其他网络望尘莫及的数字。这大概可以作为 P2P 软件成功进入人们生活的一个标志。

2.8.2　P2P 技术的网络应用

P2P 的应用可分为以下几个方面。

1. P2P 文件共享

随着计算机的普及及网络的飞速发展，人们越来越感受到网络带来的乐趣。其中主要一方面就是视频类文件的下载。视频类文件大致分为娱乐（电影、电视剧等）和教学（教学录象等）两类，其共同特点是文件一般比较大（几百兆上至几吉比特或者十几吉比特不等）。P2P 技术的出现让人们有了更新、更酷的体验。目前利用集群进行下载的对等网络应用方式引领了视频类文件下载的新浪潮，比较成功的应用软件有 BitTorrent、Emule、Edonkey 等。

2. 即时通信

即时通信（Instant Messenger，IM）软件是目前我国上网用户使用率最高的 P2P 软件，无论是老牌的 ICQ，还是国内用户量第一的腾讯 QQ，以及 Microsoft 的 MSN Messenger 都是大众关注的焦点，它们允许两个或多个用户进行快速、直接的交流，易于与非终端计算机终端设备进行通信，能让用户迅速地在网上找到自己的朋友和工作伙伴，可以实时交谈和互传信息。而且，现在不少 IM 软件还集成了数据交换、语音聊天、网络会议和电子邮件的功能。

3. P2P 网络游戏

网络游戏采用 P2P 技术建立分布小组服务模型，配以动态分配技术，每个服务器的承载人数将在数量级上超过传统的服务器模式，这将大大提高目前多人在线交互游戏的性能；同时每个游戏用户成为一个对等节点，各个节点可以进行大量的点对点通信，从而减少服务器的通信任务，提高性能。

4. P2P 流媒体应用

P2P 流媒体技术是在 P2P 文件共享之后业内最受关注的一类 P2P 应用。目前在网络电台、网络电视方面有很多应用，常见的有 PPLive、MySee 等网络电视软件。这些系统的运行首先需要流媒体的源，它可以是流媒体文件如 wmv/rm/mp3 文件，也可以是其他流媒体服务器的输出内容，如 Windows Media Server 输出的流。其次需要 P2P 的服务端软件来控制和转发媒体流。客户端则需要 P2P 的客户端来接收媒体流。由于系统资源消耗不多，采用普通的计算机就可以建立直播系统。

5. P2P 网络电话

基于 P2P 技术的网络电话应用包括 IP Phone、Skype、Teltel 等，它们都采用信令、语音分离体系。信令流根据自己的协议体系集中完成寻址/定位、呼叫建立、呼叫拆除等工作，RT 语音流直接在主叫与被叫之间流动。

6. P2P 协同计算

P2P 协同计算又称分布计算或对等计算，通过协调利用对等实体向外提供的计算能力来解决大型计算问题（如空间探测、分子生物计算、破译加密算法、芯片设计等）。就其本质而言，协同计算就是网络上 CPU 资源的共享。应用实例有 Distribute.Net 和 SETI@Home 等。

7. P2P 数据存储

数据存储类软件用于在网络上将文件分散化存放，而不是存放于专用服务器。这样既减轻了服务器的负担，又增加了数据的可靠性和传输速度。这方面的软件主要有 Farsite、Ocean、Store 等。

8. P2P 数据搜索及查询

数据搜索及查询类软件用于在 P2P 网络中完成信息检索，由于对等网用户的联网方式、联网时间及使用的操作系统多种多样，所以，P2P 专用网上的数据搜索与现在互联网中数据存储在中央服务器的情况有所不同，必须考虑动态收集当前 P2P 网络中各个节点的内容，并有效地向用户传递。代表性软件主要有 Infrasearch、Pointera。

2.8.3 常用的 P2P 工具

常用的 P2P 应用软件可大致分为 3 类：P2P 文件下载软件、P2P 网络电视软件和 P2P 聊天软件。下面介绍一些较为热门的 P2P 应用软件。

1. P2P 文件下载软件

（1）eMule（电骡）：eMule 是以 eDonkey 2000 网络为基础的新型 P2P 文件分享工具，不但提供了所有 eDonkey 的标准功能，更支持完全的点对点连接。其官方网站是 http://www.veryed.com/。

（2）Thunder（迅雷）：使用的多资源超线程技术基于网格原理，能够将网络上存在的服务器和计算机资源进行有效的整合，构成独特的迅雷网络，通过迅雷网络各种数据文件能够以最快的速度传递。在大中华地区以领先的技术的服务，赢得了广大用户的喜爱和许多合作伙伴的认同与支持。迅雷已经成为中国互联网最流行的应用服务软件之一。其官方网站是 http://dl.xunlei.com/。

（3）KuGoo（酷狗）：是国内最大的 P2P 音乐共享软件。采用分布式进行音乐搜索，方便快捷。音乐支持 mp3、wma、ape 和 ogg 4 种格式，最先实现边听边下载、音乐试听/下载以及歌词同步功能。其官方网站为 http://www.kugou.com/。

2. P2P 网络电视软件

（1）PPTV（原 pplive）：用于互联网上大规模视频直播软件，采用多点下载、网状模型的 P2P 技术，具有人越多，播放越流畅的特性。2005 年，因网络直播"超级女声"总决赛一举成名。其官方网站为 http://www.pptv.com/。

（2）PPStream：PPStream 是一套完整的基于 P2P 技术的流媒体超大规模应用解决方案，包括流媒体编码、发布、广播、播放和超大规模用户直播。能够为宽带用户提供稳定和流畅的视频直播节目，支持数万人同时在线的大规模访问。其官方网站为：http://www.ppstream.com/。

（3）QQlive（QQ 直播）：腾讯公司推出的 QQ 直播是一个支持同时观看、同场交流的多媒体互动直播平台。其官方网站为 http：//tv.qq.com。

3. P2P 聊天软件

Skype 是著名的网络语音聊天工具。它可以实现免费、高清晰地与其他用户语音对话，也可以拨打普通电话，同时还具备即时聊天所需要的文件传送、文字聊天等功能。其官方网站为 http：//skype.tom.com/。

2.8.4 P2P 软件应用

P2P 软件有很多种，这里着重给介绍一个使用频率较高的软件腾讯 QQ。QQ 是腾讯公司推出的一款基于 Internet 的即时通信聊天软件，在国内拥有大量的客户群。QQ 支持在线聊天、视频电话、点对点断点续传文件、共享文件、网络硬盘、自定义面板、QQ 邮箱等多种功能，并可与移动通信终端等多种通信方式相连。使用 QQ 可以方便、实用、高效地和朋友联系，而且这一切都是免费的。QQ 不仅能以 QQ 群聊方式或 QQ 聊天室方式进行群体间的聊天，还能单独进行两人间的私密聊天，而不会受到其他人的干扰。

1. 安装 QQ

使用 QQ 聊天必须先申请一个账号，登录成功后才能和好友进行聊天。如果使用软件登录 QQ 和好友联系必须先下载和安装 QQ 软件。

在腾讯网站（www.qq.com）上下载最新版本的 QQ，运行安装程序，按照提示进行各项设置，即可完成 QQ 的安装。本章以 QQ 2010 版讲述 QQ 软件的使用。

2. QQ 账号的申请、登录和设置

（1）申请 QQ 账号

安装 QQ 成功后，运行 QQ 程序，如图 2-92 所示，单击"注册新账号"链接，即可进入申请账号过程。QQ 账号既有免费账号也有收费账号，用户可自行选择。另外，QQ 还提供了 QQ 秀和 2GB 的免费邮箱，用户可以选择使用这些附加功能。申请成功的 QQ 账号是一个若干长度的数字。

图 2-92　单击"注册新账号"申请 QQ 账号

（2）登录 QQ

QQ 登录一般有软件登录和 WebQQ 登录两种方式。软件登录就是在计算机或手机上使用安装的 QQ 软件客户端进行登录，同一台计算机上可以登录多个 QQ 账号，互不干扰。

WebQQ 是使用网页方式运行 QQ，特点是无须下载和安装 QQ 软件，只需打开 WebQQ 的网站（http：//web.qq.com）即可。WebQQ 方式也可以登录多个账号，每个账号均需要一个浏览器窗口。

（3）登录以后可以对 QQ 的各项进行设置，如图 2-93 所示，包括个人资料、基本设置、状态和提醒、好友和聊天、安全和隐私等，按照提示逐步进行设置即可。

3. QQ 的功能

登录 QQ 后就可以聊天了。第一次登录时好友名单是空的，如果要和其他人联系，必须添加好友，然后选择好友进行聊天。

（1）添加好友

单击 QQ 窗口下侧的"查找"按钮，打开"查找联系人/群/企业"对话框，单击"查找联系人"选项卡，如图 2-94 所示。

图 2-93　QQ 系统设置图

图 2-94　查找好友

　　查找好友有两种方式：精确查找和按条件查找。

　　精确查找：如果知道好友的 QQ 账号、E-mail 或者昵称，可以直接输入相应的信息进行查找。例如，知道对方的 QQ 号码是 123456，就可以单击 QQ 面板下方的"查找"按钮，在打开的对话框中单击选择"按精确查找"，然后输入账号，单击"查找"按钮。

　　按条件查找：选择"按条件查找"查找方式，输入一些条件，如城市、年龄、性别、有无摄像头等，系统自动进行筛选并返回结果。

　　一般来说，输入对方 QQ 账号可以精确查到对方，而输入昵称则有可能返回成千上万的结果。找到需要的网友后，要将对方加为好友。如果对方设定了需要通过身份验证才能添加为好友，就需要对方接受请求后，才能将对方加为好友，如图 2-95 所示。

　　在验证信息栏输入请求文字后单击"确定"按钮，请求对方通过验证。如果对方同意，系统返回同意的提示对话框，然后选择一个组（如"同学"）将其加入。当然对方也可能会拒绝，拒绝的方式是对方不给予通过身份验证或返回一个拒绝的理由。如果把"陌生人"组中的网友移到"同学"组也要经过对方的验证。

图 2-95　按条件查找好友

（2）QQ 聊天

添加了好友之后就可以聊天了，从好友列表中选择一个双击，打开对话窗口，如图 2-96 所示。上方窗口是聊天的记录，下方窗口用来输入信息。单击下方的"发送"按钮将将输入窗口的信息发出，单击"关闭"按钮关闭聊天对话窗口。关闭对话窗口后，若对方有消息发送过来，任务栏上的 QQ 图标闪烁提醒，双击图标可再次打开聊天对话框，查看对方发来的消息。

（3）发送和接收文件

在好友头像上单击鼠标右键，在弹出的快捷菜单中选择"传送文件"命令向好友发送文件，如图 2-97 所示。

在聊天窗口中选择"发送文件"向好友发送文件，如图 2-98 所示。

等待对方选择目录接受，连接成功后聊天窗口右上角会出现传送进程。文件接收完毕后，QQ 会提示打开文件所在的目录，如图 2-99 所示。接受文件步骤同上。

（4）捕捉屏幕

在聊天窗口的工具条中点击如下所示的按钮进入屏幕捕捉的界面，弹出如图 2-100 所示提示框。

图 2-96　聊天窗口

图 2-97　发送文件选项

图 2-98　选择"发送文件"

图 2-99　成功接收文件

图 2-100　捕捉屏幕

拖动鼠标选择目标进行捕捉。单击鼠标右键或按 Esc 键退出捕捉。在选取的范围内双击鼠标左键确定。选定的图片将直接捕捉到对话框中，单击"发送"按钮即可实时发送给对方，如图 2-101 所示。

有时，QQ 聊天窗口会遮住想捕捉的屏幕部分，为捕捉带来不便。可以使用捕捉快捷键 CTRL+ALT+A。

（5）语音视频聊天

① 视频调节。

单击"视频"按钮右边的下拉按钮，选择"视频调节"即可进入视频调节向导。依照向导提示设置上网类型、设备、声音、图像等。若对画质不满意可单击"画质调节"调节图像的高级属性，如图 2-102 所示。

图 2-101　捕捉屏幕

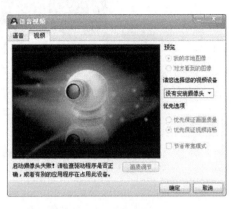

图 2-102　QQ 语音聊天

② 视频聊天。

在需要与其聊天的好友头像上单击鼠标右键，在弹出的快捷菜单中选择"影音交流"—"视频会话"命令，进行视频聊天，也可以在聊天窗口工具栏中单击"视频"按钮请求视频聊天。对方收到请求并接受后就可以进行面对面的交流了，如图 2-103 所示。

③ 音频聊天。

如果只想进行音频聊天，可以在好友头像上单击鼠标左键，在弹出的快捷菜单中选择"影音交流"—"开始语音会话"命令。对方收到请求并接受后即可进行语音聊天了，如图 2-104 所示。

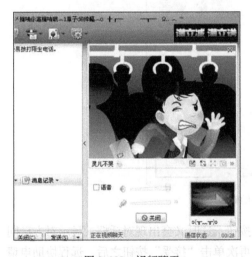

图 2-103　视频聊天

图 2-104　语音聊天

（6）QQ 远程协助

QQ 远程协助就是通过异地远程的方式给对方提供帮助、查看对方的电脑面桌面、远程操作对方电脑的功能。

QQ 远程协助一般用在帮助解决一些电脑疑难问题、交易双方成交前的文件验证和观看对方的操作进度，等等。

要与 QQ 好友使用远程协助，首先打开与好友聊天的对话框，图中鼠标指着的那个就是"应用设置"，单击一下，就能找到如图 2-105 所示的"远程协助"选项了。

图 2-105　远程协助申请

要与好友使用"远程协助"功能，必须由需要帮助的一方单击"远程协助"选项申请。提交申请之后，就会在好友的聊天窗口出现图 2-106 所示的提示。

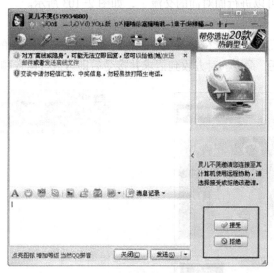

图 2-106　远程协助确认

随后，接受请求方，也就是好友，单击"接受"按钮。这时又会出现对话框，显示对方已同意远程协助请求和"接受"或"谢绝"的提示，只有再次单击"接受"按钮之后，远程协助申请才正式完成。

成功建立连接后，好友在自己的电脑上可以看到对方电脑的屏幕，并且是实时刷新的。右边的窗口就是用户自己电脑的屏幕，不过好友现在还不能直接操作你的电脑，只能看。

要想让好友操作你的电脑，还要单击"申请控制"，在双方再次单击"接受"按钮之后，他才可操作你的电脑。

4．QQ 常用的快捷方式

前面介绍了 QQ 的一些基本功能，为了方便大家使用，QQ 提供了很多快捷键，正确使用快捷键，有助于用户玩转 QQ。QQ 常用的快捷键如表 2-2 所示。

表 2-2   QQ 常用的快捷键

快 捷 键	说　　明
Alt+S	快速回复消息
Alt+C	关闭当前窗
Alt+H	打开聊天记录
Alt+T	更改消息模式
Alt+F4	退出聊天程序
Alt+Enter	显示对象属性
Ctrl+A	全选当前对话框里的内容
Ctrl+C	复制当前对话框里的内容
Ctrl+V	在当前对话框里粘贴内容
Ctrl+F	QQ 里直接显示字体工具条
Ctrl+L	输入框当前行文字左对齐
Ctrl+R	输入框当前行文字右对齐
Ctrl+E	输入框当前行文字居中
Ctrl+Z	清空输入框里的文字
Ctrl+Alt+Z	快速提取闪烁的消息
Ctrl+Alt+A	即时捕捉屏幕的图片
Ctrl+Enter	快速回复

2.9　本 章 小 结

　　Internet 是全球范围的信息资源宝库，随着信息高速公路的建设和网络高速化、综合化、个人化的发展，Internet 越来越普及，已经成为人们生活、学习中不可或缺的工具。本章主要介绍了 Internet 基本知识、形成和发展、提供的服务种类，同时还对万维网 WWW 浏览器的应用和 WWW 服务器的应用、搜索引擎的使用过程、电子邮件的收发和辅助软件的使用、文件传输和远程登录、博客、播客以及 P2P 的应用等都做了详细的介绍。读者在学习本章内容时要结合理论、注重应用，以提高实际动手能力。

2.10　实　　验

2.10.1　IE 浏览器的使用

1. 实验目的

（1）通过使用 WWW 服务，充分了解与 WWW 相关的概念和协议，如 HTTP、URL 等。

（2）熟练使用 WWW 浏览器，掌握 WWW 的浏览技巧。

（3）了解并熟悉使用 IE 浏览器。

2．实验环境

（1）软件环境：Windows XP、Internet Explore 6.0。

（2）硬件环境：1 台计算机。

（3）网络环境：要求本地网络连接到 Internet 上。

3．实验内容与步骤

（1）启动浏览器

尝试使用以下方式中的至少 3 种启动网页浏览器。

① 从操作系统桌面双击 IE 浏览器图标，启动 IE 浏览器。

② 从屏幕底部任务栏单击浏览器图标，启动 IE 浏览器。

③ 从"开始"→"所有程序"中单击浏览器图标，启动 IE 浏览器。

④ 从"开始"按钮的快捷菜单中单击浏览器图标，启动 IE 浏览器。

⑤ 从资源管理器中双击 IE 浏览器图标运行。

⑥ 使用"开始"→"运行"命令选择 IE 浏览器来运行。

（2）设置浏览器

选择"工具"→"Internet 选项"命令，进入设置，在"常规"选项卡中，包括"主页"、"Internet 临时文件"、"历史记录"、"浏览区设置"四部分。

启动 IE 连上 WWW 后，通常连接 Microsoft 的主页，在"主页"区，可以更改默认主页。"地址"栏可以输入任何网址。

"使用当前页"按钮用于设置当前正在浏览的网页为默认主页，"使用默认页"按钮用于设置 Microsoft 中国主页为默认主页，"使用空白页"按钮用于设置空白网页（about：blank）为默认主页。

在"Internet 临时文件"区，可以删除以前上网的临时文件，也可设置临时文件的位置、目录大小等。在"历史记录"栏中可以设置历史文件夹中已访问页的链接保存情况，也可删除已访问页的链接。在"浏览区设置"可以设置浏览区的前景背景色、字体、使用的语言以及其他辅助功能，如图 2-107、图 2-108 所示。

"安全"选项卡如图 2-109 所示。

如图 2-110 所示，在"内容"选项卡中设置分级审查功能时必须特别慎重，因为一旦忘记密码，只能通过修改注册表才能解除。方法是：删除注册表中[HKEY_LOCAL_MACHINE\Software\Microsoft\Windows\CurrentVersion\Policies\Ratings]下的 Key 键值。

"连接"选项卡是上网时重要的设置如图 2-111 所示，一旦设置错误，将无法浏览 Web 网站。

对于局域网，必须设置为如图 2-112 所示。

拨号用户应选中"不论网络连接是否存在都进行拨号"或"始终拨默认连接"单选按钮，并在"拨号设置"区选中使用的连接，单击"设置"按钮，选中"使用代理服务器"，将代理服务器地址设置为 10.10.0.4。

在"程序"项中，如图 2-113 所示，设置编辑网页、收发邮件、收发新闻组、Internet 呼叫等功能使用的程序。"高级"选项卡一般保持默认设置，如图 2-114 所示。

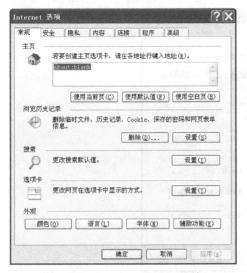

图 2-107 "Internet 选项"对话框

图 2-108 设置 Internet 临时文件和历史记录

图 2-109 "安全"选项卡

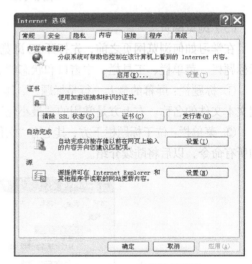

图 2-110 Internet 远程协助确认

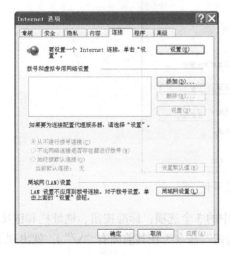

图 2-111 "连接"选项

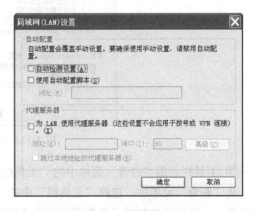

图 2-112 局域网设置

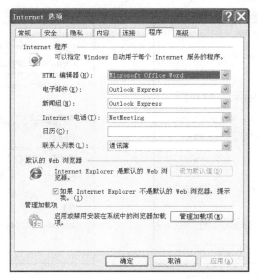

图 2-113 "程序"选项卡

（3）浏览网页

在学习如何浏览网页之前，先打开 IE 浏览器，了解浏览器的组成。IE 6.0 浏览器界面主要包括标题栏、菜单栏、工具栏、主窗口和状态栏。

① 标题栏：屏幕的最上一行是标题栏，其中显示了当前浏览网页的名称或者 IE 6.0 所显示的超文本文件的名称。右上方是常用的"最小化"、"还原"和"关闭"按钮。

② 菜单栏：位于标题栏下方，其上有"文件"、"编辑"、"查看"等 6 个菜单，它包括了 IE 6.0 的所有命令，以后将陆续介绍。

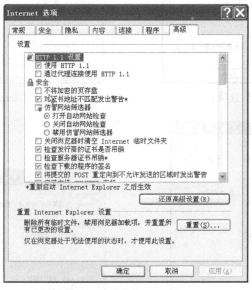

图 2-114 "高级"选项卡

③ 工具栏：即"查看"菜单中的"工具栏"命令中的 3 个选项：标准按钮、地址栏和链接。

从"查看"菜单中，选择"工具栏"中的"标准按钮"命令（在其前面有"√"），就出现了工具栏。标准按钮中包括了最常用的菜单项的快捷键。

从"查看"菜单中，选择"工具栏"中的"地址栏"和"链接"命令（在其前面有"√"），就出现了地址栏和链接。地址栏用于输入和显示当前浏览器正在浏览的网页地址。用户只要输入要访问网页的地址，就可以访问该网站了。单击"链接"右边的">>"按钮，出现的链接栏中包含了常用的几个站点，如 Hotmail 和 Microsoft 的站点，直接单击这些按钮，就可以访问相应的网站。

④ 主窗口：IE 6.0 的主窗口用来显示网页信息，包括文本信息、图像、链接等。

⑤ 状态栏：状态栏位于屏幕的最下方，自左向右，一般分为 3 个部分。最左边的方框用来显示各种提示信息，如正在浏览的网页地址、IP 地址、链接文件的名称以及已经连接或正在连接等状态信息。左边第二个框来显示工作的方式，即当前浏览是脱机浏览还是上网浏览。最右边的框用来显示当前主页所在的工作区域。

浏览网页最简单、最直接的方法就是在地址栏中输入要浏览网页的地址。例如，在地址栏中输入"http：//www.sina.com"，然后按回车键，就可以浏览新浪网的主页了。

（4）访问历史记录

① 访问刚刚访问过的网页。

若想访问刚刚浏览过的网页，可以使用标准工具栏中的"后退"按钮。如果要向后退几页，可单击"后退"按钮旁边的小箭头，从出现的列表中选择要退到的网页即可。

如果要转到下一页，单击标准工具栏中的"前进"按钮。如果要向前跳过几页，可单击"前进"按钮右侧的小箭头，从出现的列表中选择要跳到的网页即可。

当浏览某一个网页时，如果浏览器端很长时间内没有信息传输，则可以单击标准工具栏中的"停止"按钮，暂时停止访问该网页。

在浏览的过程中，由于线路或其他故障，传输过程被突然中断时，可以使用标准工具栏中的"刷新"按钮再次下载该网页。

② 访问最近查看过的网页。

在标准工具栏上单击"历史"按钮，在浏览器的主窗口中将出现近期访问过的网页在主机中存放的文件夹列表。该文件夹列表包含最近几天或几周访问过的网页的链接。保存时间的长短由"网页保存在历史记录中的天数"（"工具"→"Internet 选项"→"常规"）决定。选择历史文件夹中的某个网址就可以脱机浏览该网页，这样既提高了查找速度，又节约了上网费用。

（5）设置浏览器的首页

从 IE 浏览器的"工具"菜单中选择"Internet 选项"命令，可以设置启动浏览器后的调入首页。

首页（Home Page）就是首先显示出来的页面，包括网站的首页和客户端浏览器的首页。

网站的首页一般是网站的导航页，通过该首页上的链接可以访问网站的其他页面。浏览器的首页可以由用户随意设置，如本实验所示。也可以通过单击某些网站上的"设置为首页"按钮来将该网站设置为浏览器的首页。也有一些网站通过恶意代码来强制性地将其网站设置为浏览器的首页。

尝试将浏览器首页设置为以下几种。

① 你所在学校的首页。例如北京印刷学院 http：//www.bigc.edu.cn。

② 搜索引擎。如百度 http：//www.baidu.com。

③ 分类网址。如上网导航 http：//www.hao123.com，如图 2-115 所示。

④ 分类信息。如分类在线 http：//www.pconline.com.cn。

⑤ 空白页。

⑥ 任意网址。

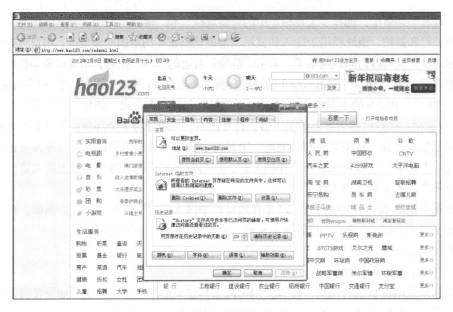

图 2-115　设置浏览器访问首页图

（6）清空浏览器缓存空间和 Cookies 文件

通过浏览器浏览网页时，其文件保存在一个临时缓冲区中。这个缓冲区保持合理大小，可以保存更多的网页临时文件，进而提高访问网站的速度。但缓冲区太大，也可能导致系统总体空间的减少。因此，有时需要清空 Internet 缓存文件，以腾出系统空间。

从 IE 浏览器的"工具"菜单中选择"Internet 选项"，在"Internet 选项"对话框的"常规"选项卡上单击"Internet 临时文件"框中的"删除文件"按钮删除硬盘上保存的 Internet 临时文件；单击"删除 Cookies"按钮删除 Cookies 文件，如图 2-116 所示。

图 2-116　"Internet 选项"对话框

（7）停止和刷新 Web 页

如果 Web 页包含大量图像，则加载 Web 页时会耗费大量时间。如果不想等待，可通过单击"停止"按钮来停止这一过程。有时候浏览网页时，加载的是缓存中的内容，即过时的、没有更新的网页。此时要单击"刷新"按钮来重新加载当前页，使之与 Internet 上的 Web 页同步。

（8）使用收藏夹浏览经常访问的网站

Internet 上有各种各样的优秀网站，用户可能经常访问这些网站。对于经常访问的网站，IE 6.0 为用户提供了收藏夹功能。收藏夹是一个类似于资源管理器的管理工具。有了它，用户就不必记忆一长串字符的网址了。收藏夹为用户提供了两个功能：保存网址和管理网址。

① 添加到收藏夹：用户可以将常用的网页地址添加到收藏夹中，日后打开收藏夹，单击这个页面的链接，就可以联机或脱机浏览该站点了。将一个网页地址添加到收藏夹的方法有两种。一是当进入某个主页后，选择菜单栏中的"收藏"→"添加到收藏夹"命令；二是在主页的空白处单击鼠标右键，在弹出的快捷菜单中选择"添加到收藏夹"命令。

② 整理收藏夹：当收藏夹中的内容太多时，要在收藏夹中寻找某一网页的地址是一件比较麻烦的事情，这时可以使用整理收藏夹功能，将不同类型的网页地址分别放在不同的子收藏夹中。

选择"收藏"→"整理收藏夹"命令，可以对收藏夹进行整理，包括创建多个文件夹、将不同类型的网页地址添加到不同的文件夹中，还可以重命名、删除和在不同文件夹之间移动文件，如图 2-117 所示。

（9）查看网页的源代码

访问新浪网首页（http：//www.sina.com.cn），用以下方法之一查看网页源代码。

① 在页面的空白位置单击鼠标右键，选择"查看源代码"命令，如图 2-118 所示。

② 从 IE 浏览器的"查看"菜单中选择"源文件"命令。

执行以上两种操作都会打开记事本显示当前页面的源代码。

（10）保存网页。

保存网页是将一些非常有用的信息保存到本地机，以便日后查阅或者与其他用户共享。一个完整的网页一般包括 3 部分：文本信息、图像和背景图像。

① 保存文本信息：选择"文件"→"另存为"命令，在弹出的对话框中选定保存的目录，在文件名对话框中输入保存的文件名称，单击"确定"按钮，这样只保存了网页的文本信息。

② 保存图像信息：要保存网页中一幅精美的图像，只需将鼠标指针移至该图像上，单击鼠标右键，选择"图片另存为"命令，在随即弹出的对话框中设置存放图像的文件夹和文件名，单击"确定"按钮即可。

③ 保存背景图像：网页中，除了文本和图像信息外，往往还有一幅漂亮的背景图像。在网页的空白处单击鼠标右键，选择"背景另存为"命令，在随即弹出的对话框中设置存放图像的文件夹和文件名，单击"确定"按钮即可。

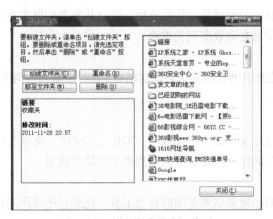

图 2-117　设置浏览器访问首页

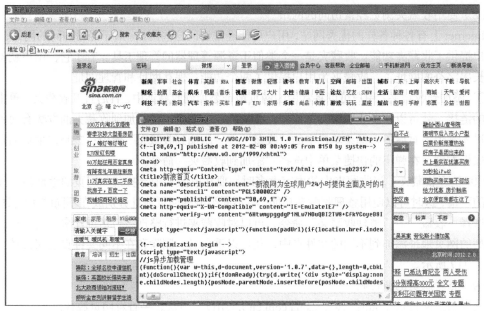

图 2-118　查看网页源代码图

2.10.2　信息检索

1. 实验目的

了解搜索引擎的使用方法，学会高级搜索。

2. 实验环境

已连接上 Internet 的 PC。

3. 实验内容

（1）提高信息检索的效率。

搜索引擎为用户查找信息提供了极大的方便，只需输入几个关键词，任何想要的资料都会从世界各个角落汇集到电脑前。然而如果操作不当，搜索效率也会大打折扣。例如，本想查询某方面的资料，可搜索引擎返回的却是大量无关的信息。这种情况责任通常不在搜索引擎，而是因为没有掌握提高搜索精度的技巧。以下的几种方法可以提高信息检索的效率。

① 提炼搜索关键词。

无庸至疑，选择正确的关键词是一切的开始。学会从复杂的搜索意图中提炼出最具代表性和指示性的关键词对提高信息查询效率至关重要。

② 细化搜索条件。

搜索条件越具体，搜索引擎返回的结果就越精确，有时多输入一两个关键词效果就完全不同，这是搜索的基本技巧之一。

③ 用好逻辑命令。

搜索逻辑命令通常是指布尔命令"AND"、"OR"、"NOT"及与之对应的"+"、"-"等逻辑符号命令。用好这些命令同样可使日常搜索达到事半功倍的效果。

④ 精确匹配搜索。

精确匹配搜索也是缩小搜索结果范围的有力工具，此外它还可用来达到某些其他方式无法完成的搜索任务。

⑤ 特殊搜索命令。

除一般搜索功能外，搜索引擎还提供一些特殊搜索命令，以满足高级用户的特殊需求。如查询指向某网站的外部链接和某网站内所有相关网页的功能等。这些命令虽不常用，但当有这方面的搜索需求时，它们就派上用场了。

⑥ 附加搜索功能。

搜索引擎提供一些方便用户搜索的定制功能。常见的有相关关键词搜索、限制地区搜索等。

（2）网页搜索特色功能。

① 百度快照。

如果无法打开某个搜索结果，或者打开速度特别慢时，"百度快照"能解决问题。每个被收录的网页，在百度上都存有一个纯文本的备份，称为"百度快照"。通过"快照"可快速浏览页面内容。不过，"快照"只保留文本内容，网页图片等非文本内容，将无法显示。

② 拼音提示。

如果只知道某个词的发音，却不知道怎么写，或者嫌某个词的拼写输入太麻烦时，百度拼音提示能解决这个问题。只要输入查询词的汉语拼音，百度就能把最符合要求的对应汉字提示出来。它事实上是一个无比强大的拼音输入法。拼音提示显示在搜索结果上方。例如，输入"yangmi"，提示"您要找的是不是：杨幂"。

③ 错别字提示。

由于汉字输入法的局限性，用户在搜索时经常会输入一些错别字。百度会给出错别字纠正提示。错别字提示显示在搜索结果上方。例如，输入"会家过年"，提示"您要找的是不是：回家过年"。

④ 英汉互译词典。

百度还有线上英汉互译词典。随便输入一个英语单词，或者输入一个汉字词语，留意一下搜索框上方多出来的词典提示。例如，搜索"egg"，单击结果页上的"词典"链接，就可以得到高质量的翻译结果。百度的线上词典不但能翻译普通的英语单词、词组、汉字词语，甚至还能翻译常见的成语。用户也可以通过百度词典搜索页面（http：//dict.baidu.com），直接使用英汉互译功能。

⑤ 计算器和度量衡转换。

Windows 系统自带的计算器功能过于简陋，尤其是无法处理复杂的计算式，很不方便。而百度网页搜索内嵌的计算器功能，则能快速高效地解决用户的计算需求。只需简单地在搜索框内输入计算式，回车即可。下面看一个复杂的计算式。

log （（ sin （ 8 ）） ^3 ） -3+pi

如果要搜的是含有数学计算式的网页，而不是做数学计算，单击搜索结果上的表达式链接，就可以达到目的。在百度的搜索框中，也可以进行度量衡转换。格式如下。

换算数量换算前单位 = ？ 换算后单位

例如，-2 摄氏度=?华氏度。

⑥ 专业文档搜索。

很多有价值的资料，在互联网上并非是普通的网页，而是以 Word、PowerPoint、PDF 等格式存在。百度也支持对 Office 文档（包括 Word、Excel、Powerpoint）、PDF 文档、RTF 文档和 Txt 文档进行全文搜索。要搜索这类文档，很简单，在普通的查询词后面加一个"filetype："限定文档类型。"Filetype："后可以跟以下文件格式：DOC、XLS、PPT、PDF、RTF、ALL。其中，ALL

表示搜索所有这些文件类型。例如，查找郎咸平关于市场经济方面的经济学论文。输入"市场经济 郎咸平 filetype：doc"，单击结果标题，直接下载该文档，也可以单击标题后的"HTML 版"快速查看该文档的网页格式内容。可以通过百度文档搜索页面（http：//file.baidu.com），直接使用专业文档搜索功能，如图 2-119 所示。

⑦ 股票、列车时刻表和飞机航班查询。

在百度搜索框中输入股票代码、列车车次或者飞机航班号，就能直接获得相关信息。例如，输入万科的股票代码"000002"，搜索结果上方显示万科的股票实时行情。也可以在百度中，进行上述查询，如图 2-120 所示。

⑧ 高级搜索语法。

把搜索范围限定在网页标题中——intitle。网页标题通常是对网页内容提纲挈领式的归纳。把查询内容范围限定在网页标题中，有时能获得良好的效果。使用方法，是在查询内容中特别关键的部分前加上"intitle："领起来。例如，找梅西的照片，就可以这样查询："写真 intitle：梅西"，注意，"intitle"：和后面的关键词之间不要有空格。

⑨ 把搜索范围限定在特定站点中——site。

如果知道某个站点中有自己需要的内容，就可以把搜索范围限定在这个站点中，提高查询效率。使用方法是在查询内容的后面加上"site：站点域名"。例如，多特下载软件不错，就可以这样查询：qq site：duote.com，注意，"site："后面跟的站点域名不要带"http：//"和"/"符号；另外，"site"：和站点名之间不要带空格。

百度文档搜索帮助您轻松查找各类研究报告、论文、课件等各类型文件 建议与反馈

图 2-119　百度文档搜索页面

图 2-120　万科股票行情

⑩ 把搜索范围限定在 URL 链接中——inurl。

因为网页 URL 中的某些信息，常常有某种有价值的含义。所以如果对搜索结果的 URL 做某种限定，就可以获得良好的效果。实现方法是在"inurl："后跟需要在 URL 中出现的关键词。例如，查找关于 dreamweaver 的使用技巧，可以这样查询：dreamweaver inurl：jiqiao，其中，"dreamweaver"可以出现在网页的任何位置，而"jiqiao"则必须出现在网页 URL 中。注意，"inurl："和后面所跟的关键词之间不要有空格。

⑪ 精确匹配——双引号和书名号。

如果输入的查询词很长，百度在经过分析后，给出的搜索结果中的关键词可能是经过拆分的。如果对这种情况不满意，可以尝试让百度不拆分关键词。给关键词加上双引号，就可以达到这种效果。例如，搜索北京师范大学 ，如果不加双引号，搜索结果被拆分，效果不是很好，但加上双引号后，搜索"北京师范大学"获得的结果就全是符合要求的了。

⑫ 中文书名查询。

书名号是百度独有的一个特殊查询语法。在其他搜索引擎中，书名号会被忽略，而在百度，中文书名号是可被查询的。加上书名号的关键词有两层特殊功能，一是书名号会出现在搜索结果中；二是被书名号扩起来的内容不会被拆分。书名号在某些情况下特别有效果，如查名字很通俗和常用的电影或者小说。例如，查找电影"手机"，如果不加书名号，很多情况下出来的是通信工具——手机，而加上书名号后，《手机》的搜索结果就都是关于电影方面的了。

⑬ 要求搜索结果中不含特定关键词。

如果发现搜索结果中，有某一类网页是不希望看见的，而且这些网页都包含特定的关键词，那么用减号语法，就可以去除所有这些含有特定关键词的网页。例如，搜"笑傲江湖"，希望是关于武侠小说方面的内容，却发现很多关于电视剧方面的网页，那么就可以这样查询"笑傲江湖-电视剧"，注意，前一个关键词和减号之间必须有空格，否则减号会被当成连字符处理，而失去减号的语法功能。减号和后一个关键词之间有无空格均可。

⑭ 高级搜索、地区搜索和个性设置。

如果对百度各种查询语法不熟悉，使用百度集成的高级搜索界面，可以方便地进行各种搜索查询。百度还支持对某个地区的网页进行搜索。进入高级搜索界面，选中希望查询的地区，就可以在该地区搜索了。

2.10.3　利用邮件代理软件收发电子邮件

1．实验目的

（1）掌握 Outlook Express 的工作环境设置、垃圾邮件的预防、通讯簿的使用等。

（2）邮件的撰写，附件的使用，邮件的发送、接收、回复等。

2．实验环境

上网计算机，Outlook Express 5.0 以上。

3．实验内容

（1）申请好免费信箱，过程已在前文中介绍。

（2）设置 Outlook Express 软件。

4．实验步骤

（1）打开 Outlook Express，选择"工具"→"账户"→"属性"→"添加"→"邮件"，如图 2-121、图 2-122 所示。

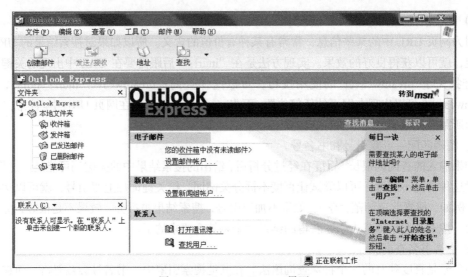

图 2-121 Outlook Express 界面

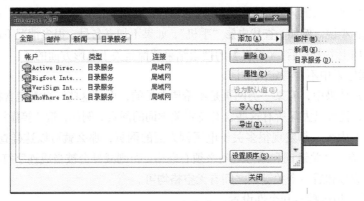

图 2-122 添加邮件服务器

（2）输入邮件用户名、E-mail 地址，如图 2-123、图 2-124 所示。

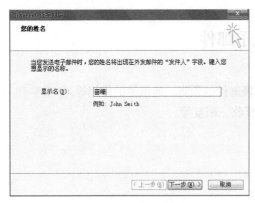

图 2-123 输入用户名

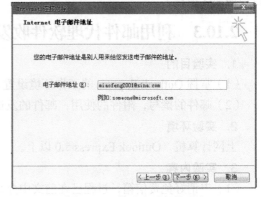

图 2-124 输入电子邮件地址

（3）输入邮件服务器地址，如图 2-125 所示。

（4）输入邮件账号、密码，如图 2-126 所示，当然，为了安全性，密码也可以不输入，待接收邮件时再输入。

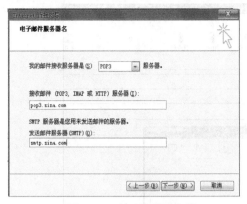

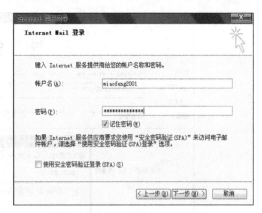

图 2-125　输入邮件服务器　　　　　　　　图 2-126　输入邮件账号和密码

（5）设置服务器，完成配置，如图 2-127 所示，选中"我的服务器要求身份验证"复选框。

（6）发送电子邮件。如图 2-128 所示，打开 Outlook Express，单击"新邮件"按钮，输入收件人的 E-mail 地址，如果有多个收件人，E-mail 地址间也可以用"；"隔开，注意，必须用半角分号。邮件主题也可以写，也可以不写，但为了使收件人能一目了然，建议写邮件主题。如果要发送文件给对方，如照片、文档、软件等，也可以用附件的方式发送，单击"附加"按钮，然后找到需要发送的文件即可，如图 2-127 所示。

图 2-127　服务器身份验证

需要说明的是，许多邮箱除了对邮箱大小进行一定限制外，也对附件大小有一定的限制，如果附件太大，建议压缩后发送，如果还是太大，可以用其他方法发送，如用 QQ 发送；如果有网站也可以挂在网站上供对方下载；或者干脆用一些工具软件将大文件分成"碎片"，将"碎片"发送到对方后，收件人再用同样的软件将碎片"拼装"成一个文件。

邮件写好后，单击"发送"按钮就可以发送了，同时也会自动从邮件服务器上接收邮件。

（7）接收邮件。单击"发送/接收"按钮，就可以自动接收邮件，邮件收到后，打开邮件，可以看到邮件的内容，也可以执行保存附件等操作，如图 2-129 所示。

图 2-128　发送带附件的电子邮件

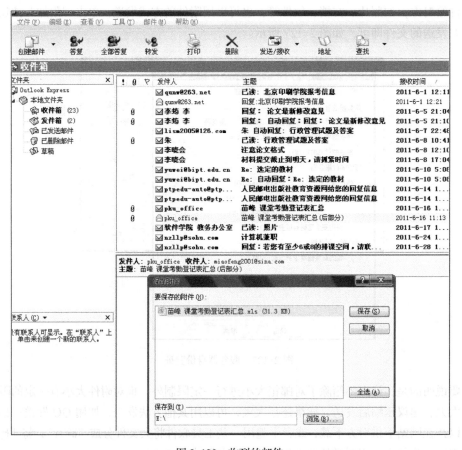

图 2-129　收到的邮件

（8）处理垃圾邮件。现在垃圾邮件泛滥，用户不堪其扰，可以通过"阻止发件人"拒收邮件，或者设置一定的规则过滤垃圾邮件，如图 2-130、图 2-131 所示。

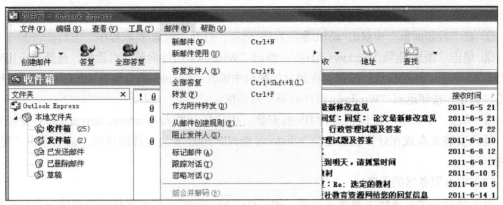

图 2-130   阻止发件人

图 2-131   建立规则过滤垃圾邮件

2.10.4   Web 服务器的建立和管理

1. 实验目的

利用 Windows 操作系统自带的 IIS 信息服务构建 Web 服务器并进行配置。

2. 实验环境

安装了 Windows Server 2003 或 Windows XP 的计算机。

3. 实验内容

（1）Web 服务器的构建。

（2）Web 服务器的设置。

（3）Web 服务器的测试。

4. 实验操作步骤

（1）Web 服务器的构建。

在系统中，IIS 6.0 已经完全成为操作系统的一个有机组成部分。默认情况下，安装操作系统时不安装 IIS。在操作系统中添加 IIS 的步骤如下。

① 在"控制面板"中双击"添加/删除程序"选项,打开"添加/删除程序"窗口。

② 单击"添加/删除 Windows 组件",弹出"Windows 组件向导"对话框,选择"应用程序服务器",单击"详细信息"按钮,在弹出的窗口中确保"Internet 信息服务(IIS)"组件被选中,单击"确定"按钮返回"Windows 组件向导"对话框。

③ 单击"下一步"按钮,进行 IIS 的安装,中间提示插入 Windows Server 2003 安装光盘时,插入安装光盘或在计算机上定位 Windows Server 2003 安装文件的位置。最后单击"完成"按钮即可。

(2)Web 服务器的设置。

首先建立一个目录作为网站主目录,如"D:\Newweb",并在此目录中新建一个网页页面"index.html",如图 2-132 所示。页面内容要有本人的姓名等信息,如图 2-133 所示。

① 在"控制面板"中双击"管理工具",在"管理工具"中双击"Internet 信息服务(IIS)管理器",打开 Internet 信息服务(IIS)管理器,如图 2-134 所示。

② 右键单击管理器左侧的"默认网站",选择"属性"命令,打开属性配置对话框。

③ 单击"网站"选项卡,在"网站标识"选项中的"IP 地址"栏中输入网站的 IP 地址,这里输入自己所操作的计算机的 IP 地址,其余保持默认,如图 2-135 所示。

④ 单击"主目录"选项卡,在"本地路径"栏中输入网页文件所在的文件夹或单击"浏览"按钮,选择或创建的网页文件所在的目录,如 D:\Newweb,其余保持默认,如图 2-136 所示。

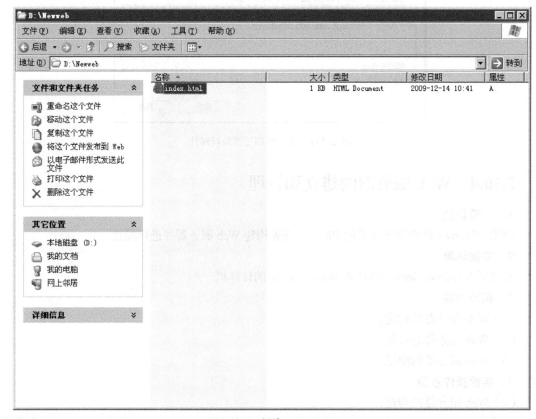

图 2-132　创建 index.html

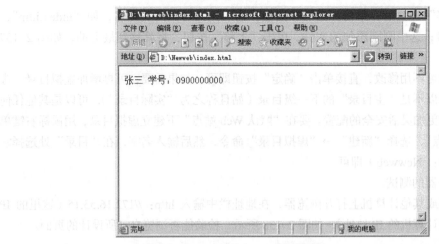

图 2-133　首页显示

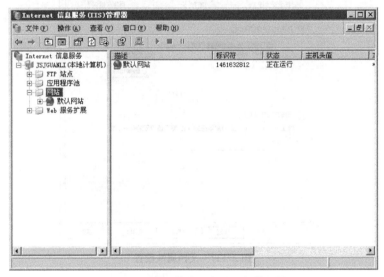

图 2-134　打开信息服务（IIS）管理器

图 2-135　网站属性设置

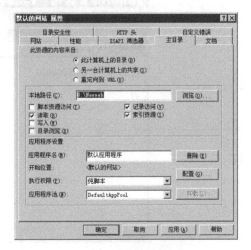

图 2-136　设置网站主目录

⑤单击"文档"选项卡，单击"添加"按钮，输入网站首页的文件名，如"index.htm"，单击"确定"按钮；选中刚刚添加的文件，单击"上移"按钮，将其移到最上端，如图 2-137 所示。

⑥其他项目均可不用修改，直接单击"确定"按钮即可。如果需要，可再增加虚拟目录，虚拟目录是该目录可以不是"主目录"的下一级目录（姑且称之为"实际目录"），可以是其他任何目录，这可以提供更加灵活安全的配置。要在"默认 Web 站点"下建立虚拟目录，用鼠标右键单击"默认 Web 站点"，选择"新建"→"虚拟目录"命令，然后输入名字，在"目录"处选择它的实际路径（如 D：\Newweb）即可。

（3）Web 服务器的测试。

在本地计算机或其他计算机上打开浏览器，在地址栏中输入 http：//172.16.55.15（这里的 IP 地址是自己操作的计算机的 IP 地址），如图 2-138 所示，检验能否浏览自己所设计的页面。

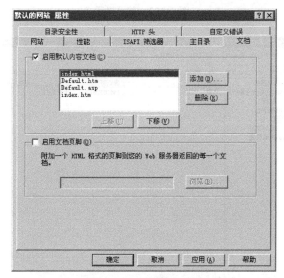

图 2-137　文档属性设置

图 2-138　Web 服务器测试

2.10.5 FTP 服务器的建立和管理

1. 实验目的

掌握 FTP 服务器的安装、配置和管理。

2. 实验内容

在 Internet 服务器中创建 FTP 服务器,完成虚拟目录的设置,实现一个 IP 地址多个 FTP 服务。

3. 实验要求

利用 Serv-U 完成对于 FTP 站点的配置与管理。

4. 实验步骤

(1)建立第一个本地 FTP 服务器。

Serv-U 安装完成后会自动运行,用户也可以在菜单中选择运行。

① 第一次运行 Serv-U,会弹出设置向导窗口,完成最初的设置,如图 2-138 所示。

图 2-139　Serv-U 设置向导窗口

② 选择新建"域",如果用户自己有服务器,有固定的 IP 地址,那就输入 IP 地址,如果用户只是在计算机上建立 FTP,而且是拨号用户,只有动态 IP 地址,没有固定 IP 地址,那这一步就省了,什么也不要填,Serv-U 会自动确定用户的 IP 地址,然后单击"下一步"按钮,如图 2-140 所示。

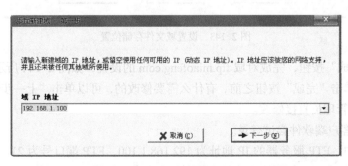

图 2-140　新建域

③ 输入服务器的名称，如 ftp.miaofeng.com，如果没有服务器，可以随便输入一个，如图 2-141 所示。

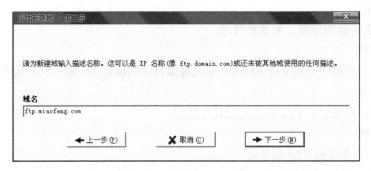

图 2-141　设置服务器的名称

④ 输入 FTP 服务器所用的端口号（默认为 21，也可以改用其他的端口，如 58），如图 2-142 所示。

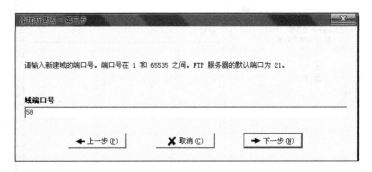

图 2-142　设置端口号

⑤ 选择域文件储存的路径，如图 2-143 所示。

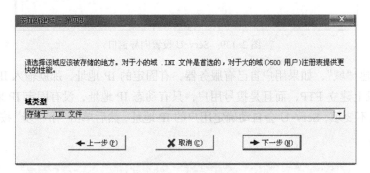

图 2-143　设置域文件存储位置

⑥ 单击"完成"按钮，完成对域 ftp.miaofeng.com 的设置，如图 2-144 所示。

在最后一步单击"完成"按钮之前，有什么需要修改的，可以单击"上一步"按钮进行修改，或者进入 Serv-U 管理员直接修改。

（2）用 FTP 客户端软件尝试登录。

在本次实验中，FTP 服务器的 IP 地址为 192.168.1.100，FTP 端口号为 21。打开 FTP 客户端软件，以 FlashFXP 为例，打开快速连接，填入相应内容，如图 2-145 所示。

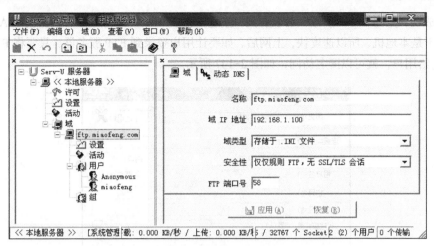

图 2-144　域设置完成

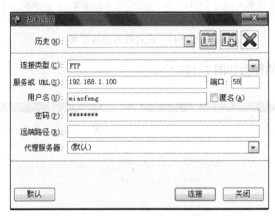

图 2-145　快速连接

图 2-146　显示连接成功

连接成功，如图 2-146 所示，可以看到，左边窗格以 miaofeng 登录，右边窗格以 Anonymous 登录，由于是本地机，所以速度快，上网后，如要让用户登录到 FTP 服务器，只要将 FTP 服务器 的 IP 地址给用户，就可以匿名访问，如图 2-147 所示。

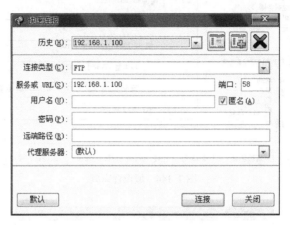

图 2-147　设置匿名连接登录

登录 FTP 服务器后的界面如图 2-148 所示。

图 2-148　显示匿名连接登录

（3）Serv-U 管理员中的各项设置。

在设置完成后，会进入 Serv-U 管理员的主界面，如图 2-149 所示，左边窗格中显示各个栏 目，右边窗格中显示各个栏目的具体选项，下面简要介绍设置方法。

① 可以人为地控制 Serv-U 引擎的运行和停止，在 Win 9x/Me 中，选择"系统服务"，才会 运行 Serv-U 引擎。

② 许可：如果用户购买了注册号，就可以在此输入。

③ 设置：这个设置是针对本地服务器的。"常规"选项卡中可以限制服务器的最大速度、拦截 FXP（站点到站点传送）和限制用户的数量，这样不至于用户的服务器被拖跨，如图 2-148 所示。"目录缓存"选项卡允许用户自己确定目录列表的个数以及超时时间，在 Windows XP 下，目录列表默认设置为 25，当缓存满了之后，新的请求将替换老的请求，如图 2-150 所示。在"高级"选项卡中可以定义服务器、Socket、文件上传和下载的各选项，如图 2-151 所示。

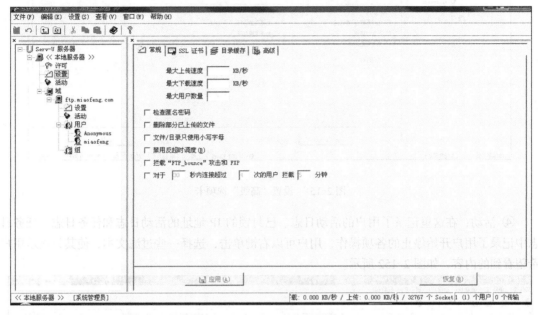

图 2-149　设置"常规"选项卡

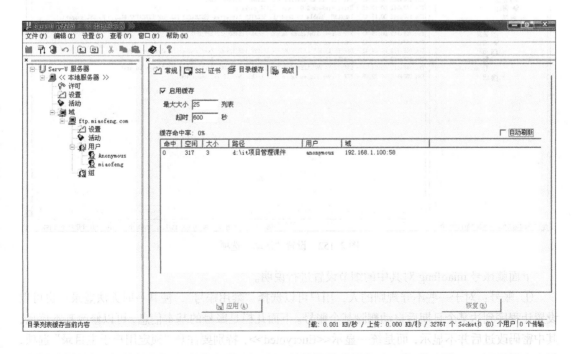

图 2-150　设置"目录缓存"选项卡

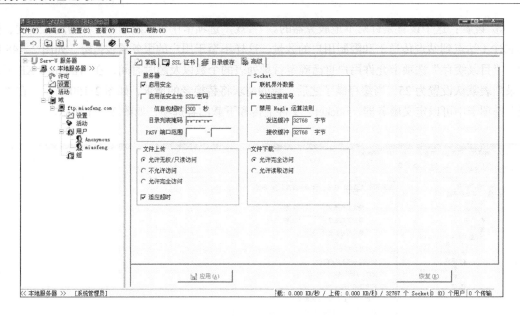

图 2-151　设置"高级"选项卡

④ 活动：在这里记录了用户的活动日志、已封锁的 IP 地址的活动日志和任务日志。任务日志中记录了用户开始停止的各项操作，用户可以右键单击，选择一些过滤文本，使其只显示用户希望看到的内容，如图 2-152 所示。

图 2-152　设置"活动"选项

下面就账号 miaofeng 对其中的细节设置进行说明。

① 账号：对于一些不守规则的人，用户可以选择"禁用账号"，使其一时无法登录；也可以设置让程序到达某个日期后自动删除某个账号。下面几栏是账号的基本信息，可以修改基本信息，其中密码改过后并不显示，而是统一显示<<Encrypted>>，特别要注意"锁定用户于主目录"选项，每次在登录到 FTP 服务器后，在根目录下只显示"/"，这是选择该选项后的效果，如果不选择该

选项，在根目录下将显示"/d：/My ftp/"，即显示了用户硬盘中的绝对地址，这在某些情况下是很危险的，如图 2-153 所示。

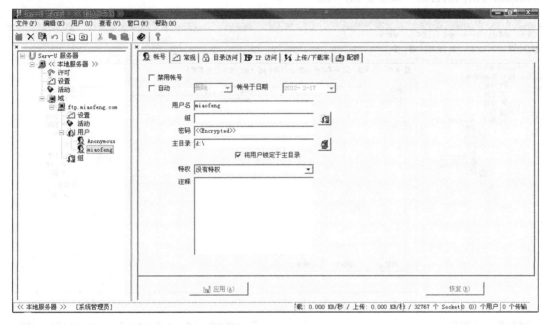

图 2-153　设置账号

② 常规：可以隐藏属性为隐藏的文件，可以限制同一 IP 地址的登录个数，是否允许用户更改密码（这需要客户端软件的支持）、最大上传下载的速度、超时时间以及空闲时间，也可以限制最大用户数量，如 20，说明同时只能有 20 个用户登录，如图 2-154 所示。

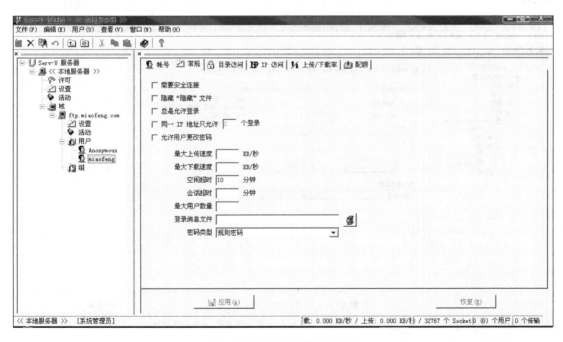

图 2-154　设置"常规"选项卡

③ 目录访问：在此可以控制用户对文件目录的权限，对文件有读取、写入、删除、追加、执行等权限，对于文件夹有列表、创建、删除，以及是否继承子目录权限；如果觉得目录不够，也可以添加可访问的目录，如图 2-155 所示。

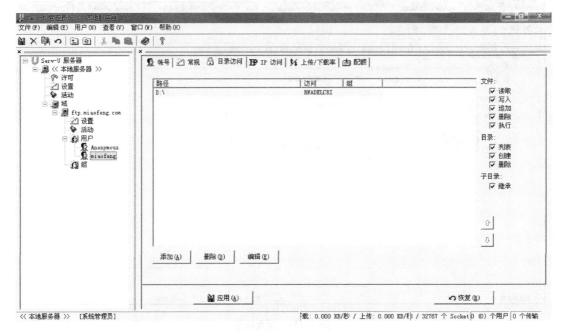

图 2-155 设置"目录访问"选项卡

④ IP 访问：在这里可以规定某个 IP 地址是否可以访问用户的 FTP 服务器，用户可以拒绝它的访问，只要填上相应的 IP 地址，以后由这个 IP 地址的访问都会被拦下，如图 2-156 所示。

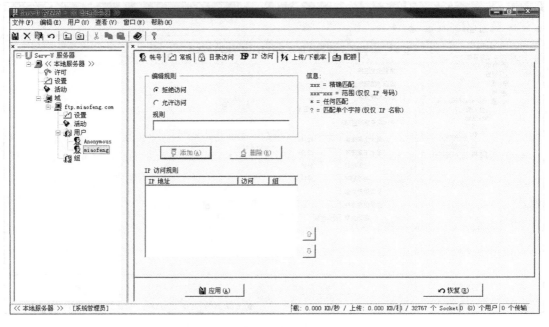

图 2-156 设置"IP 访问"选项卡

⑤ 上传/下载率：在这里可以设置上传和下载之间的比值，控制好上传和下载之间的数据流量关系，如图 2-157 所示。

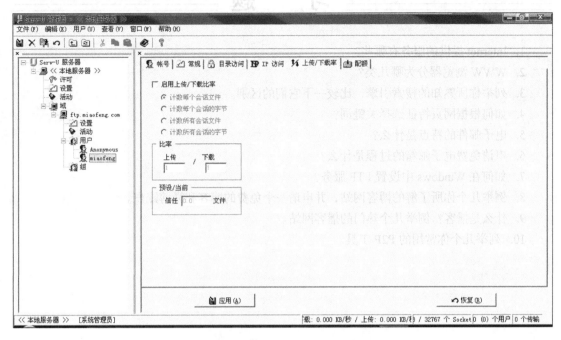

图 2-157　设置"上传/下载率"选项卡

⑥ 配额：这里可以为每个 FTP 用户设置磁盘空间，单击"计算当前"按钮，可以知道当前所有空间大小，在"最大"栏中输入用户想要限制的容量，然后单击"应用"按钮使设置生效，如图 2-158 所示。

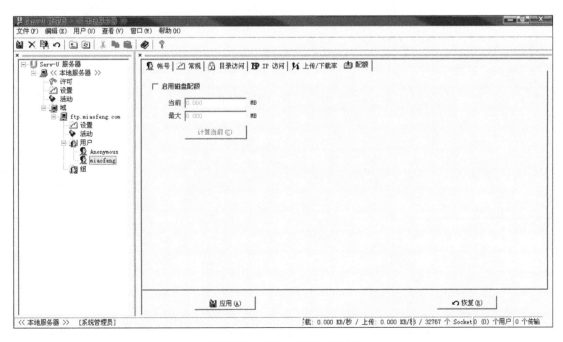

图 2-158　设置"配额"选项卡

习 题

1. Internet 提供的服务有哪些？
2. WWW 浏览器分为哪几类？
3. 列举你所熟知的搜索引擎，比较一下它们的区别。
4. 如何根据网页特征选择关键词？
5. 电子邮件的特点是什么？
6. 申请免费电子邮箱的过程是什么？
7. 如何在 Windows 中设置 FTP 服务？
8. 例举几个你所了解的博客网站，并申请一个免费的博客和微博账户。
9. 什么是播客？例举几个热门的播客网站。
10. 列举几个你常用的 P2P 工具。

第3章
TCP/IP

本章学习要点

➢ ISO/OSI 参考模型
➢ TCP/IP 参考模型
➢ 网络协议
➢ IP 地址分类和子网划分
➢ 测试网络层的方法

3.1 OSI 参考模型

3.1.1 OSI 参考模型概述

计算机网络系统都是由一系列用户终端、计算机、具有通信处理和数据交换功能的节点、数据传输链路等组成的。计算机网络要完成计算机与计算机、用户终端的通信都要具备一些基本特点，包括保证存在一条有效的传输路径；进行数据链路控制、误码检测、数据重发，以保证实现数据无误码的传输；实现有效的寻址和路径选择，保证数据准确无误地到达目的地；进行同步控制，保证通信双方传输速率的匹配；对报文进行有效的分组和组合，适应缓冲容量，保证数据传输质量；进行网络用户对话管理和实现不同编码、不同控制方式的协议转换，保证各用户端进行数据识别。

根据这些特点，国际标准化组织（ISO）于 1984 年正式公布了一个网络体系结构模型作为国际标准，并称其为开放式互联参考模型（OSI/RM），这里的"开放"是指任何两个遵守 OSI/RM 的系统都可以进行互连，当一个系统能按 OSI/RM 与另一个系统进行通信时，就称该系统为开放系统。OSI 开放系统模型把计算机网络通信分成 7 层，即物理层、数据链路层、网络层、传输层、会话层、表示层、应用层。

OSI 参考模型定义了不同的计算机网络互连标准的框架结构，得到了国际上的承认。它通过分层结构把复杂的通信过程分成了多个独立的、比较简单容易解决的子问题。在 OSI 模型中，下一层为上一层提供服务，而各层内部的工作与相邻层是无关的。

国际标准化组织提出 OSI 模型分层的主要原则如下。

（1）根据理论上需要的不同等级划分层次，各层内的功能要尽可能具有相对独立性。

（2）当需要一个不同的抽象体时，应该创建一个新的层次。

（3）各层的划分要便于层与层之间的衔接，类似的功能应尽可能放在同一层内。

（4）确定每一层功能时，应该考虑到定义国际标准化的协议。

（5）各层之间接口的交互尽可能少。

（6）层次数量应该足够多，以保证不同的功能在不同层次；同时，层次数量又不能太多，以免整个体系过于庞大。

（7）扩充某一层次的功能或协议时，不能影响整个模型的主体结构。

需要注意的是：OSI 模型本身并不是一个真正的网络体系结构，因为它并未定义每一层所用到的服务和协议，它只是指明每一层应该实现的功能。尽管国际标准化组织已经为每一层制定了相应的标准，但这些标准都是作为单独的国际标准发布的，它们不属于 OSI 模型本身。

3.1.2 ISO/OSI 参考模型各层的主要功能

OSI 参考模型将整个通信功能划分为 7 个层次，如图 3-1 所示。每一层的目的是向相邻的上一层提供服务，并且屏蔽服务的实现细节。模型设计为多层，像是在与另一台计算机对等层通信。实际上，通信是在同一计算机的相邻层之间进行的。

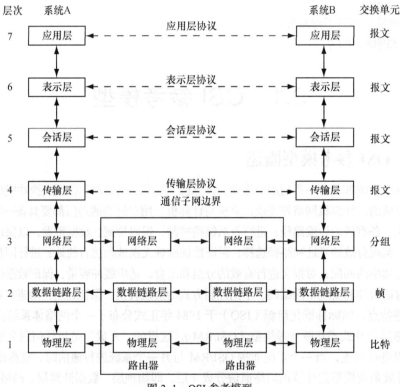

图 3-1 OSI 参考模型

1. 物理层

物理层（Physical Layer）是 OSI 分层结构体系中的最低层，建立在通信介质基础上，实现设备之间的物理接口。特别要指出的是物理层并不是指连接计算机的具体物理设备或物理传输介质，而是指在物理介质之上，为其上一层（数据链路层）提供传输原始比特流的物理连接，使数据链路层只需要考虑如何完成本层的协议和服务，而不必考虑网络具体的传输介质是什么。

物理层为比特流传输所需的物理连接的激活、保持和释放提供机械的、电气的、功能特性和规程特性的手段。物理层的任务就是在通信信道上透明地传输比特流，即 0、1 表示的二进制数据流。

在物理层上所传输数据的基本单位是比特。至于这些比特流所表示的含义，不是物理层所关心的。

物理层协议定义硬件接口的一系列标准，它涉及：用多少伏的电压表示二进制的 1，用多少伏的电压表示二进制的 0；每一个比特的持续时间；是否允许在两个方向上同时进行传输；初始物理连接的建立；物理连接器有多少引脚以及每一个引脚的用途，等等。归结起来，有如下 4 个特性。

（1）机械特性：主要规定物理设备接口连接器形状和尺寸、引脚数和引脚的排序等。

（2）电气特性：主要规定每种信号的电平、信号的脉冲宽度、所允许的数据传输速率和最大传输距离。

（3）功能特性：规定接口电路引脚的功能和作用。

（4）规程特性：规定接口电路信号的时序、应答关系和操作过程，如怎样建立和拆除物理层连接，是全双工还是半双工等。

2. 数据链路层

物理层（Data Link Layer）是通过通信介质，实现实体之间链路的建立、维护和拆除而形成的物理连接。物理层只是接收和发送一串比特流信息，不考虑信息的意义和信息的结构。物理层不能真正解决数据的传输与控制，如异常情况处理、差错控制与恢复、信息格式、协调通信等。为了进行真正有效的、可靠的数据传输，需要对传输操作进行严格的控制和管理，这就是数据链路层控制规程，也就是数据链路层协议。数据链路层协议是建立在物理层基础上的，通过一些数据链路层协议，在不太可靠的物理线路上实现可靠的数据传输。

数据链路层的功能主要包括链路管理、帧同步、差错控制、流量控制、透明传输、识别数据和控制、寻址及通信控制规程。数据链路层的典型协议有点到点协议（Point to Point Protocol，PPP）和高级数据链路控制协议（High level Data Link Control Protocol，HDLC）等。

3. 网络层

网络层（Network Layer）的主要功能是实现端到端通信系统中中间节点的路由选择，将数据从源主机传输到目的主机。网络层所提供的服务主要是面向连接的网络服务和无连接的网络服务。

（1）面向连接服务：面向连接服务就是在数据交换之前，必须先建立连接，当数据交换结束之后，释放连接。数据分组按顺序发送给远端的用户，数据分组的接收也是按顺序的。面向连接服务又称为虚电路服务。"虚"表示在两个服务用户的通信过程中虽然没有自始至终都占用一条端到端的完整物理电路，但却好像占用了一条这样的电路。面向连接服务比较适合于在一定期间内要向同一目的地连续发送大量数据的情况。若两个用户经常进行频繁通信，则可建立永久虚电路，这样可免除每次通信时连接建立和连接释放这两个过程。

（2）无连接服务：无连接服务不需要通信双方先建立好连接，不需要通信双方同时处于激活状态，当发送端正在进行发送时，它必须是激活的，但这时接收端并不一定要激活，只有当接收端正在接收时，它才必须是激活的。无连接服务的优点是灵活方便和比较迅速，但无连接服务不能防止报文的丢失、重复或失序。采用无连接服务时由于每个数据分组都必须提供完整的目的站地址，因此开销也较大。

通信子网为网络源节点和目的节点提供了多条传输路径的可能性。网络节点在收到一个分组后，要确定向下一个节点传送的路径，这就是路由选择。在无连接服务方式中，网络节点要为每个分组路由做出选择；而在面向连接方式中，只需在连接建立时确定路由。确定路由选择的策略称为路由算法。

路由选择可以手工设置，称为静态路由，也可以动态生成，称为动态路由。静态路由的优点是简便易行，在负载稳定、拓扑结构变化不大的网络中运行效果很好。它的缺点是灵活性差，无法应付网络中发生的阻塞和故障。

动态路由根据网络当前的状态信息自动选择数据转发的路径。动态路由的优点是能较好地适应网络流量和拓扑结构的变化，有利于改善网络的性能。它的缺点是算法复杂，会增加网络的负担。

4. 传输层

传输层（Transport Layer）又称为运输层，是建立在网络和会话层之间的一个层次。实质上它是网络体系结构中高、低层之间衔接的一个接口层，是 OSI 参考模型 7 层中比较特殊的一层，同时也是整个网络体系中十分关键的一层。从不同的角度看传输层，可以将传输层划入高层，也可以划为底层。如果从面向通信和面向信息处理的角度看，传输层属于面向通信的底层中的最高层，属于底层；如果从网络功能和用户功能的角度看，传输层则属于用户功能的高层中的最底层，属于高层。

从物理层、数据链路层和网络层的作用中可知：物理层是在各链路上透明地传送比特流；数据链路层使得相邻节点所构成的不太可靠的链路能够传输无差错的帧；而网络层则是在数据链路层的基础上提供路由选择、网络互连等功能。传输层是资源子网与通信子网的接口和桥梁，它完成了资源子网中两节点间的直接逻辑通信，实现了通信子网端到端的可靠传输。

对于通信子网的用户来说希望得到的是端到端的可靠通信服务。通过传输层的服务来弥补各通信子网提供的有差异和有缺陷的服务。通过传输层的服务，增加服务功能，使通信子网对两端的用户都变成透明的。由于通信子网向传输层提供通信服务的可靠性存在差异，所以无论通信子网提供的服务可靠性如何，经传输层处理后都应向上层提交可靠的、透明的数据传输。为此，传输层协议要复杂得多，以便适应通信子网中存在的各种问题。也就是说，如果通信子网的功能完善、可靠性高，则传输层的任务就比较简单。若通信子网提供的质量很差，则传输层的任务只有复杂，才能填补会话层所要求的服务质量和网络层所能提供的服务质量之间的差别。也就是说传输层对高层用户来说，它屏蔽了下面通信子网的细节，使高层用户看不见实现通信功能的物理链路是什么，数据链路的规程是什么，下面有多少个通信子网和通信子网是如何连接起来的。传输层使高层用户感觉到好像是在两个传输层实体之间有一条端到端的可靠通信通路。

传输层在网络层提供服务的基础上为高层提供两种基本的服务，即面向连接的服务和面向无连接的服务。面向连接的服务要求高层的应用在进行通信之前，先建立一个逻辑的连接，并在此连接的基础上进行通信，通信完毕后要拆除逻辑连接，而且通信过程中还要进行流量控制、差错控制和顺序控制。因此，面向连接提供的是可靠的服务，而面向无连接服务是一种不太可靠的服务，由于它不需要高层应用建立逻辑的连接，因此，它不能保证传输的信息按发送顺序提交给用户。不过，在某些场合是必须依靠这种服务的，如网络中的广播数据。

传输层服务独立于网络层服务，适用于各种网络，因而不必担心不同的通信子网所提供的不同的服务及服务质量。而网络层服务则随不同的网络，其服务质量可能截然不同。因此，传输层是用于填补通信子网提供的服务与用户要求之间的间隙的，反映并扩展了网络层的服务功能。对于传输层来说，通信子网提供的服务越多，传输层协议就越简单；反之传输层协议就越复杂。

5. 会话层

会话层（Session Layer）的功能是在传输层服务的基础上增加控制会话的机制，建立、组织和协调应用进程之间的交互过程。会话层就如同两个人对话，靠某些约定使双方有序并完整地交换信息。会话层的基本任务是负责两个主机之间原始报文的传输。通过会话层提供的一个面向用户的连接服务，为合作的会话层用户之间的对话和活动提供组织和同步所必需的手段，并对数据的传输进行控制和管理。

会话层提供的基本功能是为用户建立、引导和释放会话连接。在某些工作站操作系统中，可以将工作站从网络上断开，然后重新连接，之后无须登录便可继续工作。这是因为物理层断开又重新连接后，会话层也重新进行了连接。会话层使每一个给定的节点与唯一的地址一一对应起来，就像邮政编码只与特定的邮政区域相关联。一旦通信会话结束，会话层就与节点断开了。

会话层服务是同步的。一个会话连接可能持续较长的时间，若在会话连接即将结束时出现故障，则整个会话活动都要重复一遍，这显然是不合理的。为此，会话层设置同步控制功能，在一个会话连接中设置了一些同步点，这样当出现故障时，会话活动可以在故障点前面的同步点进行重复，而不必从头开始，将重发的数据量减到最少。

6. 表示层

表示层（Presentation Layer）定义用户或应用程序之间交换数据的格式，提供数据表示之间的转换服务，保证传输的信息到达目的端后其意义不变。表示层解决不同系统的数据表示问题，解释所交换数据的意义，进行正文压缩及各种变换，如代码转换、格式变换等，以便用户使用，使采用不同表示方法的各开放系统之间能相互通信。此外，表示层还负责数据的加密、解密以及数据压缩。

在数据转换方面，不同计算机有不同的数据表示方法，如不同的机器字长、不同的浮点数格式以及不同的字符编码等。在采用 ASCII 码的计算机中，使用的编码也不尽相同。显然这使得开放的系统之间不能简单地交换数据。数据转化的主要任务是把要传送的数据按协议格式表示成收发双方都能理解的形式。因此，为使不同计算机之间进行通信时不曲解原数据的含义，必须建立一种统一的数据格式转换机制。为此国际标准化组织 ISO 综合和吸收了许多高级程序设计语言对数据类型的描述方法，制定了被称为抽象语法表示法的 ASN.1（Abstract Syntax Notation One）标准。通过抽象语法把信息传送到远端系统，远端系统按照同样的方法对信息进行还原。

7. 应用层

应用层（Application Layer）是最终用户与计算机网络之间的接口，为网络用户或应用程序提供完成特定网络服务功能所需的各种应用协议。

应用层控制计算机用户绝大多数对应用程序和网络服务的直接访问。网络服务包括文件传输、文件管理、电子邮件、打印、网络管理等，由相应的应用协议来实现。不同的网络操作系统提供的网络服务在功能、用户界面、实现技术、硬件平台支持以及开发应用软件所需的应用程序接口（Application Programming Interface，API）等方面均存在较大差异，而采纳应用协议的方式也各具特色，因此，需要应用协议标准化。

3.2　TCP/IP 参考模型

ISO/OSI 参考模型的提出在计算机网络发展史上具有里程碑的意义，以至于提到计算机网络就不能不提 ISO/OSI 参考模型。但是，OSI 参考模型的定义过于复杂、实现困难。随着传输控制协议/互联网协议（Transmission Control Protocol/Internet Protocol，TCP/IP）协议的广泛使用，特别是 Internet 用户爆发式的增长，TCP/IP 网络的体系结构日益显示出其重要性。

3.2.1　TCP/IP 参考模型概述

TCP/IP 是目前最流行的网络协议，尽管它不是某一标准化组织提出的正式标准，但已经被公认为目前的工业标准或"事实标准"。Internet 之所以能够迅速发展，就是因为 TCP/IP 能够适应和满足世界范围内数据通信的需要。

TCP/IP 由它的两个主要协议即 TCP 和 IP 而得名。TCP/IP 是 Internet 上所有网络和主机之间进行交流时所使用的共同"语言"，是 Internet 上使用的一组完整的标准网络连接协议。通常所说的 TCP/IP 实际上包含了大量的协议和应用，且由多个独立的协议组合在一起，因此，更确切的说，应该称其为 TCP/IP 协议族。

TCP/IP 是 Internet 的基本协议。TCP/IP 经过不断的应用和发展，目前已被广泛应用于各种网络中，它既可用于组成局域网，也可用于构造广域网。可以说，TCP/IP 的逐步发展为 Internet 的形成奠定了基础。目前，UNIX、Windows、NetWare 等一些著名的网络操作系统都将 TCP/IP 纳入其体系结构中，TCP/IP 已成为一种"实际上的国际标准"。作为 Internet 的核心协议，TCP/IP 定义了网络通信的过程，更为重要的是，它定义了数据单元所采用的格式及其所包含的信息。TCP/IP 形成了一套完整的系统，详细地定义了如何在支持 TCP/IP 的网络上处理、发送和接收数据。

TCP/IP 具有以下特点。

（1）开放的协议标准，可以免费使用，并且独立于特定的计算机硬件与操作系统。

（2）独立于特定的网络硬件，可以运行在局域网、广域网中，便于进行网络互联。

（3）统一的网络地址分配方案使得整个 TCP/IP 设备在网络中都具有唯一的地址。

（4）国际标准化的高级协议，可以提供多种可靠的用户服务。

3.2.2　TCP/IP 层次结构

与 ISO/OSI 参考模型不同，TCP/IP 体系结构将网络划分为网络接口层（Network Interface Layer）、网际层（Internet Layer）、传输层（Transport Layer）和应用层（Application Layer）4 层，如图 3-2 所示。

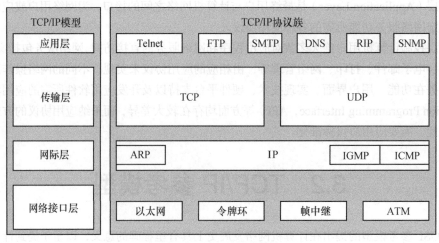

图 3-2　TCP/IP 层次结构

1. 网络接口层

网络接口层处于网际层之下，负责接收 IP 数据包，并把数据包通过物理网络发送出去，或者从网络接口接收物理帧，装配成 IP 数据包上交给网际层。TCP/IP 标准并未定义具体的网络接口层协议，其目的在于提供灵活性，以适应于不同的物理网络，可以使用的物理网络种类很多，如各种局域网（LAN）、城域网（MAN）、广域网（WAN）。网络接口层使得上层的操作和底层的物理网络无关。

网络接口层对应 OSI 参考模型的物理层和数据链路层。严格说来，TCP/IP 的网络接口层并不是一个独立的层次，只是一个接口，TCP/IP 并未对它定义具体内容。

2. 网际层

网际层是 TCP/IP 体系结构的第二层，它实现的功能相当于 OSI 参考模型网络层的无连接网络服务。网络层负责将源主机的数据分组发送到目的主机。源主机与目的主机可以在一个网络上，也可以不在一个网络上。

网际层的主要功能如下。

（1）处理来自传输层的分组发送请求。在收到分组发送请求之后，将分组装入 IP 数据包，填充报头，选择发送路径，然后将数据包发送到相应的网络接口。

（2）处理接收的数据包。在接收到其他主机发送的数据包之后，检查目的地址，如需要转发，则选择发送路径，转发出去；如果目的地址为本节点 IP 地址，则除去报头，将分组送交传输层处理。

网际层的核心协议包括以下几个。

（1）网际协议（Internet Protocol，IP），负责 IP 寻址、数据包的拆分和重组。

（2）地址解析协议（Address Resolution Protocol，ARP），负责将 IP 地址转换为物理地址。

（3）逆向地址解析协议（Reverse Address Resolution Protocol，RARP），负责根据主机硬件地址来获得主机的 IP 地址。

（4）Internet 控制报文协议（Internet Control Message Protocol，ICMP），负责提供网络传输控制消息，用于网络故障诊断。

3. 传输层

传输层主要负责主机到主机之间的端到端可靠通信，源端的应用进程通过传输层，可以与目的端的相应进程进行直接对话。传输层定义了传输控制协议（Transport Control Protocol，TCP）和用户数据报协议（User Datagram Protocol，UDP）两种协议。传输控制协议使用可靠的字节流发送和接收数据，是一种面向连接的协议；用户数据报协议是一种不可靠、无连接的协议。

传输层服务分为面向连接和无连接两类，它们分别和网络层上的面向连接和无连接服务类似。分成两个层次有以下两个原因。

（1）通信子网是不受用户控制的，如果用户不满意通信子网的服务，可以在传输层弥补网络服务的不足。

（2）不同的网络向上提供的服务接口不同，为使应用程序的设计不依赖于具体的网络，在传输层上提供一个统一的编程接口。

4. 应用层

应用层处在 TCP/IP 体系结构的最高层，用户可以使用应用程序访问 TCP/IP 互连网络，分享网络上提供的各种资源。应用程序负责发送和接收数据。每个应用程序可以选择所需要的传输服务类型把数据按照传输层的要求组织好，再向下层传送。应用层包括了所有高层协议，并且总是不断有新的协议加入。其主要协议包括以下几个。

（1）网络终端协议（Telnet），用于实现互联网中的远程登录功能。

（2）文件传输协议（File Transfer Protocol，FTP），用于实现互联网中交互式文件传输功能。

（3）简单邮件传输协议（Simple Mail Transfer Protocol，SMTP），用于实现互联网中电子邮件传输功能。

（4）域名系统（Domain Name System，DNS），用于实现在域名与 IP 地址之间建立映射。

（5）超文本传输协议（Hyper Text Transfer Protocol，HTTP），用于目前广泛使用的 Web 服务。

（6）路由信息协议（Routing Information Protocol，RIP），用于网络设备之间交换路由信息。

（7）简单网络管理协议（Simple Network Management Protocol，SNMP），用于管理和监视网络设备。

（8）网络文件系统（Network File System，NFS），用于网络中不同主机间的文件共享。

应用层协议有的基于面向连接的传输层协议 TCP（如 Telnet、SMTP、FTP 及 HTTP 协议），有的基于面向非连接的传输层协议 UDP（如 SNMP），还有一些协议（如 DNS），既可以基于 TCP，也可以基于 UDP。

3.3 OSI 与 TCP/IP 参考模型的比较

3.3.1 OSI 和 TCP/IP 的相同点和不同点

1. OSI 和 TCP/IP 参考模型的相同点

（1）两者都以协议栈的概念为基础，并且协议栈中的协议相互独立。

（2）两个模型中各个层次的功能也大体相似，都存在网络层、传输层和应用层。网络层具有路由选择功能；传输层为希望进行通信的进程提供一种端到端的、与网络无关的传输服务。另外，在这两个模型中，传输层之上的各层都是面向应用的用户，而以下各层都是面向通信的。

（3）两者都可以解决异构网的互连，实现不同计算机生产厂家之间的通信。

（4）都能够提供面向连接和无连接的两种通信服务机制。

（5）都是基于一种协议集的概念，协议集是一组完成特定功能的相互独立的协议。

2. OSI 和 TCP/IP 参考模型的不同点

（1）模型设计的差别。OSI 模型是先有分层模型，后有协议规范。OSI 模型不会偏向于任何一组特定的协议，因而该模型更具有通用性。这种做法的缺点是，设计者没有太多的经验可以参考，因此不知道哪些功能应该放在哪一层上。因此，造成在模型设计时考虑不很全面，有时不能完全指导协议某些功能的实现，从而反过来导致模型的不断修改。而 TCP/IP 参考模型却正好相反，TCP/IP 先出现，TCP/IP 模型只是这些已有的协议的一个描述。所以，协议一定会符合模型，而且两者吻合得很好，唯一的问题是 TCP/IP 模型并不适合其他的任何协议栈，因此，要想描述其他非 TCP/IP 网络，该模型并不适用。

（2）层数和层间关系不同。OSI 模型有 7 层，而 TCP/IP 模型只有 4 层。TCP/IP 模型虽然也分层，但层次之间的调用关系不像 OSI 模型那么严格。在 OSI 模型中，两个实体之间通信时，下层向上层提供服务，上层通过接口调用下层的服务，层间不能有越级调用的关系。OSI 模型这种严格分层确实是必要的。但是，严格地按照分层模型编写的软件效率较低。为了克服上述缺点，提高效率，TCP/IP 在保持基本层次结构的前提下，允许越过相邻的下一级而直接使用更低层次所提供的服务。

（3）无连接的和面向连接的通信范围有所不同。OSI 模型的网络层同时支持无连接的和面向连接的通信，但是传输层只支持面向连接的通信；而 TCP/IP 模型的传输层既支持面向连接的通信，也支持无连接的数据报通信，从而给高层用户提供可选择通信方式的机会，而 TCP/IP 模型的网际层仅支持无连接的通信。

（4）对可靠性的强调不同。OSI 模型认为数据传输的可靠性应该由点到点的数据链路层和端到端的数据传输层来共同保证，而 TCP/IP 分层思想认为，可靠性是端到端的问题，应该由传输层来完成。因此，TCP/IP 允许单个的链路或机器丢失或数据损坏，网络本身不进行数据恢复，对丢失或损坏数据的恢复是在源节点设备与目的节点设备之间进行的。在 TCP/IP 网络中，可靠性的工作是由主机来完成的。

（5）效率和性能上的差异。由于 OSI 模型是作为国际标准由多个国家共同而制定的，于是不得不照顾到各个国家的利益，有时不得不走一些折中的路线，造成标准大而全，但效率却不高。TCP/IP 参考模型并不是作为国际标准开发的，它只是对一种已有标准的概念性描述。所以，它的设计目的单一，影响因素少，且不存在照顾和折中。其结果是，协议简单、高效，可操作性强。

（6）市场上应用和支持不同。在 OSI 参考模型制定之初，人们普遍希望有一个标准化的网络协议，对 OSI 模型寄予厚望，然而，OSI 模型一直没有成熟的产品推出，妨碍了第三方厂家开发相应的软、硬件，影响了 OSI 模型市场的占有率和未来的发展。另外，在 OSI 模型出台之前，TCP/IP 模型就代表着主流市场，OSI 模型出台后很久时间内不具有可操作性，因此，在网络迅速发展的近 10 年里，性能差异、市场需求的优势客观上促使众多的用户选择了 TCP/IP 模型，并使其成为应用最广泛的标准化协议。

3.3.2　OSI 和 TCP/IP 参考模型的评价

OSI 参考模型和 TCP/IP 参考模型有很多相同点和不同点，相同之处在于都采用了层次结构的模型。但两者在层次划分和使用的协议上存在很大的差异。无论是 OSI 参考模型还是 TCP/IP 参考模型，都不是完美的，对二者的评论与批评都很多。OSI 参考模型的设计者试图建立一个全世界计算机网络都要遵循的统一标准。从技术的角度，他们希望追求一种完美的理想主义状态。在 20 世纪 80 年代，几乎所有的专家都认为 OSI 参考模型将风靡全球，但事实却与人们预想的相反。

造成 OSI 模型不能流行的原因在于模型与协议自身的缺陷。在设计模型时，大多数人认为 OSI 模型的层次数量和内容可能是最佳的选择。会话层在大多数应用中很少用到，表示层几乎是空的。在数据链路层和网络层中很多的子层插入，各个子层都有不同的功能。OSI 参考模型把服务和协议的定义结合起来，使得参考模型变得格外复杂，实现它很困难。同时，寻址、流量控制与差错控制在每一层都重复出现，必然要降低效率。关于数据安全性、加密与网络管理等方面的问题，也在参考模型的设计初期被忽略了。

总之，OSI 参考模型缺乏市场和商业动力，结构复杂，实现周期长，运行效率低，这是其一直未能被广泛应用的重要原因。

TCP/IP 参考模型也存在缺陷，主要表现在以下几个方面。

（1）TCP/IP 参考模型在服务、接口与协议的概念区分上不是很清楚。

（2）TCP/IP 参考模型不通用，不适合描述 TCP/IP 以外的其他协议栈。

（3）在网络的分层结构中，TCP/IP 参考模型的网络接口层并不是常规意义上的层次概念，它实际上只是位于网络层和数据链路层之间的一个接口。

自从 TCP/IP 诞生以来，其赢得了大量的用户和企业投资。TCP/IP 的成功促进了 Internet 的发展，Internet 的发展又进一步扩大了 TCP/IP 的影响。相比之下，OSI 参考模型与协议显得有些势单力薄。人们普遍希望网络标准化，但 OSI 模型迟迟没有成熟的产品推出，妨碍了第三方厂商开发相应的硬件和软件，从而降低了 OSI 模型成果的影响力，阻碍了它的发展。

3.4 网际层协议

在 TCP/IP 模型中，工作在网际层的协议主要有：IP、ICMP、ARP 和 RARP 等。其中，IP 提供数据分组传输、路由选择等功能，ARP 和 RARP 提供逻辑地址与物理地址映射功能，ICMP 提供网络控制和差错处理功能。

3.4.1 网际协议

网际协议（Internet Protocol，IP）精确定义了 IP 数据包格式，并且对数据包寻址和路由、数据包分片和重组、差错控制和处理等做出了具体的规定。IP 的主要作用是逻辑地标识网络节点的位置，以及向数据封装中添加信息以表明数据的原始发送者和最终接收者，IP 地址是 IP 用来标识网络节点逻辑位置的工具，它是一种逻辑地址。IP 负责为传输层产生的数据段封装 IP 数据包，在该数据包首部中主要添加了源 IP 地址和目的 IP 地址，从而指示了该数据包所要到达的目的端主机在网络上的逻辑位置。

在网络运行中，每个协议层或每个协议都包含了一些供它自己使用的信息。这些信息通常置于数据的前面，通常把它叫做报头。报头中含有若干特定的信息单元，称做字段。一个字段可以包含数据包要发往的地址，或者用来描述数据到达目的地时应该对数据进行何种操作。在网际层中，数据以 IP 数据包的格式进行传递。其中，IP 数据包格式中前面部分就是 IP 报头，紧接着才是 IP 数据包数据的有效负载。源计算机上的 IP 软件负责创建 IP 报头，而收到 IP 数据包的网络设备的 IP 软件则要查看 IP 头信息中的指令，以确定目的主机的 IP 地址。IP 数据包从源计算机经过的每个路由器都要查看甚至更新 IP 报头中的某个部分。IPV4 数据包结构如图 3-3 所示，下面分别说明各字段的含义。

图 3-3 IP 数据包结构

（1）版本：该 4 位字段标识当前协议支持的 IP 版本号，在处理 IP 分组之前，所有的 IP 软件都要检查分组的版本号字段，以保证分组格式与软件期待的格式一样。如果标准不同，机器将拒绝与其协议版本不同的 IP 分组。

（2）IP 数据包头部长度：该 4 位字段标识报头长度，取值的范围是 5～15。由于 IP 数据包首部的长度单位是 4 字节的整数倍，因此首部长度的最大值是 15×4=60 字节。当 IP 数据包首部长度不是 4 字节的整数倍时，必须利用最后一个填充字段加以填充。这样，数据部分永远在 4 字节的整数倍时开始，实现起来方便。首部长度限制为 60 字节的缺点是有时不够用，但这样做的用意是要用户尽量减少额外开销。

（3）服务类型：这一字节说明分组所希望得到的服务质量，它允许主机制定网络上传输分组的服务种类及高层协议希望处理当前数据包的方式，并设置数据包的重要性级别，允许选择分组的优先级，以及希望得到的可靠性和资源消耗。这些标志是保证优先级、延时、吞吐量以及可靠性参数。优先级标志占 3 位，而延时、吞吐量和可靠性标志占 1 位。剩下的两位保留为将来使用。

（4）总体长度：该 16 位字段给出 IP 数据包的字节总数，包括数据包首部长度和数据的长度。由于总长度字段有 16 位，所以最大 IP 数据包允许有 65 536 字节，这对某些子网来说太长了，这时应该将其划分为较短的数据分组，每一分组加上首部后构成一个完整的数据包。总长度并不是未分段前的 IP 数据包长度，而是指分段后形成的 IP 分组的首部长度与数据长度之和。

（5）标识号：该 16 位字段包含一个整数，用来使源站唯一地标识一个未分段的 IP 分组。该字段可以帮助将数据包再重新组合在一起。IP 数据包在传输时，其间可能会通过一些子网允许的最大协议数据单元的长度可能小于该 IP 数据包的长度，为处理这种情况，IP 提供了分段和重组的功能。当一个路由器分割一个 IP 数据包时，要把 IP 数据包首部中的大多数字段的值拷贝到每个分组片段中，这里讨论的标识符段必须拷贝。它的主要目的是使目的站地址知道到达的分组片段属于哪个 IP 数据包。源站点计算机必须为发送的每个 IP 数据包分别产生一个唯一的标识符字段值。

（6）分段标志：这个字段包括 3 个 1 位标志，标识数据包是否允许被分段和是否使用了这些字段。第一位保留并总设为 0；第二位标识数据包能否被分段。如果这位等于 0，说明内容可以被分段。如果等于 1，它就不能被分段；第三位只有在第二位为 0 时才有意义，如果第二位等于 0（数据包可分为多个分组），它标识此分组是否是这一系列分组的最后一个，0 指示分组是最后一个。

（7）分段偏移：13 位的段偏移字段表明当前分组段在原始 IP 数据包中数据起点的位置，以便目的地站点能够正确地重组原始数据包。

（8）生存期：8 位的生存时间字段指定 IP 数据包能在 Internet 中停留的最长时间，记为 TTL（Time To Live）。当该值降为 0 时，IP 数据包就被放弃。该字段的值在 IP 数据包每通过 1 个路由器时都减去 1。该字段决定了 IP 数据包在网上存活时间的最大值，它保证 IP 数据包不会在互联网中无休止地往返传输，即使在路由表出现混乱，造成路由器为 IP 分组循环选择路由时也不会产生严重的后果。

（9）协议：8 位的协议字段表示哪一层高层协议将用于接收 IP 数据包中的数据。高层协议的号码由 TCP/IP 中央权威管理机构予以分配。例如，该字段值为 1 表示对应于互联网控制报文协议 ICMP，为 6 对应于传输控制协议 TCP，为 17 则对应于用户数据报协议 UDP。

（10）校验和：校验和是 16 位的错误检测字段。校验和字段保证了 IP 数据包首部的完整性，当 IP 数据包首部通过路由器时，首部发生变化，校验和必须重新计算。

（11）源 IP 地址：32 位，发送数据包的源主机 IP 地址。

（12）目的 IP 地址：32 位，接收数据包的目的主机 IP 地址。

（13）任选项：可变长度，用于提供如时间戳、错误报告和特殊路由等服务。

（14）填充：可变长度，在必要时插入值为 0 的填充字节。这样就能保证 IP 数据包首部长度始终是 4 字节的整数倍。

IPv4 数据包结构说明 IPv4 的网际层是无连接的。网络中的转发设备可以自由决定通过网络的数据包的转发路径。

IP 最重要的功能是将数据包送到特定目的地，连接源和目的地网络中的路由器和交换机，使用目的 IP 地址确定经过网络的最优路径。相似地，IP 数据包也包括源主机的 IP 地址。源地址的出现是因为目的主机可能会和源主机通信。

3.4.2　IP 地址与子网掩码

Internet 将位于世界各地的大大小小的网络互连起来，而这些网络上又有许多计算机接入。用户通过在已联网的计算机上进行操作，与 Internet 上的其他计算机通信或者获取网络上的信息资源。为了使用户能够方便而快捷地找到需要与其连接的主机，首先必须解决如何识别网上主机的问题。在网络中，对主机的识别要依靠地址，因此，要给整个 Internet 的每一个网络和每一台主机分配一个 Internet 地址，以此屏蔽物理网络地址的差异。IP 的一项重要功能就是专门处理这个问题，即通过 IP 把主机原来的物理地址隐藏起来，在网络层中使用统一的 IP 地址。

IP 提供了一种互联网通用的地址格式，该地址格式由 32 位的二进制数表示，用于屏蔽各种物理网络的地址差异。IP 规定的地址叫做 IP 地址，IP 地址由 IP 地址管理机构进行统一管理和分配，保证互联网上运行的设备不会产生地址冲突。任何一台计算机上的 IP 地址在全世界范围内都是唯一的。

在互联网上，主机可以利用 IP 地址来标志。但是，一个 IP 地址标志一台主机的说法并不准确。严格地讲，IP 地址指定的不是一台计算机，而是计算机到一个网络的连接。因此，具有多个网络相连接的互联网设备就应该有多个 IP 地址。多宿主主机（装有多块网卡的计算机）由于每一块网卡都可以提供一条物理链路，因此它也应该具有多个 IP 地址。在实际应用中，还可以将多个 IP 地址绑定到一条物理连接上，使一条物理连接具有多个 IP 地址。

TCP/IP 使用 IP 地址逻辑标识网络上的节点。同时，IP 通过向数据包内添加源 IP 地址和目的 IP 地址表示数据包的来源和目的地。另外，工作在网络层上的网络设备，如路由器，可以根据 IP 地址学习路由信息，为数据包寻找到达目的地的最佳路径。

在 TCP/IP 网络上，每台连接在网络上的计算机与设备都被称为主机，而主机与主机之间的沟通需要通过 3 个桥梁：IP 地址、子网掩码和 IP 路由器。

1．IP 地址

IPv4（版本 4）的地址长度为 32 位，一般用 4 个十进制数来表示（W.X.Y.Z），每个数字占一字节，值为 0 ~ 255。例如，202.207.136.11 就是一个标准的用点分开的十进制数表示的 IP 地址。

IP 地址的 32 位主要包括网络号和主机号。如果网络要与外界沟通，为了避免网络中主机所使用的 IP 地址与外界其他网络内的主机 IP 地址相同，必须为网络申请一个网络号，也就是该网络区域内的主机都使用一个相同的网络号，然后给网络中的每台主机分配唯一的主机号，因此网络中的每台主机就都是唯一的 IP 地址（网络号与主机号的组合）。

在 Internet 中，网络数量是一个难以确定的因素，但是每个网络的规模却是比较容易确定的。众所周知，从局域网到城域网再到广域网，不同类型的网络规模差别很大，必须加以区别。因此，按照网络规模的大小以及使用目的的不同，将 Internet 的 IP 地址分为 5 种类型，包括 A 类、B 类、C 类、D 类和 E 类，如图 3-4 所示。

图 3-4　IP 地址的分类

（1）A 类地址。

A 类 IP 地址适合于超大型的网络，其第 1 字节 W 的第 1 位为"0"，其余 7 位表示网络号，W 的可用范围为 1～126。因此，共有 126 个 A 类网络号。主机号共占用 X、Y、Z 三字节，它提供 2^{24}（16 777 216）个 IP 地址。A 类地址的范围是 0.0.0.0～127.255.255.255。由于网络号全为 0 和全为 1 保留用于特殊目的，所以 A 类地址有效的网络数为 126，其范围是 1～126。另外，主机号全为 0 和全为 1 也有特殊作用。每个网络号包含的主机数应该是 2^{24}-2=16777214。因此，一台主机能使用的 A 类地址的有效范围是 1.0.0.1～126.255.255.254。

（2）B 类地址。

B 类 IP 地址适合于大、中型网络，其第 1 字节 W 的前两位为"10"，剩下的 6 位和第 2 字节 X 的 8 位共 14 位二进制数用于表示网络号。第 3 字节 Y 和第 4 字节 Z 共 16 位二进制数用于表示主机号。因此，B 类地址网络数为 2^{14}，每个网络号所包含的主机数为 2^{16}。B 类地址的范围是 128.0.0.0～191.255.255.255，与 A 类地址类似（网络号和主机号全为 0 和全为 1 有特殊作用），一台主机能使用的 B 类地址的有效范围是 128.1.0.1～191.254.255.254，实际有效的网络数是 2^{14}-2=16 382，实际有效的主机数是 2^{16}-2=65 534。

（3）C 类地址。

C 类 IP 地址适合于小型网络，其第 1 字节 W 的前三位为"110"，剩下的 5 位和第 2 字节 X、第 3 字节 Y 共 21 位二进制数用于表示网络号，第 4 字节的 8 位二进制数用于表示主机号。由于网络号和主机号全为 0 和全为 1 有特殊用途，因此，C 类地址网络数为 2^{21}-2，每个网络号所包含的主机数是 256（有效的是 254）。C 类地址的范围为 192.0.0.0～223.255.255.255，同样，一台主机能使用的 C 类地址的有效范围是 192.0.1.1～223.255.254.254。C 类地址的特点是网络数较多而每个网络最多只有 254 台主机。

（4）D 类地址。

D 类的 IP 地址第 1 字节的前 4 位为"1110"。D 类地址用于多播，多播就是把数据同时发送给多台主机，只有那些已经登记可以接收多播地址的主机才能接收多播数据包。D 类地址的范围是 224.0.0.0～239.255.255.255。

（5）E 类地址。

E 类 IP 地址第 1 字节的前 4 位是"1111"。E 类地址是为将来进行扩展预留的，也可以用于实验目的。E 类地址的范围是 240.0.0.0～254.255.255.255。

在这五大类的 IP 地址中，只有 A、B、C 类地址可分配给单台主机使用。在使用时还需注意排除以下几种特殊的 IP 地址。

（1）直接广播地址。

主机号各位全为"1"的 IP 地址用于广播，称为直接广播地址。在 IP 互联网中，任意一台主机均可向其他网络进行直接广播。例如，202.207.136.255 就是一个直接广播地址。互联网上一台主机如果使用该 IP 地址作为数据包的目的 IP 地址，那么这个数据包将同时发送到 202.207.136 网络上的所有主机。

（2）32 位全为"1"的 IP 地址（255.255.255.255）用于本地网络广播，该地址称为有限广播地址。有限广播将被限制在本地网络之中，有限广播不需要知道网络号。

（3）网络地址。

在 A 类、B 类与 C 类 IP 地址中，主机号全为"0"的 IP 地址表示网络地址，即网络本身。例如，161.17.0.0 表示 B 类网络 161.17，202.207.136.0 表示 C 类网络 202.207.136。

（4）回送地址。

网络号为"127"，而主机号为任意的 IP 地址表示回送地址。最常用的回送地址为 127.0.0.1，用于网络软件测试以及本地主机进程间通信。

2．子网掩码

为解决 IP 地址的有效利用率和路由器工作效率的问题，人们提出了子网（Subnet）的概念。提出子网概念的基本思想是：允许将一个网络划分为多个相对较小的网络供内部使用，但是对于外部而言，仍是一个网络。

IP 地址是由网络号和主机号两部分组成的，引进子网的概念后，则将 IP 地址中的主机号地址部分再一分为二，一部分作为本地网络的子网号，另一部分作为子网内主机号。因此，IP 地址则由网络号、子网号、子网内主机号 3 个部分组成。IP 地址是层次型结构，划分子网要注意以下几点。

（1）IP 地址的三级层次为：网络号、子网号、主机号。

（2）同一个子网中所有的主机必须使用相同的子网号。

（3）子网的概念可以应用于 A 类、B 类或 C 类任意一类 IP 地址中。

（4）一个子网也称为一个 IP 网络或一个网络。

子网掩码（Subnet Masks）用以区别 IP 地址中哪一部分是网络号，哪一部分是主机号。和 IP 地址一样，子网掩码也由 32 位组成的和 4 个十进制数表示，中间用"."分隔。A 类 IP 地址的默认子网掩码是 255.0.0.0，B 类 IP 地址的默认子网掩码是 255.255.0.0，C 类 IP 地址的默认子网掩码是 255.255.255.0。子网掩码的主要作用如下。

（1）利用子网掩码获得 IP 地址的网络号和主机号。当 TCP/IP 网络上的主机相互通信时，可以利用子网掩码从 IP 地址中得到网络号和主机号，然后判断这些主机是否处在相同的网络中，即网络号是否相同。

假设某主机的 IP 地址为 202.207.136.11，计算其网络号的方法是将 IP 地址与子网掩码（子网掩码为 255.255.255.0，因为该 IP 地址是 C 类地址）相对应的二进制数进行逻辑 AND 运算，取得子网掩码为 1 的 IP 地址的位，即为网络号。剩余部分就是主机号。因此，IP 地址 202.207.136.11 的网络号是 202.207.136，主机号是 11。

若两台主机在同一个网络内，则可以直接通信。如果两台主机不在同一个网络内，即网络号不同，则无法直接通信，必须通过具有路由功能的网络设备进行通信。

（2）利用子网掩码划分子网。子网掩码的另一个作用是将一个网络划分成几个子网，如果单位有多个分散的网络，则每个网络都需要一个单独的网络号。具体做法可以是：只申请一个网络号，然后利用子网掩码将这个网络号分割成若干子网。

例如，某单位有 4 个分布于各地的局域网，每个网络都各有约 60 台主机，只申请了一个 C 类的网络号（如 202.207.136）。正常情况下，C 类 IP 地址的子网掩码应该设为 255.255.255.0，这样所有的计算机必须在同一个网络内才能相互通信，而现在网络却分散在 4 个区域。若将分散的 4 个局域网通过路由器连接起来，而这 4 个网络的网络号又相同，发生冲突。解决的方法就是更改子网掩码，将原来主机号的最高两位作为子网号，这时子网掩码设为 255.255.255.192，注意最后一字节是 192，而不是 0（192 的二进制值为 1100000，其最高的两位是 11）。

两个二进制位有 00、01、10、11 共 4 种组合，可划分出 4 个子网。这时 IP 地址的前 3 字节不变，而第 4 字节各不相同。

第 1 个子网的第 4 字节是 00000001 ~ 00111110，即 1 ~ 62。

第 2 个子网的第 4 字节是 01000001 ~ 01111110，即 65 ~ 126。

第 3 个子网的第 4 字节是 10000001 ~ 10111110，即 129 ~ 190。

第 4 个子网的第 4 字节是 11000001 ~ 11111110，即 193 ~ 254。

在 IP 地址的第 4 字节中，属于主机号的只有 6 位，还必须去掉全 0 和全 1 的地址，最高两位已成为子网号。

因此，各子网所提供的 IP 地址范围分别如下。

第 1 个子网的范围为 202.207.136.1 ~ 202.207.136.62。

第 2 个子网的范围为 202.207.136.65 ~ 202.207.136.126。

第 3 个子网的范围为 202.207.136.129 ~ 202.207.136.190。

第 4 个子网的范围为 202.207.136.193 ~ 202.207.136.254。

子网掩码为 255.255.255.192。

3.4.3　地址解析协议

1. 物理地址与 IP

Internet 是通过路由器或网关将物理网络互连在一起的虚拟网络。在任何一个物理网络中，各个节点的设备必须有一个可以识别的地址，这个地址称为物理地址。由于物理地址体现在数据链路层上，因此，物理地址也被叫做硬件地址或媒体访问控制（MAC）地址，即网卡的号码，可在命令提示符中输入命令 ipconfig/all 来查询 MAC 地址。

整个 Internet 采用统一的物理地址有如下一些问题。

（1）物理地址是物理网络技术的一种体现，不同的物理网络，其物理地址的长度、格式各不相同。

（2）物理地址被固定在网络设备中，通常是不能修改的。

（3）物理地址属于非层次化地址，它只能标识出单个的设备，而不能标志出该设备连接的是哪个网络。

Internet 针对物理地址存在的问题，采用网络层 IP 地址的编制方案。利用 IP 提供一种全网统一的地址格式。在统一管理下进行地址分配，保证一个地址对应一台主机，这样，物理地址的差异就被 IP 层屏蔽了，IP 地址通常称为逻辑地址。

2. 地址解析协议 ARP 和逆向地址解析协议 RARP

在互联网中，IP 地址能够屏蔽各个物理网络地址的差异，为上层用户提供统一的地址形式。

但是这种"统一"是通过在物理网络上覆盖一层 IP 软件实现的,互联网并不对物理地址做任何修改。高层软件通过 IP 地址来指定源地址和目的地址,而低层的物理网络通过物理地址发送和接收信息。

当一个物理网络中的任何两台主机之间进行通信时,都必须获得对方的物理地址,而 IP 地址是一个逻辑地址,IP 地址的编址与硬件无关,无论主机是连接到以太网、令牌环网,还是连接到其他网络上,都可以使用 IP 地址进行标识,而且可以唯一地标识某台主机。因此,IP 地址的作用就在于,它提供了一种逻辑的地址,能够使不同的网络之间进行通信。数据在物理网络传输过程中,不能完全依靠 IP 地址,还需要主机的物理地址。为了完成数据传输,IP 必须具有一种确定目标主机物理地址的方法,也就是说,要在 IP 地址与物理地址之间建立一种映射关系,而建立这种映射关系被称为地址解析,相应的协议称为地址解析协议(Address Resolution Protocol,ARP)。

在本地主机中通常有一个 ARP 高速缓存表,用来存储部分 IP 地址与物理地址的映射关系。ARP 高速缓存表可以随着时间而动态更新。地址解析的基本工作过程如下。

(1)在发送一个分组之前,首先根据目的 IP 地址,在本地 ARP 高速缓存表中查找与之相应的目的物理地址。如果找到,可以不进行地址解析。否则需要进行地址解析。

(2)地址解析的第一步是产生 ARP 请求分组,在相应的字段写入本机的源物理地址与源 IP 地址、目的 IP 地址,在目的物理地址字段写入 0 。

(3)将 ARP 分组以发送端的物理地址作为源地址,以物理广播地址作为目的地址,发送到物理网络中。

(4)由于采用广播地址,所有的主机都能接收到该 ARP 请求分组。除了目的主机之外,其他接收到该请求分组的主机或路由器都会被丢弃,目的主机接受该请求分组。

(5)目的主机发送 ARP 应答分组,该分组包括对方需要知道的目的物理地址。

(6)源节点接收到 ARP 应答分组,知道了对应目的主机的物理地址,将它作为一条新的记录,加入 ARP 高速缓存表。

(7)源节点将有完整的源 IP 地址、源物理地址、目的 IP 地址、目的物理地址信息的数据作为一个发送分组,发送到目的主机。

为了提高网络效率,有些软件在 ARP 实现过程中还采用了以下措施。

(1)主机在发送 ARP 请求时,信息包中包含了自己的 IP 地址与物理地址的映射关系。这样,目的主机就可以将该映射关系存储在自己的 ARP 表中,以备随后使用。由于主机之间的通信一般是相互的,因此,当主机 A 发送信息到主机 B 后,主机 B 通常需要做出回应。利用这种 ARP 改进技术,可以防止目的主机紧接着为解析源主机的 IP 地址与物理地址的映射关系而再发送一次 ARP 请求。

(2)由于 ARP 请求是通过广播发送出去的,因此网络中的所有主机都会收到源主机的 IP 地址与物理地址的映射关系。于是,它们可以将该 IP 地址与物理地址的映射关系存入各自的高速缓存表中,以备将来使用。

(3)网络中的主机在启动时,可以主动广播自己的 IP 与物理地址的映射关系,以尽量避免其他主机对它进行 ARP 请求。

逆向地址解析协议(Reverse Address Resolution Protocol,RARP)的作用与地址解析协议 ARP 的作用正好相反。RARP 的作用是将物理地址映射成 IP 地址,这主要用于无盘工作站中。网络中的无盘工作站网卡上有自己的物理地址,但没有 IP 地址,因此必须有一个转换过程。为了完成这个转换过程,网络中有一个 RARP 服务器,网络管理员事先把网卡的 IP 地址和相应的物理地址存储到 RARP 服务器的数据库中。

用 RARP 进行物理地址到 IP 地址转换的过程如下。

（1）当网络上的计算机启动时，以广播方式发送一个 RARP 请求包。这个 RARP 广播请求中包括了自己的物理地址。

（2）由 RARP 服务器进行响应，即生成并发送一个 RARP 应答包，包中包含对应的 IP 地址。

3.5　传输层协议

在 TCP/IP 体系结构中，传输层的作用是向应用层提供端到端的可靠传输。传输层使用两种协议，即传输控制协议 TCP 和用户数据报协议 UDP。TCP 是面向连接的可靠传输协议。UDP 是面向无连接的不可靠传输协议。

可靠传输是指为了保证信息正确到达，采取一系列的措施来实现可靠传输，如采取确认和重传等机制。典型的应用有 Web（HTTP）、邮件（SMTP）和文件传输（FTP）等，这些服务常常会在网络中传输少则几兆，多则几百兆，甚至千兆的海量信息，在传输过程中只要丢失一个报文就会导致信息无法使用，因此，要采用可靠传输方式。不可靠传输是指发送方发送数据后，不需要接受方对是否收到数据进行确认。

面向连接是指在报文传输之前，首先在发送端和接收端之间建立一个逻辑的传输链路，当链路成功建立后再传输报文，当所有报文的传输完成后，撤销已经建立的逻辑链路。面向无连接是指无须在发送端和接收端之间建立链接，每个报文独立发送。

3.5.1　传输层端口与套接字

应用层上有许多应用协议，它们提供各种不同的应用功能。客户端进程发送 TCP 或 UDP 请求报文时，报文中包含客户端 IP 地址、客户端进程端口地址、服务器 IP 地址及服务器端进程的端口地址。当服务器端接收到报文后，就能根据客户端 IP 地址确定是哪一台客户机，根据客户端进程的端口号就能知道是客户机上的哪一个进程发送的请求。最终，服务器端向客户端发出请求的进程作出正确的响应。注意，端口号只出现在传输层，即 IP 地址（逻辑地址）识别一台主机；而端口号是识别应用程序的。

在应用层与传输层之间，TCP/IP 为每一个应用协议或者应用程序提供了唯一的端口。端口的作用就是让应用层的各种应用进程都能将其数据通过端口向下交付给传输层，以及让传输层知道应当将其报文段中的数据向上通过端口交付给应用层相应的进程。

端口用一个 16 bit（0～65535）端口号进行标志。每种应用层协议或应用程序都具备与传输层连接的唯一端口，并使用唯一的端口号将这些端口区分开来。

端口根据其对应的协议或应用不同，被分配了不同的端口号。负责分配端口号的机构是 Internet 编号管理局（IANA）。目前，端口有 3 类。

1. 保留端口

保留端口的端口号一般都小于 1024，它们基本上都被分配给了已知的应用协议。目前，这一类端口的分配已经被广大网络应用者接受，形成了标准，在各种网络的应用中调用这些端口就意味着使用它们所代表的应用协议。这些端口由于已经有了固定的使用者，所以不能被动态地分配给其他应用程序，典型的保留端口如表 3-1 所示。

表 3-1   典型的保留端口

	端 口 号	关 键 字	应 用 协 议
UDP 保留端口举例	53	DNS	域名服务
	69	TFTP	简单文件传输协议
	161	SNMP	简单网络管理协议
	520	RIP	RIP 路由选择协议
TCP 保留端口举例	21	FTP	文件传输协议
	23	Telnet	虚拟终端协议
	25	SMTP	简单邮件传输协议
	53	DNS	域名服务
	80	HTTP	超文本传输协议
	119	NNTP	网络新闻传输协议

2. 动态分配端口

这种端口的端口号一般都大于 1024，没有固定的使用者，它们可以被动态地分配给应用程序使用。在使用应用软件访问网络时，可以向系统申请一个大于 1024 的端口号，临时代表这个软件与传输层交换数据，并且使用这个临时的端口与网络上的其他主机通信。

3. 注册端口

注册端口比较特殊，它也是固定为某个应用服务的端口，但它所代表的不是已经形成标准的应用层协议，而是某个软件厂商开发的应用程序。

某些软件厂商通过使用注册端口，使其特定软件享有固定的端口号，而不用向系统申请动态分配的端口号。这些特殊的软件要使用注册端口，其厂商必须向端口的管理机构注册。大多数注册端口的端口号都大于 1024。

IP 地址与端口号的组合称做套接字，或插口（Socket）。通过套接字才能区分多个主机中同时通信的多个进程。

3.5.2 传输控制协议 TCP

TCP 传输控制协议处于应用层和网络层之间，实现端到端的通信。这里的端到端传输是指在一个 TCP 连接中，只有服务器端和客户端进行通信。传输层的功能与网络层的功能的区别是：网络层屏蔽所有底层网络的物理结构的差异，并对网络通信路径进行选择。因此，网络层是实现各种网络技术的互连，而不是支持网上的应用。而网络的应用业务可由传输层实现。

TCP 是一个面向连接的数据传输协议，它提供数据的可靠传输，TCP 负责 TCP 连接的确立、信息包发送的顺序和接收，防止信息包在传送过程中丢失。TCP 允许将一台主机的字节流无差错地传送到目的主机。TCP 将应用层的字节流分成多个字节段，然后将每个字节段传送到互联网，并利用互联网发送到目的主机。当互联网将接收到的字节段传送给传输层时，传输层再将多个字节段还原成字节流传送到应用层。与此同时，TCP 要完成流量控制、协调收发双方的发送与接收速度等功能，以达到正确传输的目的。

1. TCP 首部结构

与 IP 一样，TCP 的功能受限于其首部携带的信息。因此理解 TCP 的机制和功能需要了解 TCP 首部的内容，TCP 报文首部结构如图 3-5 所示。

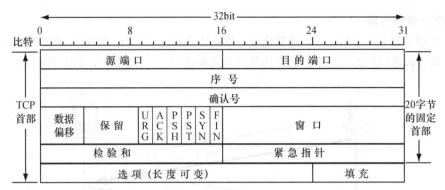

图 3-5 TCP 报文首部结构

TCP 报文首部最少 20 字节，包括以下各字段。

源端口：16 位的源端口包含初始化通信的端口号，源端口和源 IP 地址的作用是标识报文的返回地址，用于标识生成 TCP 数据报中携带数据的发送端系统中进程的端口号。

目的端口：16 位的目的端口定义传输的目的。这个端口指明报文接收计算机上的应用程序地址接口。用于标识负责接收 TCP 数据报的目的系统上进程的端口号。

序号：32 位的序列号由接收端计算机使用，重组分段的报文成最初形式。用于设定该数据报中数据在整个数据序列中的相对位置。它在 TCP 流中起到标识数据报的作用。

确认号：TCP 使用 32 位的确认号标识下一个希望收到的报文。收到确认报文的源计算机会知道特定的报文已经被接收。

数据偏移：4 位数据偏移用来设定 TCP 数据报报头的长度。

保留：保留为今后使用，共 6 位，目前都置为 0。

标志：6 位标志字段，每一位标志可以打开一个控制功能。紧急标志（URG）用于表示该数据序列包含了紧急数据，并且负责激活紧急数据指针字段；应答标志（ACK）用于表示该消息是对以前发送数据的确认，并且激活确认号字段；推送标志（PSH）用于命令接收端系统将当前数据序列中的所有数据全部推送到端口号标识的应用程序，并等待其余数据；重置连接标志（RST）用于命令接收端系统删除迄今为止已经发送的数据序列中的所有数据报，并且释放 TCP 连接；同步序列号标志（SYN）用于在建立连接的过程中对源系统与目的系统中的序列号进行同步；完成发送数据标志（FIN）用于向另一个系统表示，数据传输已经完成，连接将被终止。

窗口：16 位的窗口字段设定系统能够从发送方接收的字节数量，实现 TCP 数据段大小的控制。

校验和：TCP 头包括 16 位的检验和字段，它用来确定数据段在网络传输过程中是否损坏。源主机基于数据内容计算一个数值。目的主机进行相同的计算。如果收到的内容没有被改变过，两个计算结果应该完全一样，从而证明了数据的有效性。

紧急指针：该字段是 16 位的指针，指向段内最后一字节的位置，这个字段只在设置了 URG 标志时才有效。如果没有设置 URG 标志，紧急字段作为填充字段。在源与目的主机之间网络中的设备要加快速度处理标识为紧急的数据段。

可选项：该字段长度可变，它包含用于 TCP 连接的辅助配置参数。选项有：最大数据段长度，用于设定当前系统能够从连接系统接收的最大数据段长度；窗口伸缩因子，用于将窗口大小字段的值从 2 字节增加为 4 字节；时间戳，用于携带接收端系统在其确认消息中返回的数据报中的时间戳，使发送方能够计算出往返所需的时间。

2. TCP 数据传输

TCP 数据传输有 3 个阶段，即连接建立、数据传送和连接释放，TCP 连接在两个方向上建立起来后，就可以进行数据传输了，TCP 连接建立需要进行"三次握手"，如图 3-6 所示。

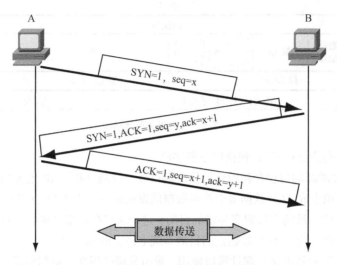

A   B

$SYN=1,\ seq=x$

$SYN=1,ACK=1,seq=y,ack=x+1$

$ACK=1,seq=x+1,ack=y+1$

数据传送

图 3-6　TCP 连接的建立

TCP 是面向连接的协议，它的工作方式是：数据的发送方发出一个数据报，等待接收方确认；收到确认后，再发送下一个数据报。如果在规定的时间内发送方没有得到接收方对某个数据报的确认，发送方会重新传送该数据报。这种确认机制保证 TCP 的数据传输是可靠的。

除此之外，TCP 通过提供滑动窗口管理机制，在确保数据传输可靠性的同时，充分利用网络宽带，提高数据传输效率和网络的利用率。滑动窗口提供一种动态的传输机制，允许一次连续传输若干数据报而不必——等待确认，但对连续发送数据报的数量进行限制。滑动窗口的大小表明了接收方接收缓冲区的大小，使得发送方一次可以发送若干数据报，正好填满接收方的接收缓冲区，发送的若干数据报不必——等待确认。

滑动窗口主要负责对流量进行控制，它实际上使接收方可以将它有多少缓存空间可供使用的情况通知发送方。另外，由于互联网自身的复杂性，经常会发生负载超过处理能力的情况，这时便会产生拥塞现象。TCP 在建立连接时很希望避免拥塞出现，以保证数据的正常传输。虽然双方可以通过协商一个适合双方的窗口大小来避免接收方的缓冲区由于溢出所造成的超时，但这样不能防止互联网内部的拥塞所产生的不良后果。因此，发送方非常希望既能在保持和接收方缓冲区一致性的同时，又能够处理来自网络的拥塞问题。这不仅需要滑动窗口机制，而且需要另一种窗口机制——拥塞窗口来协调解决。所有的发送方都维持这两个窗口，这两个窗口都指明了发送方可以发送的字节数，但发送方会选择两者当中较小的一个作为最终发送数据报大小的依据，这样，发送数据的主动权落在了发送方手里，非常有利于对拥塞的控制。如果接收方通知发送方自己可以接收 16 KB 的数据，但发送方通过拥塞窗口得知：发送大于 8 KB 的数据就会产生拥塞，那么发送方就会发送最大为 8 KB 的数据；如果接收方通知发送方自己可以接收 16 KB 的数据，而且发送方通过拥塞窗口得知：发送 32 KB 的数据不会发生拥塞，那么发送方就会发送 16 KB 的数据。

3.5.3　用户数据报协议 UDP

用户数据报协议（User Datagram Protocol，UDP）采用无连接方式进行数据通信。UDP 保留应用程序定义的报文边界，它从不把两个应用报文组合在一起，也不把单个应用报文划分成几个部分。也就是说，当应用程序把一块数据交给 UDP 发送时，这块数据将作为独立的单元到达对方的应用程序。例如，如果应用程序把 5 个报文交给本地 UDP 端口发送，那么接收方的应用程序就需要从接收方的 UDP 端口读 5 次数据，而且接收方收到的每个报文的大小都和发出的报文大小一致。UDP 报文首部结构如图 3-7 所示。

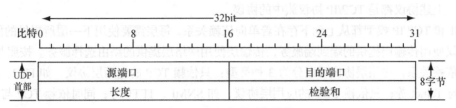

图 3-7　UDP 报文首部结构

源端口：16 位的源端口是源计算机上的连接号。源端口和源 IP 地址作为报文的返回地址使用。

目的端口号：16 位的目的主机端口是目的主机上的连接号。目的端口号用于把到达目的主机的报文转发到正确的应用程序。

长度：16 位的信息长度字段，表示数据报的大小。

校验和：校验和是一个 16 位的错误检查字段，基于报文的内容计算得到。目的主机采用和源主机上相同的计算方法。两个计算值不同表明报文在传输过程中出现了错误。

UDP 被设计成一个有效的传输协议。这一点直接反映在其头结构中只包含用于转发数据报至合适应用的必要信息，并且执行一定的错误检查。在使用 UDP 进行网络传输的过程中，UDP 只负责数据传输。首先，UDP 只负责将数据发出，不保证数据一定到达目的，如果传输过程中出现故障，UDP 不负责重传数据，数据是否重传将由应用程序控制；其次，当数据正确到达后，UDP 的接收方不负责发送"数据已到达"的确认信息。确认信息将由接收方的应用程序负责。UDP 计时机制、流控或拥塞管理机制、应答、紧急数据的加速传输，或其他任何功能。UDP 尽最大努力去传送数据报。UDP 是一种不可靠的无连接协议，它主要用于不要求分组顺序到达的传输中，分组传输顺序检查与排序由应用层完成。UDP 虽然实现了快速的请求与响应，但不具备纠错和数据重发功能。由于某种原因传输失败，数据报被丢弃并且不试图重传。当被转移的数据量很小、不想建立一个 TCP 连接，或者上层协议提供可靠传输时，采用 UDP 比较合适。

虽然 UDP 不能提供可靠的数据传输，但在一些特定环境下还是有优势的，如要发送的信息较短，不值得在主机之间建立一次连接时。另外，面向连接的通信通常只能在两个主机之间进行，若要实现多个主机之间的一对多或者多对多的数据传输，即广播或多播，就需要使用 UDP。由于 UDP 是面向无连接服务的协议，因而具有资源消耗小、处理速度快的优点，所以通常在传输音主页、视频时使用 UDP 较多，因为它们即使偶尔丢失一两个数据包也不会对接收结果产生太大的影响。

3.6　应用层协议

应用层是网络参考模型中的重要层次，Internet 在应用层提供多种网络服务。从网络体系结构的角度来看，网络的本质是通过分布在不同地理位置的主机实现应用层提供的各种网络服务。无论是在 OSI 还是 TCP/IP 参考模型中，应用层都是其中的最高层。应用层是网络体系结构中与用户密切相关的部分，具体功能由各种网络服务对应的协议提供。

应用层提供各种类型的网络服务，如 WWW 服务、文件传输、电子邮件与远程登录等。随着 P2P 与流媒体等新兴技术的不断出现，应用层提供的服务类型越来越多样化。每种网络服务都有各自的应用层协议，有些服务类型可能会采用多种协议来协同工作。例如，WWW 服务的相关协议是 HTTP，电子邮件的相关协议包括 SMTP 与 POP 等，文件传输的相关协议可以是 FTP 或 TFTP。实际上，上述协议都是 TCP/IP 协议族中的协议。

OSI 和 TCP/IP 模型都从上到下存在着单向依赖关系，每层需要使用下一层所提供的服务。应用层协议使用传输层提供的端到端服务，传输层使用网络层提供的路由选择服务。按照与传输层服务的依赖关系，应用层协议可以分为 3 种类型：只依赖 TCP 的应用层协议，如 FTP、HTTP、SMTP 与 Telnet 等；只依赖 UDP 的应用层协议，如 SNMP、TFTP 等；同时依赖 TCP 与 UDP 的应用层协议，如 DNS。

3.6.1 域名解析协议 DNS

Internet 中由于采用了统一的 IP 地址，网络上任意两台主机的应用程序都可以很方便地使用 IP 地址进行通信。但 IP 地址是一个 32 比特的二进制数，即便使用 4 个十进制数表示，对于一般用户来说，要记住用数字表示的 IP 地址是十分困难的。为了向一般用户提供一种直观、明了的主机识别符，TCP/IP 专门设计了一种字符型的主机命名机制，也就是给每台主机一个由字符串组成的名字，这种主机命名相对于 IP 地址来说是一种更为高级的地址形式，这就是域名和域名系统。

在局域网中，人们也常为特定的主机命名，主机名就是具有一定意义的字母和数字组成的字符序列，以便于人们记忆。例如，在 Windows 中就用 hosts 文件来记录主机名和 IP 地址的映射关系，UNIX 系统中也有这样的 hosts 文件。但对于 Internet，如此简单的命名显然就不能实现了。一方面一个简单的字符序列很难保证全球的唯一性；另一方面，这种集中管理的方式也很难适应 Internet 主机不断增加和变化的要求。鉴于此，TCP/IP 开发了一种层次型命名协议，这就是域名系统 DNS，用于实现域名和主机 IP 地址的映射。

1. 域名结构

域名结构类似于树型的层次结构，域名系统中的域可进一步划分子域，如图 3-8 所示。

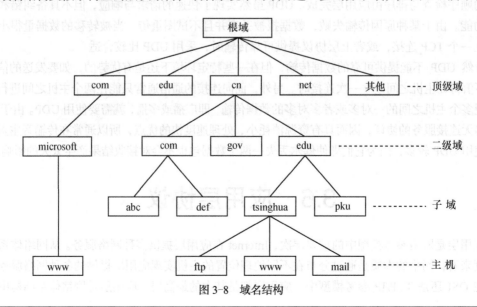

图 3-8 域名结构

根域之下是顶级域名，顶级域名一般分为两类：组织上的（如 com 代表商业组织、edu 代表教育机构、gov 代表政府部门等）和地理上的（如 cn 代表中国、hk 代表中国香港、uk 代表英国等），顶级域名下面依次为二级域、三级域。每一级都有相应的管理机构，被授权管理下一级子域的域名，顶级域名由 Internet 中心管理机构管理，每一级负责其管理域名的唯一性，这样就保证了所有域名的唯一性。DNS 还规定了这种层次域名的语法结构，即一个完整域名是各级域名按由低级到高级从左至右依次排列，中间用圆点隔开，每一级域名由字母、数字和连字符组成，长度不超过 63 个字符，而且不区分大小写，整个地址的长度不超过 255 个字符，通常其格式如下。

主机名.机构名.网络名.顶层域名

当用户使用 IP 地址时，可直接与对应的主机联系；而使用域名时，则必须先将域名送往域名服务器，通过服务器上的域名和 IP 地址对照表翻译得到 IP 地址，再使用该 IP 地址与主机联系。域名与 IP 地址之间没有固定的对应关系，有些 IP 地址没有对应域名，另一些 IP 地址可以对应多个域名。一台主机从一个地方移到另一个地方，属于不同的网络时，其 IP 地址必须更换，但可以保留原来的域名。

2. 域名解析

用人们熟悉的自然语言标识一台主机的域名，自然要比用数字型的 IP 地址更容易记忆。但主机域名不能直接用于 TCP/IP 的路由选择中。当用户使用主机域名进行通信时，必须先将其映射成 IP 地址。这种将主机域名映射为对应 IP 地址的过程称为域名解析。

域名系统由解析器和域名服务器组成。在域名系统中，解析器为客户方，通常嵌套在其他应用程序中，负责查询域名服务器、解释从域名服务器返回的应答以及把信息传送给应用程序等。域名解析则依靠一系列的域名服务器完成。域名服务器将部分区域的主机域名到 IP 地址的映射信息存放在资源记录中。这些域名服务器构造了域名系统（DNS），域名系统实际上是一个庞大的分布式数据库系统。

当客户端提出域名查询请求时，域名服务器首先检索自己的记录，以查看是否能够自行解析域名。如果服务器不能通过自身存储的记录解析域名，则连接其他服务器对该域名进行解析。该解析请求将会发送到很多服务器，因此需要耗费额外的时间，而且耗费宽带。当检索到匹配信息时，当前服务器将该信息返回至源请求服务器，并将匹配域名的 IP 地址临时保存在缓存中。因此，当再次请求解析相同的域名时，第一台服务器就可以直接调用域名缓存中的地址。通过缓存机制，不但降低了 DNS 查询数据网络的流量，也减少了上层服务器工作的负载。在安装了 Windows 系统的个人计算机中，DNS 客户端服务可以预先在内存中存储已解析的域名，从而优化 DNS 域名解析性能。

每一个域名服务器的本地数据库存储一部分主机域名到 IP 地址的映射，同时保存到其他域名服务器的链接；最高层域名服务器是一个根域名服务器，它通常用来管理到各顶级服务器的链接。一般小型网络可以将它管辖下所有主机域名到 IP 地址的映射放在一个域名服务器上，大型网络则可以采用几个域名服务器来进行域名管理。

DNS 域名服务采用的是客户机/服务器工作模式，客户端发送 DNS 请求给指定的域名服务器，域名服务器接收到 DNS 请求后，首先查找本地的数据库，如果找到就向客户主机回应查找结果。如果待查域名不属于该域名服务器的管辖范围，如管辖域名为 edu.cn 的服务器收到 net.cn 后缀域名的查找，当前域名服务器不能解析域名，这时有两种处理方式：递归解析方式和迭代解析方式，分别如图 3-9 和图 3-10 所示。

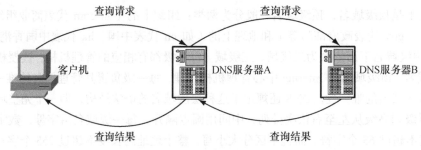

图 3-9　递归域名解析过程

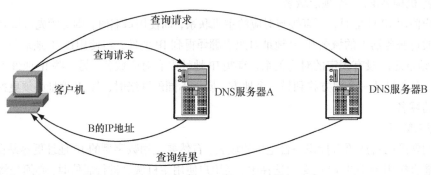

图 3-10　迭代域名解析过程

递归解析方式：当 DNS 客户端发出主机域名查询请求后，如果 DNS 服务器内没有所需的数据，则 DNS 服务器会替客户端查询相关的 DNS 服务器，直到查找到需要的 IP 地址，最后沿路返回给客户主机。具体过程可以沿着域名树向上搜索到根服务器，再由根服务器向下搜索到所需的映射信息，最后沿路返回给客户主机。

迭代解析方式，当 DNS 客户端发出主机域名查询请求后，如果 DNS 内没有所需的数据，就返回下一个 DNS 服务器的地址；客户端再向下一个 DNS 服务器发出查询请求，以此类推，直至找到能解析该域名的 DNS 服务器，完成域名解析。在这种方式下，客户可能需要多次与不同域名服务器联系才能查询到 IP 地址。

3.6.2　动态主机配置协议 DHCP

对于 TCP/IP 网络来说，要将一台主机接入互联网中，必须配置与其他主机或设备通信所需要的 IP 地址。网络管理员在管理十几台主机的局域网时，配置主机 IP 地址任务通过手工方式完成是可行的。但是，如果管理的局域网接入主机的数量达到几百台，并且经常有主机接入和移动时，通过手工方式完成主机配置的效率将会很低且容易出错。因此，对于大规模网络，用手工方式配置主机 IP 地址不可行，动态主机配置协议（Dynamic Host Configuration Protocol，DHCP）可以实现对主机 IP 地址进行自动分配。

1. DHCP 的概念

DHCP 提供了一种机制,允许一台计算机加入新的网络和获取 IP 地址而不用手工参与。DHCP 也可以给计算机指派一个永久地址，当这台计算机重新启动时其地址不变。DHCP 采用客户机/服务器的工作方式。当一台计算机启动时就广播一个 DHCP 请求报文，DHCP 服务器收到请求报文后返回一个 DHCP 应答报文。DHCP 服务器先在其数据库中查找该计算机的配置信息。若找到，则返回找到的信息；否则从服务器的地址库中取一个地址分配给该计算机。个人计算机拨号上网连通后得到的 IP 地址就是由 DHCP 分配的。

DHCP 可以为主机自动分配 IP 地址及其他一些重要的参数。DHCP 不但运行效率高，减轻了网络管理员的工作负担，更重要的是它能够支持远程主机、移动设备、无盘工作站和地址共享的配置任务。

2. DHCP 服务器的基本内容

DHCP 基于客户/服务器模式工作。DHCP 服务器是为客户主机提供动态主机配置服务的网络设备，其主要功能如下。

（1）地址存储与管理。

DHCP 服务器是所有客户主机 IP 地址的拥有者。服务器存储这些地址并管理它们的使用，记录哪些地址已经被使用，哪些地址仍然可用。

（2）配置参数存储和管理。

DHCP 服务器存储和维护其他的参数，在客户请求时发送给客户。这些参数是指定客户主机如何操作的主要配置数据。

（3）租用管理。

DHCP 服务器用租用的方式将 IP 地址动态地分配给客户主机一段租用时间，即租用期（Lease Period）。DHCP 服务器维护租用给客户主机的 IP 地址信息，以及租用期限。

（4）客户主机请求响应。

DHCP 服务器响应客户主机发送的请求分配地址、传送配置参数，以及租用的更新与终止等各类型的请求。

（5）服务管理。

DHCP 服务器允许管理员查看、改变和分析有关地址、租用、参数等与 DHCP 服务器运行相关的信息。

DHCP 客户端主机的主要功能如下。

（1）发起配置过程。

DHCP 客户端主机可以随时向 DHCP 服务器发起获取 IP 地址与配置参数的交互过程。

（2）配置参数过程。

DHCP 客户端主机可以从 DHCP 服务器获取全部或部分参数，并维护与自身配置相关的参数。

（3）租用管理。

在动态分配 IP 地址时，DHCP 客户端主机要了解自身地址租用的状态，负责在适当的时候更新租用，在更新无法进行时重新获取新的 IP 地址，以及在不需要时提前终止租用。

（4）报文重传。

由于 DHCP 采用不可靠的 UDP，因此 DHCP 客户端主机要负责检测 UDP 报文是否丢失，以及丢失之后的重传。

通过 DHCP 服务，网络中的设备可以从 DHCP 服务器中获取 IP 地址、子网掩码以及其他网络参数，如网关、DNS 服务服务器地址等。

3.6.3 超文本传输协议 HTTP

无论是用户通过浏览器向服务器请求网页，还是服务器响应用户请求向用户发送网页，都需要遵循一定的规程或协议，而超文本传输协议（Hypertext Transfer Protocol，HTTP）就是用来在 Internet 上传输超文本的通信协议。

万维网（World Wide Web，WWW）是一个在 Internet 上运行的全球性的分布式信息系统。WWW 是目前 Internet 上最方便，也是最受用户欢迎的信息服务系统。WWW 通过 Internet 向用户提供基于超文本的信息服务。它把各种类型的信息（文本、图像、声音和视频）有机地集成起来，供用户浏览和查阅。HTTP 是万维网的应用层协议，也是万维网的核心。HTTP 通过两个程序实现：客户程序（一般称为浏览器）和服务器程序（通常称为 Web 服务器）。这两个程序通常运行在不同的主机上，通过交换 HTTP 报文来完成网页的请求和响应。

超文本标记语言（Hypertext Markup Language，HTML）是一种用来定义信息表现方式的格式，它告诉 WWW 浏览器如何显示文字和图形、图像等各种信息以及如何进行链接等。一份文件如果想通过 WWW 浏览器显示，就必须符合 HTML 标准。HTML 是 WWW 世界的共同语言，用于定义格式化的文本、色彩、图像与超文本链接等，主要用于 WWW 页面的创建与制作。由于 HTML 编写制作的简易性，它对促使 WWW 的迅速发展起到了重要的作用。

统一资源定位器（Uniform Resource Locator，URL）是专为标识 Internet 上的资源位置而设立的一种编址方式，它可以帮助用户在 Internet 的信息海洋中获取所需要的资料。Internet 上的每一个文档都有一个用 URL 来标识的地址。URL 的标准格式如下。

通信协议：//主机：端口号/路径/文件名

通信协议：指提供该文件的服务器所使用的通信协议，如 FTP（文件传输协议）、Telnet（远程登录协议）、HTTP（超文本传输协议）等。

主机：指上述服务器所在主机的 IP 地址或域名。

端口号：所使用的端口号。

路径：指该文件在上述主机上的路径。

文件名：指文件的名称。

例如，http://www.bigc.edu.cn/xxjj/xxgk/index.htm。

网页（Web page）是由若干对象组成的。而一个对象实际上就是一个文件，如 HTML 文件、JPEG 文件、GIF 文件、Java 应用程序、音乐片段等。所有这些都可以通过单一的 URL 访问。大部分网页由一个基本 HTML 文件和一些相关的对象组成。网页通过各个对象的 URL 对其进行引用。

HTTP 的任务分别由浏览器（常用的浏览器包括 Internet Explorer、Netscape Communicator）和 Web 服务器（常用的 Web 服务器有 Apache、Microsoft IIS、Netscape Enterprise Server）协作完成。浏览器可以向 Web 服务器发送请求并显示接收到的网页。HTTP 的工作流程为：当用户在浏览器地址栏中输入一个 URL 或单击一个超链接时，浏览器就向服务器发出了 HTTP 请求，该请求被送往由 URL 指定的 Web 服务器。Web 服务器收到这个请求后，进行相关文档的检索并以 HTTP 规定的格式返回所要求的文件或其他相关信息，再由用户计算机上的浏览器负责解释和显示。

3.6.4 文件传输协议 FTP

所谓文件传输就是指在 Internet 中，用户直接将远程文件传输到本地系统，或将本地文件传输到远程系统。文件传输服务提供了任意两台计算机之间相互传输文件的机制，它是广大用户获得丰富的 Internet 资源的重要方法之一。无论两台与 Internet 连接的计算机在地理位置上相距多远，只要它们都支持文件传输协议（FTP），它们之间就可以随时相互传输文件。Internet 与 FTP 的结合使每个联网的计算机都拥有了一个容量巨大的备份文件库，这样做不仅可以节省实时联机的通信费用，而且可以方便地阅读和处理传输来的文件。

为了能够得到远程主机提供的 FTP 服务，用户首先需要提供远程主机名或 IP 地址，以便本地 FTP 的客户端程序能够同远程主机上的 FTP 服务器进程建立连接。然后提供用户名和密码，通过身份验证以后，即可在两个系统之间传输文件。

FTP 使用两个并行的 TCP 连接来传输文件，一个称为控制连接（Control Connection），另一称为数据连接（Data Connection）。将控制和数据传输分开可以使 FTP 的工作效率更高。控制连接用来在两台主机之间传输控制信息，如用户标识、密码、操作远程主机文件目录的命令、发送和取回文件的命令等。而数据连接则真正用来发送文件，用于数据的传输，完成文件内容的传送。

1. FTP 的主要功能

FTP 按照客户机/服务器模式工作。提供 FTP 服务的程序一是本地客户机上的 FTP 客户端程序，二是远程计算机上的 FTP 服务器程序。

客户端程序完成如下功能。

（1）接收用户从键盘输入的命令。

（2）分析命令并向服务器程序发送请求。

（3）接收并在本地屏幕上显示来自服务器程序的信息。

（4）根据命令发送或接收数据。

FTP 服务器程序完成如下功能。

（1）接收并执行客户端程序发送的命令。

（2）与客户端程序建立 TCP 连接。

（3）完成与客户端程序交换文件的功能。

（4）将执行状态信息返回给客户端程序。

FTP 传输文件时，客户机与服务器之间要建立两次 TCP 连接，即控制连接和数据连接。控制连接用于传送客户机与服务器间的命令和响应，数据连接用于客户机和服务器间的数据交换。当用户计算机与远程计算机建立连接后，就可以进行文件传输了。传输的实质是复制文件，然后上传到远程计算机，或者下载到本地计算机上，对源文件不会产生影响。FTP 还提供了对本地计算机和远程计算机的目录操作功能。可在本地计算机或远程计算机上建立或删除目录、改变当前工作目录以及打印目录和文件的列表等。FTP 也可以对文件进行重命名、删除、显示文件内容等操作。

FTP 的默认端口是 20（用于数据传输）和 21（用于命令传输）。当用户启动一次与远程主机的 FTP 会话时，FTP 客户机首先建立一个 TCP 连接到 FTP 服务器的 21 号端口，FTP 客户机通过该连接发送用户名和密码等，客户机还可以通过该连接发送命令以改变远程系统的当前工作目录。当用户要求传输文件时，FTP 服务器在其 20 号端上建立一个数据连接，FTP 在该连接上传输完毕一个文件后会立即断开该连接。如果在一次 FTP 会话过程中需要传输另一个文件，FTP 服务器会建立另一个连接。在整个 FTP 会话过程中，控制连接是始终保持的，而数据连接则会随着文件的传输不断打开和关闭。

2. 匿名 FTP 服务

当一台本地计算机要与远程 FTP 服务器建立连接时，出于安全性考虑，远程 FTP 服务器会要求客户端的用户出示一个合法的用户账号和口令，进行身份验证，只有合法的用户才能使用该服务器所提供的资源，否则拒绝访问。

实际上，Internet 上有很多的公共 FTP 服务器，也称为匿名 FTP 服务器，它们提供了匿名 FTP 服务。匿名 FTP 的实质是，提供服务的机构在它的 FTP 服务器上建立一个公共账户，并赋予该账户访问公共目录的权限。用户要登录到匿名 FTP 服务器，无须事先申请用户账号，可以使用 "anonymous" 作为用户名，并用自己的电子邮件地址作为用户密码，匿名 FTP 服务器便可以允许这些用户登录，并提供文件传输服务，如北京大学的 FTP 服务器（ftp://ftp.pku.edu.cn）就提供匿名服务。

3.6.5 远程登录协议

远程登录是 Internet 最早提供的基本服务之一。Internet 中的远程登录是指用户使用 Telnet 命令，使自己的计算机暂时成为远程计算机的一个仿真终端的过程。一旦用户成功地实现了远程登录，其使用的计算机就可以像一台与对方计算机直接连接的本地终端一样进行工作。

远程登录允许任意类型的计算机之间进行通信。远程登录之所以能够提供这种功能，主要是因为所有的运行操作都是在远程计算机上完成的，用户的计算机仅仅是作为一台仿真终端向远程计算机传送信息和显示结果。

Internet 的远程登录服务的主要作用如下。

（1）允许用户与远程计算机上的程序进行交互。

（2）当用户登录到远程计算机时，可以执行远程计算机的任意应用程序，并且能够屏蔽不同型号计算机之间的差别。

（3）用户可以利用个人计算机完成许多只有大型计算机才能完成的任务。

1. Telnet 工作原理

TCP/IP 中有两个远程登录协议：Telnet 协议和 rlogin 协议。

系统的差异性是指不同厂家生产的计算机在硬件或软件方面的不同。系统的差异性给计算机系统的互操作带来了很大的困难。Telnet 协议的主要优点之一是，能够解决多种不同计算机系统之间的互操作问题。

不同计算机系统的差异性首先表现在不同系统对终端键盘输入命令的解释上。例如，有的系统的行结束标志是 return 或 enter，有的系统使用 ASCII 码字符 CR，有的系统使用换行 LF。为了适应这种差异，Telnet 定义了数据和命令应怎样通过 Internet 传输，这些定义就构成了网络虚拟终端（Network Virtual Terminal，NVT）。客户端软件将用户的命令转换成 NVT 格式并送交服务器。服务器软件将所收到的数据和命令从 NVT 格式转换为服务器端主机所需要的格式。服务器向用户返回数据时，将驻留主机格式转换为 NVT 格式，本地客户端从 NVT 格式转换到主机所需要的格式。

NVT 的格式定义很简单。所有的通信都使用 8 位的字节。在 Telnet 程序运行时，NVT 使用 7 位 ASCII 码传送数据，而当高位置 1 时，该字节用做控制命令。ASCII 码共有 95 个可打印字符（如字母、数字、标点符号）和 33 个控制字符，所有可打印字符在 NVT 中的含义和在 ASCII 码中完全一样。但 ASCII 码的控制字符 NVT 则只使用了其中的几个，如 NUL、BEL、BS、HT、IF、VT、FF、CR 等。此外，NVT 还定义了 2 个字符的 CR-LF 作为标准的行结束控制符。当用户单击 Enter 或 Return 键时，Telnet 客户端就将其转换为 CR-LF 后再进行传输，而 Telnet 服务器要将 CR-LF 转换为所驻留主机的行结束符。

2. Telnet 的使用

使用 Telnet 的条件一是用户计算机支持 Telnet 命令，二是在远程计算机上有用户账户，包括用户名和用户密码或远程计算机提供公开的用户账户，供没有账户的用户使用。

用户在使用 Telnet 命令进行远程登录时，首先应在 Telnet 命令中给出对方计算机的主机名或

IP 地址，然后根据对方系统的询问，正确输入自己的用户名和用户密码。有时还要根据对方的要求，回答自己所使用的仿真终端类型。

Internet 有很多信息服务机构提供开放式的远程登录服务，如清华大学水木清华站（telnet://bbs.tsinghua.edu.cn）、北京大学未名站 BBS（telnet://bbs.pku.edu.cn）等，登录到些计算机时，不需要事先设置用户账户，使用公开的用户名就可以进入系统。这样，用户就可以使用 Telnet 命令，使自己的计算机暂时成为远程计算机的一个仿真终端。一旦用户成功地实现远程登录，用户就可以像远程主机的本地终端那样工作，使用远程主机对外开放的全部资源，如硬件、程序、操作系统、应用软件及信息资源。Telnet 也经常用于公共服务或商业目的。用户可以使用 Telnet，远程检索大型数据库、公众图书馆的信息资源库或其他信息。

3.7　网络层测试

3.7.1　ipconfig 命令

当使用 ipconfig 命令不带任何参数选项时，显示每个网络接口的 IP 地址、子网掩码和默认网关。

ipconfig/all：当使用 all 选项时，ipconfig 命令能显示更为详细的网络接口配置信息，如 DNS 和 WINS 服务器地址、内置于本地网卡中的物理地址。如果 IP 地址是从 DHCP 服务器租用的，ipconfig 命令将显示 DHCP 服务器的 IP 地址和租用地址预计失效的日期。

ipconfig/release 和 ipconfig/renew：只能在向 DHCP 服务器租用其 IP 地址的计算机上起作用。如果输入 ipconfig/release，那么所有接口的租用 IP 地址便重新交付给 DHCP 服务器。如果输入 ipconfig/renew，那么本地计算机便设法与 DHCP 服务器取得联系，并租用一个 IP 地址，大多数情况下网卡将被重新赋予和以前所赋予的相同的 IP 地址。

3.7.2　ping 127.0.0.1：测试本地协议

ping 是用于测试主机之间的 IP 连通性的实用程序。ping 发出要求目的主机做出响应的请求。ping 使用的数据报称为 ICMP 回应请求。

127.0.0.1 是回送地址，指本地机，一般用来测试。回送地址（127.x.x.x）是本机回送地址（Loopback Address），主要用于网络软件测试以及本地机进程间通信，无论什么程序，一旦使用回送地址发送数据，协议软件立即将其返回，不进行任何网络传输。

在 IP 地址的规定中，网络号为 1 ~ 126 为 A 类地址，网络号为 128 ~ 191 为 B 类地址，中间的 127.0.0.1 被称为本地回送地址，主要作用有两个：一是测试本机的网络配置，能 ping 通 127.0.0.1 说明本机的网卡和 IP 安装都没有问题；另一个作用是某些 Server/Client 的应用程序在运行时需调用服务器上的资源，一般要指定 SERVER 的 IP 地址，但当该程序要在同一台机器上运行而没有其他 Server 时就可以把 SERVER 的资源装在本机，Server 的 IP 地址设为 127.0.0.1 也同样可以运行。

若指定地址的主机收到回应请求，便会以 ICMP 应答数据报做出响应。对于发送的每个数据包，ping 都要计算应答所需的时间。每次收到响应时，ping 都会显示从发送 ping 至收到响应所经历的时间，这是衡量网络性能的一种指标。ping 对响应规定了超时时间，如果在超时时间内没有收到响应，ping 会放弃尝试并显示一则消息，指出未收到响应。发送完所有请求后，ping 会输出响应摘要，此输出包括成功率以及到目的主机的平均往返时间。

3.7.3 ping 网关：测试到本地网络的连通性

使用 ping 测试主机能否在本地网络中通信，通常通过 ping 主机网关的 IP 地址进行测试。如果 ping 通该网关，则表示主机和充当该网关的接口在本地网络中均运行正常。

作为网关的网络设备一般情况下始终都能正常运行。如果网关地址没有响应，可以尝试使用确信在本地网络中运行正常的其他主机的 IP 地址。如果主机 IP 地址为 10.0.0.1，网关 IP 地址为 10.0.0.254，主机通过 ping 10.0.0.254 测试与网关的连通性，如果网关响应，则主机可以通过本地网络成功通信。如果网关没有响应但其他主机有响应，如 10.0.0.2 响应了 ping 请求，则可能是网关的服务出现了问题，也可能是网关完全正常，但对其采取了阻止其处理或响应 ping 请求的安全限制。

3.7.4 ping 远程主机：测试到远程网络的连通性

使用 ping 还可以测试本地 IP 主机能否与远程网络通信。本地主机可以 ping 远程网络中运行正常的主机。如果 ping 成功，就表明本地主机能在本地网络中通信，本地网关正常，而且在本地网络和远程主机所在网络之间沿途可能经过的所有其他网络设备（一般为路由器）也运行正常。

这种方法也校验了远程主机配置了正确的网关。因为，如果远程主机出于任何原因无法使用本地网络与外部网络通信，它就不会做出响应。

请注意，许多网络管理员会限制或禁止 ICMP 数据报进入企业网络，因此，没有收到 ping 响应可能是安全限制造成的而并非出于网络无法正常运行。

3.7.5 traceroute（tracert）命令：测试路径

ping 用于测试两台主机之间的连通性。traceroute（tracert）则可以用于测试这些主机之间的路径。traceroute 会生成路径沿途成功到达的每一跳的列表。此列表可以提供重要的验证和故障排除信息。如果数据到达目的主机，traceroute 就会列出路径中每台路由器上的接口。如果数据无法到达沿途的某一跳，则会提供对 traceroute 做出响应的最后一台路由器的地址。这样就指出了存在问题或安全限制的位置。

1．往返时间

traceroute 可提供路径沿途每一跳的往返时间（Round-Trip Time，RTT）并指示是否某一跳未响应。往返时间是数据包到达目的主机以及从该主机返回响应所花费的时间。星号（*）用于表示丢失的数据包。

此信息可用于确定路径中存在问题的路由器。如果特定的某一跳响应时间长或数据丢失数量高，则表示该路由器的资源或其连接可能压力过大。

2．生存时间

traceroute 使用第 3 层报头中生存时间（Time to Live，TTL）字段和 ICMP 超时消息。TTL 字段用于限制数据包可以经过的跳数。数据包每经过一台路由器，TTL 字段便会减 1。当 TTL 变为 0 时，路由器将不再转发该数据包而将其丢弃，并且路由器通常还会向发送主机发送一个 ICMP 超时消息，此 ICMP 消息包含做出响应的路由器的 IP 地址。

从 traceroute 发送的第一个消息系列的 TTL 字段值为 1，导致数据包在第一台路由器处超时，路由器用 ICMP 消息做出响应。因此，traceroute 知道了第一跳的地址。随后，traceroute 逐渐增加每个消息系列的 TTL 字段值（2、3、4...）。这可为 traceroute 提供数据包在该路径沿途再次超时所经过的每一跳的地址。TTL 字段的值将不断增加，直至到达目的主机或增至预定义的最大值。到达最终目的主机后，该主机将不再以 ICMP 超时消息做出应答，而会代之以 ICMP 端口无法到达消息或 ICMP 应答消息。

3.8　本章小结

计算机网络是一个非常复杂的系统，尤其是异构计算机系统之间的相关通信，是网络体系结构要解决的问题。国际标准化组织提出了 OSI 开放系统模型，将计算机网络分成 7 个层次，分别为物理层、数据链路层、网络层、传输层、会话层、表示层、应用层。TCP/IP 体系结构将计算机网络划分为网络接口层、网际层、传输层和应用层 4 层。

TCP/IP 参考模型目前是工业界的事实标准，TCP/IP 协议族中，工作在网络层的协议主要有 IP、ICMP、ARP 和 RARP，工作在传输层的协议主要是 TCP 和 UDP。IP 的主要作用是用逻辑地址（IP 地址）标识网络节点的位置，以及向数据封装中添加信息以表明数据的原始发送者和最终接收者。TCP 提供面向连接的可靠数据传输服务，UDP 提供无连接的不可靠数据传输服务。应用层协议为用户提供了许多应用程序的接口和多种多样的服务，如域名解析协议 DNS、动态主机配置协议 DHCP、超文本传输协议 HTTP 及文件传输协议 FTP 等。

验证两台主机之间的连通性可以使用 ping 命令，要观察主机之间的路径可以使用 traceroute（tracert）命令。

3.9　实　　验

3.9.1　常用网络测试命令的应用

1．实验目的
熟悉常用网络测试命令的语法及其功能。

2．实验环境
（1）一台安装 Windows 操作系统的计算机。
（2）计算机具有一块以太网卡，通过双绞线与局域网相连。

3．实验内容
（1）通过查看计算机 TCP/IP 配置情况，理解计算机网络配置。
（2）运行常用网络测试命令，学习网络故障排除的方法，对运行结果进行分析。

4．实验步骤
（1）单击"开始"→"控制面板"，双击"网络连接→本地连接"，再单击"属性"按钮，选择 TCP/IP 协议，选择"属性"，为计算机配置 IP 地址、子网掩码、网关和 DNS 等网络参数。
（2）单击"开始"→"运行"，输入"cmd"命令，单击"确定"按钮，进入命令行状态。
（3）分别使用 ipconfig 命令和 ipconfig/all 命令查看主机的网络配置。
（4）ping 127.0.0.1 检查本台计算机 TCP/IP 的安装。
（5）ping 本台计算机的 IP 地址。

（6）ping 网关的 IP 地址。

（7）ping 外部网络地址：ping www.163.com。

（8）ping 1 000 字节数据包：ping –l 1000 www.163.com。

（9）对目标主机连续 ping 10 次：ping –n 10 www.163.com。

（10）对目标主机连续 ping，直到使用 Ctrl–C 结束。

（11）使用 tracert 命令跟踪目标主机路由：tracert –d www.163.com。

（12）使用 netstat 命令检查本台计算机当前的网络连接：netstat –an。

（13）使用 arp 命令查看 arp 高速缓存：arp –a。

3.9.2　DNS 服务器的建立和管理

1．实验目的

（1）理解 DNS 的解析过程。

（2）掌握基于 Windows 系统建立 DNS 服务器。

（3）掌握 DNS 服务器配置中主要参数及其作用。

2．实验环境

（1）一台安装 Windows Server 操作系统的计算机。

（2）计算机已经建立网络连接。

（3）采用 TCP/IP 进行通信。

（4）DNS 服务器的 IP 地址采用本机 IP 地址。

3．实验内容

（1）DNS 服务器的安装。

（2）DNS 服务器的设置。

（3）验证 DNS 服务器配置。

4．实验步骤

（1）启动添加/删除程序，出现"添加/删除程序"窗口。

（2）单击"添加/删除 Windows 组件"，出现"Windows 组件向导"，单击"下一步"按钮，出现"Windows 组件"对话框，从列表中选择"网络服务"。

（3）单击"详细内容"，从列表中选取"域名服务系统（DNS）"，单击"确定"按钮，如图 3-11 所示。

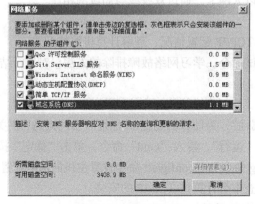

图 3-11　DNS 的安装

（4）单击"下一步"按钮，并输入 Windows Server 安装源文件的路径，单击"确定"按钮，开始安装 DNS 服务。

（5）单击"完成"按钮，返回"添加/删除程序"窗口，单击"关闭"按钮。

（6）关闭"添加/删除程序"窗口。安装完毕后在管理工具中多了一个"DNS"控制台。

（7）选择"开始→程序→管理工具→DNS"，打开 DNS 控制台，如图 3-12 所示。

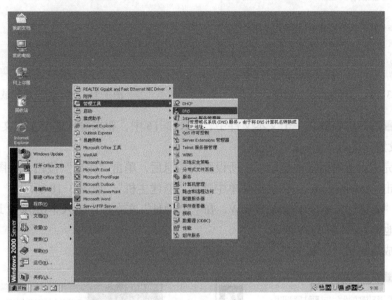

图 3-12　启动 DNS

（8）在 DNS 控制台的左侧窗体中选择"正向搜索区域"，单击鼠标右键，选择"新建区域"，启动"创建新区域"向导，如图 3-13 所示。

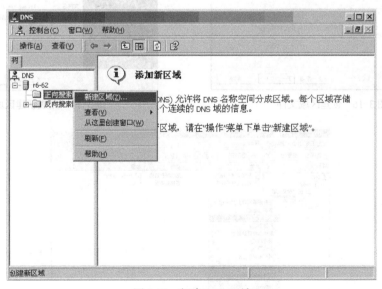

图 3-13　新建 DNS 区域

（9）在"区域类型"对话框中选择"标准主要区域"，如图 3-14 所示。

（10）在"区域名"对话框中输入新区域的域名，如图 3-15 所示。

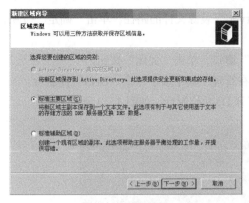

图 3-14　选择标准主要区域

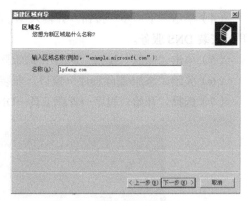

图 3-15　输入新区域的域名

（11）设置后的内容放在一个文本文件中，在图 3-16 中，要求输入这个文本文件的名字。这里保持默认设置，单击"下一步"按钮。

（12）在完成设置对话框中显示以上所设置的信息后，单击"完成"按钮，如图 3-17 所示。

（13）右击"lpfeng.com"，在快捷菜单中选取"新建主机"，如图 3-18 所示。

（14）在"名称"文本框中输入 WWW，在"IP 地址"文本框中输入本机的 IP 地址（即 DNS服务器的 IP 地址），如图 3-19 所示。

（15）完成后单击"添加主机"按钮，返回 DNS 主界面。

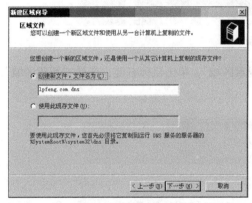

图 3-16　创建区域文件

图 3-17　完成新建区域

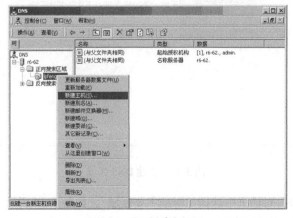

图 3-18　新建主机

图 3-19　指定 IP 地址

（16）验证 DNS 的配置。进入"Internet 协议（TCP/IP）属性"对话框，将首选 DNS 服务地址设置为本机地址，如图 3-20 所示。然后单击"开始→运行"，输入"cmd"命令，单击"确定"按钮，进入命令行状态。执行 ping www. lpfeng.com 命令，能 ping 通，如图 3-21 所示。

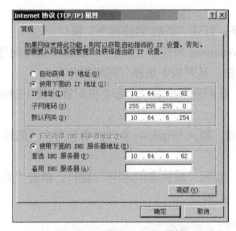

图 3-20　设置 TCP/IP 属性

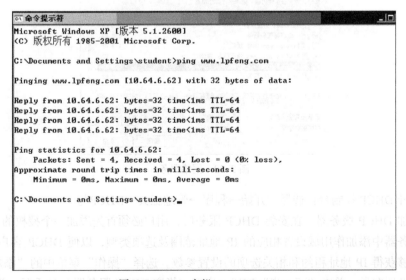

图 3-21　ping 主机 www.lpfeng.com

3.9.3 DHCP 服务器的建立和管理

1. 实验目的

（1）理解 DHCP 的工作原理。

（2）掌握基于 Windows 系统建立 DHCP 服务器。

（3）掌握 DHCP 服务器配置中的主要参数及其作用。

2. 实验环境

（1）两台计算机，其中一台安装 Windows Sever 操作系统，用于安装 DHCP。

（2）计算机已经建立网络连接。

（3）采用 TCP/IP 进行通信。

3. 实验内容

（1）DHCP 服务器的安装。

（2）DHCP 服务器的设置。

（3）验证 DHCP 服务器配置。

4. 实验步骤

（1）启动添加/删除程序，打开"添加/删除程序"窗口。

（2）单击"添加/删除 Windows 组件"，出现"Windows 组件向导"，单击"下一步"按钮，出现"Windows 组件"对话框，从列表中选择"网络服务"。

（3）单击"详细内容"，从列表中选取"动态主机配置协议（DHCP）"，单击"确定"按钮，如图 3-22 所示。

（4）单击"下一步"按钮，输入 Windows Server 安装源文件的路径，单击"确定"按钮，开始安装 DHCP 服务。

（5）单击"完成"按钮，返回"添加/删除程序"窗口，单击"关闭"按钮。安装完毕后在管理工具中多了一个"DHCP"控制台。

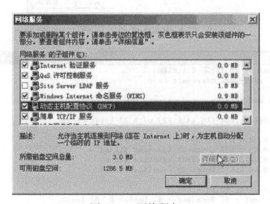

图 3-22　网络服务

（6）打开 DHCP 控制台：选择"开始→程序→管理工具→DHCP"。

（7）添加 DHCP 服务器。在安装 DHCP 服务后，用户必须首先添加一个授权的 DHCP 服务器，并在服务器中添加作用域设置相应的 IP 地址范围及选项类型，以便 DHCP 客户机在登录到网络时，能够获得 IP 地址租约和相关选项的设置参数。选择"操作"菜单中的"添加服务器"，启动添加服务器向导，单击"下一步"按钮，出现"指定 DHCP 服务器"对话框，单击"浏览"

按钮，出现"目录中授权的服务器"对话框，在此可为 DHCP 服务器添加授权，单击"添加"按钮，出现"授权 DHCP 服务器"对话框，如图 3-23 所示，设置将要建立的 DHCP 服务器的名称或 IP 地址。

（8）在"目录中授权的服务器"对话框中选择上一步添加的服务器，依次单击"管理→下一步→完成"。在"DHCP"管理控制台中出现刚才添加的服务器，如图 3-24 所示。

（9）在 DHCP 服务器中添加作用域：选中 DHCP 服务器名，在服务器名上单击鼠标右键，在出现的快捷菜单中选择"新建作用域"，出现"创建作用域向导"，输入本域的域名，单击"下一步"按钮，输入作用域将分配的地址及子网掩码，如图 3-25 所示。

图 3-23　授权 DHCP 服务器

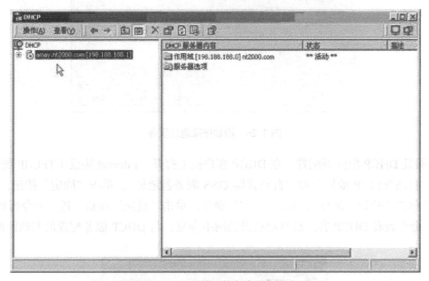

图 3-24　DHCP 管理控制台添加服务器

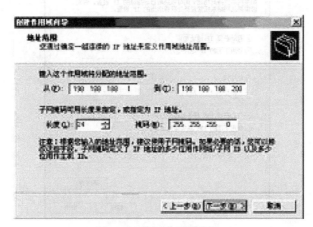

图 3-25　创建作用域向导

（10）单击"下一步"按钮，在"添加排除"对话框中输入需要排除的 IP 地址，如图 3-26 所示。单击"下一步"按钮，选择租约期限（默认为 8 天）。

（11）单击"下一步"按钮，选择配置 DHCP 选项，单击"下一步"按钮，输入默认网关 IP 地址，单击"下一步"按钮，输入域名称和 DNS 服务器的 IP 地址，单击"下一步"按钮，添加 WINS 服务器的地址，单击"下一步"按钮，选择激活作用域。

（12）在 DHCP 控制台中出现新添加的作用域，包含地址池，用于查看、管理现在的有效地址范围和排除范围；地址租约，用于查看、管理当前的地址租用情况；保留，用于添加、删除特定保留的 IP 地址；作用域选项，用于查看、管理当前作用域提供的选项类型及其设置值。

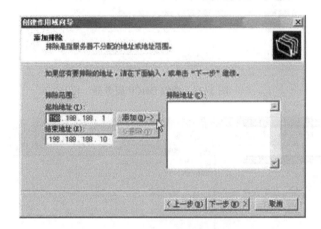

图 3-26　添加排除地址服务

（13）验证 DHCP 服务器配置。在 DHCP 客户机上打开"Internet 协议（TPC/IP 属性）"对话框，选择"自动获得 IP 地址"和"自动获得 DNS 服务器地址"，单击"确定"按钮，如图 3-27 所示。然后单击"开始→运行"，输入"cmd"命令，单击"确定"按钮，进入命令行状态。使用 ipconfig/all 命令查看 DHCP 客户机自动获得的网络参数，与 DHCP 服务配置的参数匹配。

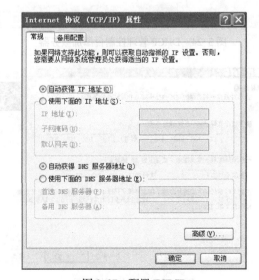

图 3-27　配置 TCP/IP

习 题

1. 计算机网络采用层次结构有什么好处？
2. 简述 OSI 七层模型结构，并说明各层的主要功能。
3. 简述 TCP/IP 体系结构，并说明各层的主要协议。
4. 简述 IP、ARP 和 RARP 的作用和特点。
5. TCP 和 UDP 的功能和特点是什么？
6. 什么是 IP 地址？IP 地址由哪几部分组成？
7. IP 地址有哪几类？它们是如何区分的？
8. 子网掩码的作用是什么？如何划分子网掩码？
9. 计算机网络应用层常用的协议有哪些？
10. 使用 ping 命令测试和检验主机的运行有哪 3 个测试？
11. traceroute（tracert）可以测试主机之间的路径利用了什么原理？

第4章
局域网

本章学习要点

➤ 局域网的基础知识

➤ 介质访问控制方式

➤ 高速局域网

➤ 无线局域网

4.1   局域网概述

局域网（Local Area Network，LAN）产生于 20 世纪 60 年代末。20 世纪 70 年代出现一些实验性的网络，而到了 20 世纪 80 年代，局域网的产品已经大量涌现，其典型代表就是 Ethernet。近年来，随着社会信息化的发展，局域网已经成为计算机网络发展的一个热点。图 4-1 是一个经典的局域网框架。

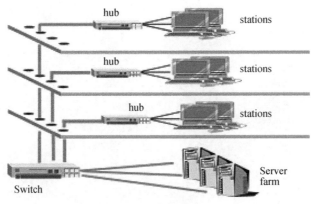

图 4-1   经典局域网框架

在较小地理范围内，利用通信线路把若干数据设备连接起来，实现彼此之间的数据传输和资源共享的系统称为局域网。局域网是目前应用最广泛的一类网络，比较适合于连接一个公司、一所学校、一个工厂或一个部门里的计算机和工作站，以实现资源的共享和信息的交换。

4.1.1   局域网的特点和组成

随着网络体系结构、协议标准研究的发展，计算机局域网技术得到了很大的发展，其应用范围也越来越广。

1. 局域网的特点

计算机局域网主要有以下特点。

（1）局域网覆盖有限的地理范围，它适用于机关、公司、校园、军营、工厂等有限范围内的计算机、终端与各类信息处理设备联网的需求。

（2）局域网具有较高的数据传输速率（10～1 000 Mbit/s）和低误码率（<10^{-8}）的高质量数据传输环境。

（3）传输介质较多，既可用通信线路（如电话线），又可用专线（如同轴电缆、光纤、双绞线），还可以用无线介质（如微波、激光、红外线）等。

（4）决定局域网特性的主要技术是网络拓扑结构、传输介质和介质访问控制方法。

2. 局域网的组成

局域网由网络硬件和网络软件两大部分组成。

网络硬件主要包括网络服务器、工作站、外设、网络接口卡、传输介质。根据传输介质和拓扑结构的不同，局域网还需要集线器（HUB）、集中器（Concentrator）设备等，如果要进行网络互连，还需要网桥、路由器、网关以及网间互连线路等硬件。

（1）服务器：在局域网中，服务器可以将其 CPU、内存、磁盘、打印机、数据等资源提供给所有工作站使用，并负责对这些资源进行管理，协调网络用户对这些资源的使用。因此要求服务器具有较高的性能，包括较快的处理速度、较大的内存、较大的容量和较快访问速度的磁盘等。

（2）工作站：网络工作站的选择比较简单，任何微机都可以作为网络工作站，目前使用最多的网络工作站可能就是基于 Intel CPU 的微机了，这是因为这类微机的数量、用户和网络产品最多。

（3）外设：外设主要是指网络上可供网络用户共享的外部设备，通常，网络上的共享外设包括打印机、绘图仪、扫描器、Modem 等。

（4）网络接口卡：网络接口卡（简称网卡）提供数据传输功能，用于把计算机与电缆（即传输介质）连接起来，进而把计算机连入网络，所以每一台联网的计算机都需要有一块网卡。

（5）传输介质：网络接口卡的类型决定了网络所采用的传输介质的类型、物理和电气特征性、信号种类，以及网络中各计算机访问介质的方法等。局域网中常用的电缆主要有同轴电缆、双绞线和光纤。

局域网的网络软件包括网络协议软件、通信软件和网络操作系统等。其中，网络协议软件主要用于实现物理层及数据链路层的某些功能。通信软件用于管理各个工作站之间的信息传输。网络操作系统是指网络环境上的资源管理程序，主要包括文件服务程序和网络接口程序。文件服务程序用于管理共享资源，网络接口程序用于管理工作站的应用程序对不同资源的访问。局域网的操作系统主要有：UNIX、Novell Netware 和 Windows 等。

4.1.2 局域网的体系结构与协议

美国 IEEE 于 1980 年 2 月专门成立了局域网课题研究组，对局域网制定了美国国家标准，并把它提交 ISO 作为国际标准的草案，1984 年 3 月得到 ISO 的采纳。IEEE 802 模型与 OSI 参考模型的对应关系如图 4-2 所示。IEEE 主要对第一、二两层制定了规程，所以局域网的 IEEE 802 模型是在 OSI 模型的物理层和数据链路层实现基本通信功能的。IEEE 802 局域网参考模型对应于 OSI 参考模型物理层的功能主要是：信号的编码、译码，前导码的生成和清除，比特的发送和接收。

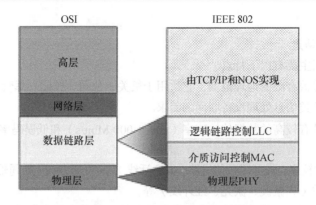

图 4-2　IEEE 802 模型与 OSI 参考模型的对应关系

IEEE 802 对应于 OSI 模型的数据链路层，分为逻辑链路控制（LLC）子层和介质访问控制（MAC）子层。

（1）逻辑链路控制（LLC）子层。

它向高层提供一个或多个访问点 SAP，作为与网络层通信的逻辑接口。LLC 子层主要执行 OSI 模型基本数据链路协议的大部分功能和网络层的部分功能，如帧的收发功能，在发送时，帧由发送的数据加上地址和 CRC 校验等构成，接收时，将帧拆开，执行地址识别、CRC 校验，并具有帧顺序控制、差错控制、流量控制等功能。此外，它还具有数据报、虚电路、多路复用等部分网络层的功能。

（2）介质访问控制（MAC）子层

该子层主要提供如 CSMA/CD、令牌环等多种访问控制方式的有关协议。它还具有管理多个源、多个目的链路的功能。它向 LLC 子层提供单个 MSAP 服务访问点，由于有不同的访问控制方法，所以它与 LLC 子层有各种访问控制方法的接口，与物理层则有 PSAP 访问点。

IEEE 802 制定了一系列具体的局域网标准，它们之间的关系如图 4-3 所示。

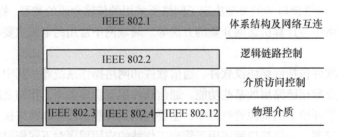

图 4-3　IEEE 802 系列标准间的关系

IEEE 802 协议族的具体描述如下协议。

◆　802.1A：体系结构、网络管理和性能测量。

◆　802.1B：寻址、网间互连及网络管理。

◆　802.2：逻辑链路控制协议。

◆　802.3：总线网介质访问控制协议 CSMA/CD 及物理层技术规范。

◆　802.3ae：万兆以太网。

◆　802.3u：高速以太网。

◆　802.4：令牌总线网介质访问控制协议及其物理层技术规范。

- ◆ 802.5：令牌环网介质访问控制协议及其物理层技术规范。
- ◆ 802.6：城域网介质访问控制协议及其物理层技术规范。
- ◆ 802.7：宽带网介质访问控制协议及其物理层技术规范。
- ◆ 802.8：FDDI 介质访问控制协议及其物理层技术规范。
- ◆ 802.9：综合数据/话音网络。
- ◆ 802.10：局域网安全技术标准。
- ◆ 802.11：无线局域网的介质访问控制协议及其物理层技术规范。
- ◆ 802.12：高速以太网。

4.2　局域网传输介质

不管局域网的组成、类型及模式如何，都必须使计算机、服务器、工作站和终端之间能互相进行通信。为此，必须先使用传输媒体（通信线路）。连接网络首先要用的设备就是传输介质，它是所有网络的最基本要求。

早期的传输介质只有普通的电话线，类似于输电线路，而网络发展的现状和未来发展的趋势是干线用光纤，支线用同轴电缆、双绞线或电话线等，至于最终选择哪种传输媒介，则根据传输速率的要求和投资预算的不同而定。

常见的传输线有 4 种同轴电缆、双绞线、光纤和无线电波。每种类型都满足了一定的网络需要和解决了一定的网络问题。

4.2.1　有线传输介质

有线传输介质主要有双绞线、同轴电缆和光纤。

1. 双绞线

双绞线（Twisted-Pair）是现在使用最普遍的传输介质，由两条相互绝缘的铜线绞接在一起组成，典型的双绞线的铜芯直径为 1mm，两根线绞接是为防止其电磁感应在邻近线对中产生干扰信号。现行双绞线电缆中一般包含 4 对双绞线，具体为白橙 1、橙 2、白绿 3、蓝 4、白蓝 5、绿 6、白棕 7、棕 8。双绞线的接头是具有国际标准的 RJ-45 接头和插座，其接头俗称"水晶头"，与普通电话线用的接头相似。

根据对网络环境的屏蔽要求，双绞线分为屏蔽双绞线（STP）和非屏蔽双绞线（UTP）。非屏蔽双绞线有线缆外皮作为屏蔽层，适用于网络流量不大的场合中。屏蔽式双绞线具有一个金属套（Sheath），对电磁干扰（Electromagnetic Interference，EMI）具有较强的抵抗能力，适用于网络流量较大的高速网络。

另外，STP 又分为 3 类、5 类和超 5 类几种，UTP 也分为 3 类、4 类、5 类和超 5 类等几种。3 类线用于语音传输及 10Mbit/s 数据传输；4 类线用于语音传输和 16Mbit/s 数据传输；5 类线用于语音传输及 100Mbit/s 数据传输。双绞线每个网段的最大长度为 100m，接 4 个中继器后最长可达到 500m。干线没有最大节点数限制。

现在常用的为 5 类非屏蔽双绞线，其频率带宽为 100 MHz，能够可靠地运行 4 Mbit/s、ICME 和 16 Mbit/s 的网络系统。当运行 100Mbit/s 以太网时，可使用屏蔽双绞线以提高网络在高速传输时的抗干扰特性。6 类、7 类双绞线分别可工作于 200 MHz 和 600 MHz 的频率带宽之上，且采用特殊设计的 RJ-45 插头（座）。

这里要注意的是，频率带宽（MHz）与线缆所传输数据的传输速率（Mbit/s）是有区别的。Mbit/s 衡量的是单位时间内线路传输的二进制位的数量，MHz 衡量的则是单位时间内线路中电信号的振荡次数。双绞线常用于基于载波感应多路访问/冲突检测（Carrier Sense Multiple Access/Collission Detection，CMSA/CD）技术，即 10BASE-T（10Mbps）和 100BASE-T（100Mbit/s）的以太网（Ethernet）中，具体规定包括：一段双绞线的最大长度为 100m，只能连接一台计算机；双绞线的每端各需要一个 RJ-45 插件（头或座）；各段双绞线通过集线器（Hub 的 10BASE-T 重发器）互连，利用双绞线最多可以连接 64 个站点到重发器（Repeater）；10BASE-T 重发器可以利用收发器电缆连到以太网同轴电缆上。

2. 同轴电缆

同轴电缆（Coaxial）曾经是使用最广泛的网络传输介质，在 10M 网时代辉煌一时。它以单根铜导线为内芯，外裹一层绝缘材料，外覆密集网状导体，最外面是一层保护性塑料。金属屏蔽层能将磁场反射回中心导体，同时也使中心导体免受外界干扰，故同轴电缆比双绞线具有更高的带宽和更好的噪声抑制特性。一般把它分为粗缆和细缆两种。

粗缆缆径较大，柔韧性差，因而有造价高、安装难度大、标准距离长和可靠性高的特点，以前常用于大型局域网的主干部分。一般粗缆每段长 500m，最大网络范围可达 2 500m，收发器间隔最小 2.5m，收发器电缆最长 50m，干线最大节点数为 100。细缆是缆径较小的线缆，因其造价低、安装方便、可靠性差和抗干扰能力强，常用于中小型局域网。细缆每段最长 185m，最大网络范围可达 925m，两个 T 形头间隔最小 0.5m，每干线最大节点数为 30。

目前使用较广泛的同轴电缆有两种：一种为 50 Ω（指沿电缆导体各点的电磁电压与电流之比）同轴电缆，用于数字信号的传输，即基带同轴电缆；另一种为 75Ω 同轴电缆，用于宽带模拟信号的传输，即宽带同轴电缆。

现行以太网同轴电缆的连接方法有两种——直径为 0.4cm 的 RG-11 粗缆采用凿孔接头接法，直径为 0.2cm 的 RG-58 细缆采用 T 型头接法。粗缆要符合 10BASE5 介质标准，使用时需要一个外接收发器和收发器电缆，单根最大标准长度为 500m，可靠性强，最多可接 100 台计算机，两台计算机的最小间距为 2.5m。细缆按 10BASE2 介质标准直接连到网卡的 T 型头连接器（即 BNC 连接器）上，单段最大长度为 185m，最多可接 30 个工作站，最小站间距为 0.5m。

3. 光纤

提起现在很热门的宽带通信，就不能不提光导纤维，也简称光纤（Twisted-Pair）。它是一种细小、柔韧并能传输光信号的介质，一条光缆由多条光纤组成。20 世纪 80 年代初期，光缆开始进入网络布线，随即被大量使用。与铜缆（双绞线和同轴电缆）相比较，光缆适应了目前网络对长距离传输和大容量信息的要求，在计算机网络中发挥着十分重要的作用，成为传输介质中的佼佼者。

目前，计算机网络中的光纤是用石英玻璃制成的横截面积很小的双层同心圆柱体。由 3 个同心部分组成纤芯、包层和护套，每一束光纤包括两根，一根用于接收信号，一根用于发送信号。裸光纤由纤芯和包层组成，折射率高的中心部分叫做纤芯，折射率低的外围部分叫包层。为了保护光纤表面，防止断裂，提高抗拉强度并便于应用，一般需在一束光纤的外围再附加一保护层，这层保护层即为光缆的外套。用光纤作为网络介质的 LAN 技术，主要是光纤分布式数据接口（Fiber-optic Data Distributed Interface，FDDI）。与同轴电缆比较，光纤可提供极宽的频带，且功率损耗小、传输距离长（2 km 以上）、传输率高（可达数千 Mbit/s）和抗干扰性强（不会受到电子监听），是构建安全性网络的理想选择。

光纤分类方法较多，目前在计算机网络中，常根据传输点模数的不同来分类。根据传输点模数的不同，光纤分为单模光纤和多模光纤两种（所谓"模"是指以一定角速度进入光纤的一束光）。单模光纤采用激光二极管 LD 作为光源，而多模光纤采用发光二极管 LED 为光源。多模光纤芯粗，传输速度低、距离短，整体的传输性能差，但成本低，一般用于建筑物内或地理位置相邻的环境中；单模光纤的纤芯相应较小，传输频带宽、容量大，传输距离长，但需激光源，成本较高，通常在建筑物之间或地域分散的环境中使用。单模光纤是当前计算机网络中研究和应用的重点。

光纤通信系统是以光波为载频，光纤为传输介质的通信方式。当光纤中有光脉冲出现时表示数字"1"，反之表示数字"0"。光纤通信的主要组成部分有光发送机、光接收机和光纤，当进行长距离信息传输时还需要中继机。通信时，由光发送机产生光束，将表示数字代码的电信号转换成光信号，并将光信号导入光纤，光信号在光纤中传播；另一端由光接收机负责接收光纤上传出的光信号，并进一步将其还原成为发送前的电信号。

光纤系统使用两种不同的光源：发光二极管 LED 和激光二极管 LD，所以不同光纤中传输的光波是有区别的。从整个通信过程来看，一条光纤是不能用于双向通信的。因此，目前计算机网络中一般使用两条以上的光纤来通信，若只有两条时，一条用来发送信息，另一条用来接收信息。在实际应用中，光缆的两端都安装有光纤收发器，光纤收发器集成了光发送机和光接收机的功能：既负责光的发送，又负责光的接收。

与铜质电缆相比较，光纤明显具有其他传输介质无法比拟的优点：传输信号的频带宽、通信容量大，光纤通信系统的带宽以 MHz 和 GHz 来度量；信号衰减小、传输距离大，随着频率和传输距离的增大，铜缆通信时信号衰减较大（呈抛物线型），而光纤的信号衰减很小，在 300 MHz 内衰减基本不变，特别适合远距离数据传输；抗干扰能力强，应用范围广，因为光纤是非金属材料，所以它不受电磁波的干扰和噪声的影响，这种特性使光纤在长距离内能够保持较高的数据传输速率，且安全可靠；抗化学腐蚀能力强。

当然，光纤也存在着一些缺点：质地脆，机械强度低；切断和连接的技术要求较高；分路、耦合较麻烦等，这些缺点也限制了目前光纤的普及和应用。

用户和网络设计者越来越关注电磁干扰、带宽、链路距离、数据安全性和网络故障等问题，能够同时满足上述要求的最佳介质就是光纤。

4.2.2 无线传输介质

前面介绍的 3 种介质都属于常用的有线传输介质，但有线传输介质并不是在任何时候都能实现的。例如，通信线路要通过一些高山、岛屿或公司临时在一个场地做宣传而需要联网时采用无线传输介质就很难施工了。即使是在城市中，挖开马路敷设电缆也不是一件容易的事。当通信距离很远时，敷设电缆既昂贵又费时。而且，当前社会正处于一个信息时代，人们无论何时何地都需有及时的信息，这就不可避免地要用到无线传输介质。

在信号的传输中，若使用的介质不是人为架设的介质，而是自然界所存在的介质，那么这种介质就是广义的无线介质，如可传输声波信号的气体（大气）、固体和液体，能传输光波的真空、空气、透明固体、透明液体，以及能传输电波的真空、空气、固体和液体等，这些媒体都可以称为无线传输介质。在这些无线介质中完成通信称为无线通信。但由于目前人类广泛使用的无线介质是大气，在其中传输的是电磁波，根据所利用的电磁波的频率又可将无线通信分为无线电短波通信、无线电微波通信、红外通信和激光通信。

1. 无线电短波通信

利用无线电短波进行数据通信是可行的。一般来说，短波的信号频率低（100 MHz），它主要靠电离层的反射来实现通信，但由于电离层的不稳定而产生的衰落现象和离层反射所产生的多径效应使得短波信道的通信质量较差。因此，当必须使用短波无线传输数据时，一般都是低速传输，速率为一个模拟话路每秒几十至几百比特。只有在采用复杂的调制解调技术后，才能使数据的传输速率达到每秒几千比特。

2. 无线电微波通信

无线电微波通信在数据通信中占用重要地位。微波的频率范围为 300 MHz ~ 300 GHz，但主要使用 2 ~ 40 GHz 的频率范围。由于微波在空间主要是直线传播，且穿透电离层而进入宇宙空间，因此它不像短波那样可以经电离层反射传播到地面上很远的地方。这样，微波通信就有两种主要的方式：地面微波接力通信和卫星通信。

由于微波在空间是直线传输，而地球表面是个曲面，因此其传输距离受到限制，大约为 50 km。但若采用 100 m 的天线塔，则距离可增大至 100 km。为了实现远距离通信，必须在一条无线电通信信道的两个终端之间建立若干中继站。中继站把前一站送来信号经过放大后再送到下一站，故称为"接力"。

微波接力通信可传输电话、电报、图像、据等信息，其主要特点如下。

- ◆ 微波波段频率很高，其频段范围也很宽，因此其通信信道的容量很大。
- ◆ 因为工业干扰和天电干扰的主要频谱成分比微波频率低得多，对微波通信的危害比对短波通信小得多，因而微波传输质量较高。
- ◆ 微波接力信道能够通过有线线路难于通过或不易架设的地区（如高山、水面等），故有较大的机动灵活性，抗自然灾害的能力也较强，因而可靠性较高。
- ◆ 相邻站之间必须直视，不能有障碍物。
- ◆ 隐蔽性和保密性较差。

3. 红外通信和激光通信

卫星通信是在地球站之间利用位于 36 000 km 高空的人造同步地球卫星作为中继器的一种微波接力通信。通信卫星发出的电磁波覆盖范围广，跨度可达 18 000 km，覆盖了球表面三分之一的面积，3 个这样的通信卫星就可以覆盖地球上的全部通信区域，这样地球各站间就可以任意通信。

在卫星上可以安装多个转发装置，它按一种频率范围接收地面发来的信号，用另一种频率范围向地面站发出，其数据传输率约为 50 Mbit/s。国际上常用的频段为 6/4GHz，3.7 ~ 4.2 GHz 和 5.925 ~ 6.425 GHz 分别作为远程通信卫星向地面发送（下行）地面站向上发送（上行）的频段，其频宽都是 500MHz。由于这个频段已非常拥挤，因此现在也使用频率更高些的 14/12GHz 频段。每一路卫星信道的容量约等于 10 万条话频线路，可以将它看成大容量的电缆，且与发送站和接收站之间的距离无关。由于通信卫星是在太空的无人值守的微波通信中继站，因而其主要特点与地面微波通信类似，但有较的传播时延。

红外线波长范围为 0.70 μm ~ 1 mm，其中 300 μm ~ 1 mm 波段也称为亚毫米波。大气对红外线辐射传输的影响主要是吸收和散射。利用红外线来传输信号的通信方式叫红外通信。红外通信是利用 950 nm 近红外波段的红外线作为传递信息的媒体。发送端将基带二进制信号调制为一系列的脉冲串信号，通过红外发射管发射红外信号。接收端将接收到的光脉冲转换成电信号，再经过放大、滤波等处理后送给解调电路进行解调，还原为二进制数字信号后输出。常用的有通过脉冲宽度来实现信号调制的脉宽调制（PWM）和通过脉冲串之间的时间间隔来实现信号调制的脉时调制（PPM）两种方法。简而言之，红外通信的实质就是对二进制数字信号进行调制与解调，以便利用红外信道进行传输，红外通信接口就是针对红外信道的调制解调器。

红外通信技术适合于低成本、跨平台、点对点高速数据连接，尤其是嵌入式系统。其主要应用有设备互连、信息网关。设备互连后可完成不同设备间文件与信息的交换。信息网关负责连接信息终端和互联网。红外通信技术是被广泛使用的一种无线连接技术，被众多的硬件和软件平台所支持，其主要特点如下。

- 通过数据电脉冲和红外光脉冲之间的相互转换实现无线的数据收发。
- 主要用来取代点对点的线缆连接。
- 新的通信标准兼容早期的通信标准。
- 小角度（30°锥角以内），短距离，点对点直线数据传输，保密性强。
- 传输速率较高，4 M 速率的 FIR 技术已被广泛使用，16 M 速率的 VFIR 技术已经发布。
- 不透光材料的阻隔性、可分隔性、限定物理使用性，方便集群使用。红外线技术是限定使用空间的，在红外传输的过程中，遇到不透光的材料，如墙面，就会反射，这一特点，确定了每套设备之间，可以在不同的物理空间里使用。
- 无频道资源占用性，安全特性高。红外线利用光传输数据的这一特点确定了它不存在无线频道资源的占用性，且安全性特别高。在限定的空间内进行窃听数据可不是一件容易的事。
- 优秀的互换性，通用性。因为采用了光传输，且限定物理使用空间，所以红外线发射和接收设备在同一频率的条件下，可以相互使用。
- 无有害辐射，绿色产品特性。科学实验证明，红外线是一种对人体有益的光谱，所以红外线产品是一种真正的绿色产品。

此外，红外通信还有抗干扰性强，系统安装简单，易于管理等优点。但红外数据通信技术还是有一些缺点的，如受视距影响，其传输距离短，要求通信设备的位置固定，其点对点的传输连接，无法灵活地组成网络等。虽然有这些缺点，但红外技术已在手机和笔记本电脑等设备上得到了广泛的应用。

激光是一种方向性极好的单色相干光。利用激光来有效地传送信息，叫做激光通信。激光通信系统包括发送和接收两个部分。发送部分主要有激光器、光调制器和光学发射天线。接收部分主要包括光学接收天线、光学滤波器、光探测器。要传送的信息送到与激光器相连的光调制器中，光调制器将信息调制在激光上，通过光学发射天线发送出去。在接收端，光学接收天线将激光信号接收下来，送至光探测器，光探测器将激光信号变为电信号，经放大、解调后变为原来的信息。

激光通信的优点如下。

- 通信容量大。在理论上，激光通信可同时传送 1 000 万路电视节目和 100 亿路电话。
- 保密性强。激光不仅方向性特强，而且可采用不可见光，因而不易被敌方所截获，保密性能好。
- 结构轻便，设备经济。由于激光束发散角度小，方向性好，激光通信所需的发射天线和接收天线都可做得很小，一般天线直径为几十厘米，重量不过几千克，而功能类似的微波天线，重量则以几吨、十几吨计。

激光通信也是有缺点的，首先是大气衰减严重。激光在传播过程中，受大气和气候的影响比较严重，云雾、雨雪、尘埃等会妨碍光波传播。这就严重地影响了通信的距离；还有就是瞄准困难。激光束有极高的方向性，这给发射和接收点之间的瞄准带来不少困难。为保证发射和接收点之间瞄准，不仅对设备的稳定性和精度提出很高的要求，而且操作也复杂。

激光通信的应用主要有以下几个方面：地面间短距离通信；短距离内传送传真和电视；由于激光通信容量大，可作导弹靶场的数据传输和地面间的多路通信；通过卫星全反射的全球通信和星际通信，以及水下潜艇间的通信。

4.3 介质访问控制方式

介质访问控制（Medium Access Control，MAC）方式的主要内容有两个方面：一是要确定网络上每一个节点能够将信息发送到介质上去的特定时刻；二是要解决如何对共享介质访问和利用加以控制。局域网介质访问控制是局域网一项重要的基本任务，对局域网体系结构、工作过程和网络性能产生决定性的影响。

局域网的数据链路层分为逻辑链路（LLC）层和介质访问控制（MAC）层两个子层。

介质访问控制方式与局域网的拓扑结构和工作过程有密切关系。局域网介质访问控制包括：确定网络节点能够将数据发送到介质上去的特定时刻和解决如何对公用传输介质访问和利用并加以控制。传统的局域网介质访问控制方式有 3 种：带有冲突碰撞检测的载波监听多路访问（Carrier Sense Multiple Access with Collision Detection，CSMA/CD）、令牌总线（Token Bus）访问控制法和令牌环（Token Ring）访问控制法。

4.3.1 CSMA/CD

CSMA/CD 介质访问控制方式属于多路访问或多点接入技术，是指多个用户共用一条线路，而信道并非是在用户通信时固定分配给用户，而是采用动态分配给用户的方式，这样的系统又称为竞争系统。动态分配方法又可以分为纯 ALOHA 协议、分槽 ALOHA 协议、CSMA 协议和CSMA/CD 协议。

1. 纯 ALOHA 协议

20 世纪 70 年代，美国夏威夷大学的 ALOHA 网通过无线广播信道将分散在各个岛屿上的远程终端连接到本部的主机上，是最早采用争用协议的网络。

用户有数据要发送时，可以直接发至信道，若在规定时间内收到应答，表示发送成功，否则重发。重发策略是发送数据后侦听信道是否产生冲突，若产生冲突，则等待一段随机的时间重发，直到发送成功为止，如图 4-4 所示。

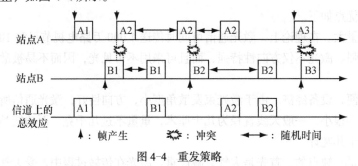

图 4-4 重发策略

2. 分槽 ALOHA 协议

把使用信道的时间分成离散的时间槽，槽长为一个帧所需的发送时间，每个站点只能在时间槽开始时才允许发送，其他过程与纯 ALOHA 协议相同。

冲突主要发生在时间槽的起点，一旦发送成功就不会出现冲突，分槽 ALOHA 协议大幅度降低了冲突的可能性，信道利用率比纯 ALOHA 协议提高了约一倍。

3. 载波侦听多路访问协议

载波监听多路访问（CSMA）技术也叫做先听后说（LBT）技术，希望传输的站首先对媒体进行监听以确定是否有其他站在传输。如果媒体空闲，该站可以传输，否则，该站将避让一段时间后再尝试。需要有一种退避算法来决定退让时间。常用的退避算法有 3 种。

（1）1-坚持型 CSMA（1-persistent CSMA）。

协议思想如下。

① 站点有数据发送，先侦听信道。

② 若站点发现信道空闲，则发送。

③ 若信道忙，则继续侦听直至发现信道空闲，然后完成发送。

④ 若产生冲突，等待一个随机时间，然后重新开始发送过程。

优点是减少了信道空闲时间。

缺点是增加了发生冲突的概率；广播时延越大，发生冲突的可能性越大，协议性能越差。

（2）非坚持型 CSMA（Nonpersistent CSMA）。

协议思想如下。

① 若站点有数据发送，先侦听信道。

② 若站点发现信道空闲，则发送。

③ 若信道忙，则等待一个随机时间重新开始发送。

④ 若产生冲突，则等待一随机时间重新开始发送。

优点是减少了冲突的概率，信道效率比 1-坚持型 CSMA 高。

缺点是不能找出信道刚一变空闲的时刻，增加了信道空闲时间，数据发送延迟增大，传输延迟比 1-坚持 CSMA 大。

（3）p-坚持型 CSMA（p-persistent CSMA）。

协议思想如下。

① 若站点有数据发送，先侦听信道。

② 若站点发现信道空闲，则以概率 p 发送数据，以概率 $q=1-p$ 延迟至下一个时间槽发送。若下一个时间槽仍空闲，重复此过程，直至数据发出或时间槽被其他站点所占用。

③ 若信道忙，则等待下一个时间槽，重新开始发送。

④ 若产生冲突，等待一随机时间，重新开始发送。

考虑 p 的有效值：需考虑的主要因素是想避免重负载下系统处于的不稳定状态。如果媒体忙时，有 N 个站有数据等待发送，一旦当前的数据发送完成，将要试图传输的站的期望数为 NP。如果选择 P 过大，使 NP>1，表明有多个站试图发送，冲突就不可避免。最坏的情况是，随着冲突概率的不断增大，使吞吐率降到 0。所以必须选择 P 值使 NP<1。当然 P 值选得过小，媒体利用率会大大降低。

折中方案：既能像非坚持型 CSMA 那样减少冲突，又能像 1-坚持型 CSMA 那样减少媒体空闲时间的，适用于分槽信道。

（4）三种 CSMA 协议的比较。

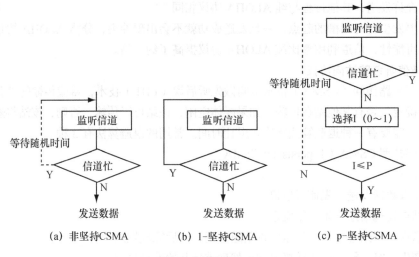

图 4-5　坚持算法对比

4．CSMA/CD 协议

带冲突检测的载波侦听多路访问（Carrier Sense Multiple Access with Collision Detection，CSMA/CD）是一种适用于总线型结构的分布式介质访问控制方法，是 IEEE 802.3 的核心协议，是一种典型的随机访问的争用型技术。

（1）引入原因。1980 年美国 DEC、Intel 和 Xerox 公司联合宣布 Ethernet 网采用 CSMA 技术，并增加了检测碰撞功能，称之为 CSMA/CD。这种方式适用于总线型和树型拓扑结构，主要解决如何共享一条公用广播传输介质。当两个帧发生冲突时，两个被损坏帧继续传送毫无意义，而且信道无法被其他站点使用，这对于有限的信道来说，是很大的浪费。如果站点边发送边监听，并在监听到冲突之后立即停止发送，可以提高信道的利用率，因此产生了 CSMA/CD。

（2）工作过程。

① 载波监听总线，即先听后说。

使用 CSMA/CD 方式时，总线上各节点都在监听总线，即检测总线上是否有其他节点发送数据。如果发现总线是空闲的，即没有检测到有信号正在传送，则可立即发送数据。如果监听到总线忙，即检测到总线上有数据正在传送，这时节点要持续等待直到监听到总线空闲时才能将数据发送出去，或等待一个随机时间，再重新监听总线，一直到总线空闲再发送数据。

② 总线冲突检测，即边听边说。

当两个或两个以上节点同时监听到总线空闲，开始发送数据时，就会发生碰撞，产生冲突。另外，传输延迟可能会使第一个节点发送的数据未到达目的节点，另一个要发送数据的节点就已监听到总线空闲，并开始发送数据，这也会导致冲突的产生。发生冲突时，两个传输的数据都会被破坏，产生碎片，使数据无法到达正确的目的节点。为确保数据的正确传输，每一节点在发送数据时要边发送边检测冲突。当检测到总线上发生冲突时，就立即取消传输数据，随后发送一个短的干扰信号 JAM（阻塞信号），以加强冲突信号，保证网络上所有节点都知道总线上已经发生了冲突。在阻塞信号发送后，等待一个随机时间，然后再将要发送的数据发送一次。如果还有冲突发生，则重复监听、等待和重传的操作。图 4-6 显示了采用 CSMA/CD 方法的流程图。

CSMA/CD 是一种争用协议，每一节点处于平等地位传输介质，算法较简单，技术上易实现。但它不能提供优先级控制，即不能提供急需数据的优先处理能力。此外，不确定的等待时间和时延难以满足远程控制所需要的确定时延和绝对可靠性的要求。为克服 CSMA/CD 的不足，产生了许多 CSMA/CD 的改进方式，如带优先权的 CSMA/CD。

由于 CSMA/CD 是一种用户访问总线时间不确定的随机竞争总线的方法，所以它适用于办公自动化等对数据传输实时性要求不严格和通信负荷较轻的应用环境中。

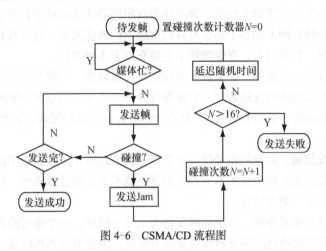

图 4-6 CSMA/CD 流程图

4.3.2 令牌环网

令牌环（Token Ring）网是一种 LAN 协议，定义在 IEEE 802.5 中，其中所有的工作站都连接到一个环上，每个工作站只能与直接相邻的工作站传输数据。通过围绕环的令牌信息授予工作站传输权限。

令牌环是令牌传输环（Token Passing Ring）的简写。标记传递是标记环网中采用的 MAC 方法。标记是一个专用的控制帧，它不停地在环上各站点间传递，用其标志环路是否空闲以便站点发送数据帧。若某个站点有数据要发送，它就在环路上等待标记帧的到来，进一步占用这个标记帧发送数据，并在这次发送结束时，再将标记帧在环路上传递下去，以便环路上其他站点发送数据帧。

令牌环介质访问控制方法通过在环形网上传输令牌的方式来实现对介质的访问控制。只有当令牌传输至环中某站点时，该站点才能利用环路发送或接收信息。当环线上各站点都没有帧发送时，令牌标记为 01111111，称为空标记。当一个站点要发送帧时，需等待令牌通过，并将空标记置换为忙标记 01111110，紧跟着令牌，用户站点把数据帧发送至环上。由于是忙标记，所以其他站点不能发送帧，必须等待。发送出去的帧将随令牌沿环路传输下去。在循环一周又回到原发送站点时，由发送站点将该帧从环上移去，同时将忙标记换为空标记，令牌传至后面站点，使之获得发送的许可权。发送站点在从环中移去数据帧的同时还要检查接收站载入该帧的应答信息，若为肯定应答，说明发送的帧已被正确接收，完成发送任务；若为否定应答，说明对方未能正确收到所发送的帧，原发送站点需在带空标记的令牌第二次到来时，重发此帧。采用发送站从环上收回帧的策略，不仅具有对发送站点自动应答的功能，而且还具有广播特性，使多个站点能接收同一数据帧。

接收帧的过程与发送帧不同，当令牌及数据帧通过环上站点时，该站将帧携带的目标地址与本站地址相比较。若地址符合，则将该帧复制下来放入接收缓冲器中，待接收站正确接收后，即在该帧上载入肯定应答信号；若不能正确接收则载入否定应答信号，之后再将该帧送入环上，让其继续向下传输。若地址不符合，则简单地将数据帧重新送入环中。所以当令牌经过某站点而它既不发送信息，又无处接收时，会稍经延迟，继续向前传输。在系统负载较轻时，由于站点需等待令牌到达才能发送或接收数据，因此效率不高。但若系统负载较重，则各站点可公平共享介质，效率较高。为避免所传输数据与标记形式相同而造成混淆，可采用前面介绍过的位填入技术，以区别数据和标记。使用令牌环介质访问控制方法的网络需要有维护数据帧和令牌的功能，因为可能会出现因数据帧未被正确移去而始终在环上传输的情况，也可能出现令牌丢失或只允许一个令牌的网络中出现了多个令牌等异常情况。解决这类问题的办法是在环中设置监控器，对异常情况进行检测并消除。令牌环网上的各个站点可以设置成不同的优先级，允许具有较高优先权的站申请获得下一个令牌权。归纳起来，在令牌环中主要有以下 3 种操作。

（1）截获令牌并发送数据帧。如果没有节点需要发送数据，令牌就由各个节点沿固定的顺序逐个传递；如果某个节点需要发送数据，它要等待令牌的到来，当空闲令牌传到这个节点时，该节点修改令牌帧中的标志，使其变为"忙"状态，然后去掉令牌的尾部，加上数据，成为数据帧，发送到下一个节点。

（2）接收与转发数据。数据帧每经过一个节点，该节点就比较数据帧中的目的地址，如果不属于本节点，则转发出去；如果属于本节点，则复制到本节点的计算机中，同时在帧中设置已经复制的标志，然后向下一节点转发。

（3）取消数据帧并重发令牌。由于环网在物理上是个闭环，一个帧可能在环中不停地流动，所以必须清除。当数据帧通过闭环重新传到发送节点时，发送节点不再转发，而是检查发送是否成功。如果发现数据帧没有被复制（传输失败），则重发该数据帧；如果发现传输成功，则清除该数据帧，并且产生一个新的空闲令牌发送到环上。

4.3.3 令牌总线网

CSMA/CD 采用用户访问总线时间不确定的随机竞争方式，有结构简单、轻负载时时延小等特点，但当网络通信负荷增大时，由于冲突增多，网络吞吐率下降、传输时延增加，性能明显下降。令牌环在重负荷下利用率高，网络性能对传输距离不敏感。但令牌环网控制复杂，并存在可靠性保证等问题。令牌总线是结合 CSMA/CD 与令牌环两种介质访问方式优点的基础上而形成的一种介质访问控制方式。

令牌总线主要适用于总线型或树型网络。采用此种方式时，各节点共享的传输介质是总线型的，每一节点都有一个本站地址，并知道上一个节点地址和下一个节点地址，令牌规定由高地址向低地址传递，最后由最低地址向最高地址依次循环传递，从而在一个物理总线上形成一个逻辑环。环中令牌传递顺序与节点在总线上的物理位置无关。图 4-7 给出了正常的稳态操作时令牌总线的工作原理。

所谓正常的稳态操作，是指在网络已完成初始化之后，各节点进入正常传递令牌与数据，并且没有节点要加入或撤出、没有发生令牌丢失或网络故障的正常工作状态。

与令牌环一致，只有获得令牌的节点才能发送数据。在正常工作时，当节点完成数据帧的发送后，将令牌传送给下一个节点。从逻辑上看，令牌是按地址的递减顺序传给下一个节点的。而从物理上看，带有地址字段的令牌帧广播到总线上的所有节点，只有节点地址和令牌帧的目的地址相符的节点才有权获得令牌。

获得令牌的节点，如果有数据要发送，则可立即传送数据帧，完成发送后再将令牌传送给下一个节点；如果没有数据要发送，则应立即将令牌传送给下一个节点。由于总线上每一节点接收令牌的过程是按顺序依次进行的，因此所有节点都有访问权。为了使节点等待令牌的时间是确定的，需要限制每一节点发送数据帧的最大长度。如果所有节点都有数据要发送，则在最坏的情况下，等待获得令牌的时间和发送数据的时间应该等于全部令牌传送时间和数据发送时间的总和。另一方面，如果只有一个节点有数据要发送，则在最坏的情况下，等待时间只是令牌传送时间的总和，而平均等待时间是它的一半，实际等待时间在这一区间范围内。

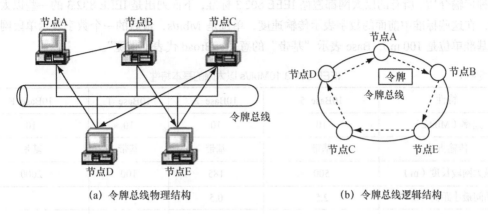

(a) 令牌总线物理结构　　　　　　　　(b) 令牌总线逻辑结构

图 4-7　令牌总线的工作过程

令牌总线还提供了不同的优先级机制。优先级机制的功能是将待发送的帧分成不同的访问类别，赋予不同的优先级，并把网络带宽分配给优先级较高的帧，而当有足够的带宽时，才发送优先级较低的帧。

令牌总线的特点在于它的确定性、可调整性及较好的吞吐能力，适用于对数据传输实时性要求较高或通信负荷较重的应用环境中，如生产过程控制领域。它的缺点在于它的复杂性和时间开销较大，节点可能要等待多次无效的令牌传送后才能获得令牌。

4.4　以太网

传统的以太网（Ethernet）是一种传输速率为 10 Mbit/s 的常用局域网标准，所有计算机被连接一条同轴电缆上，采用带有冲突检测的载波监听多路访问（CSMA/CD）方法。典型的模型是 Hub 与 N 台 PC 相连而成。

4.4.1　以太网的产生和发展

1. 以太网的产生

以太网技术的最初进展来自于施乐帕洛阿尔托研究中心的许多先锋技术项目中的一个。人们通常认为以太网发明于 1973 年，当年罗伯特.梅特卡夫（Robert Metcalfe）给他 PARC 的老板写了一篇有关以太网潜力的备忘录。但是梅特卡夫本人认为以太网是之后几年才出现的。在 1976 年，梅特卡夫和他的助手 David Boggs 发表了一篇名为《以太网：局域计算机网络的分布式包交换技术》的文章。

1979 年，梅特卡夫为了开发个人计算机和局域网离开了施乐，成立了 3Com 公司。3Com 对迪吉多、英特尔和施乐进行游说，希望与他们一起将以太网标准化、规范化。这个通用的以太网标准于 1980 年 9 月 30 日出台。当时业界有两个流行的非公有网络标准：令牌环网和 ARCNET，在以太网大潮的冲击下它们很快萎缩并被取代。而在此过程中，3Com 也成为了一个国际化的大公司，在此期间奠定了以太网技术的理论基础。

2. 以太网的发展

开始以太网只有 10 Mbit/s 的吞吐量，使用的是 CSMA / CD（带有碰撞检测的载波侦听多路访问）的访问控制方法，这种早期的 10Mbit/s 以太网称为标准以太网。以太网主要有双绞线和光纤两种传输介质。所有的以太网都遵循 IEEE 802.3 标准，下面列出是 IEEE 802.3 的一些以太网络标准，在这些标准中前面的数字表示传输速度，单位是 Mbit/s，最后的一个数字表示单段网线长度（基准单位是 100 m），Base 表示"基带"的意思，Broad 代表"带宽"。

表 4-1　　　　　　　　　　　　　IEEE 802.3 10Mbit/s 以太网的基本特性

特性	10Base-5	10Base-2	10Base-T	10Base-F
速率（Mbit/s）	10	10	10	10
传输方法	基带	基带	基带	基带
最大网段长度（m）	500	185	100	2000
站间最小距离（m）	2.5	0.5		
传输介质	50W 粗缆	50W 细缆	UTP	多模光缆
网络拓扑	总线型	总线型	星型	星型

随着网络的发展，传统标准的以太网技术已难以满足日益增长的网络数据流量速度需求。在 1993 年 10 月以前，对于要求 10Mbit/s 以上数据流量的 LAN 应用，只有光纤分布式数据接口（FDDI）可供选择，但它是一种价格非常昂贵的、基于 100Mbit/s 光缆的 LAN。1993 年 10 月，Grand Junction 公司推出了世界上第一台快速以太网集线器 Fastch10 / 100 和网络接口卡 FastNIC100，快速以太网技术正式得以应用。随后 Intel、SynOptics、3Com、BayNetworks 等公司也相继推出自己的快速以太网装置。与此同时，IEEE 802 工程组对 100Mbit/s 以太网的各种标准，如 100Base-TX、100Base-TX、MII、中继器、全双工等标准进行了研究。1995 年 3 月 IEEE 宣布了 IEEE 802.3u 100Base-T 快速以太网标准（Fast Ethernet），就这样开始了快速以太网的时代。

快速以太网与原来在 100Mbit/s 带宽下工作的 FDDI 相比具有许多的优点，最主要体现在快速以太网技术可以有效地保障用户在布线基础实施上的投资，它支持 3、4、5 类双绞线以及光纤的连接，能有效地利用现有的设施。快速以太网的不足其实也是以太网技术的不足，那就是快速以太网仍然基于 CSMA / CD 技术，当网络负载较重时，会造成效率的降低，当然这可以使用交换技术来弥补。100 Mbit/s 快速以太网标准又分为 100Base-TX、100Base-FX、100Base-T4 三个子类。

千兆以太网技术作为最新的高速以太网技术，给用户带来了提高核心网络的有效解决方案，这种解决方案的最大优点是继承了传统以太技术价格便宜的优点。千兆技术仍然是以太网技术，它采用了与 10M 以太网相同的帧格式、帧结构、网络协议、全/半双工工作方式、流控模式以及布线系统。由于该技术不改变传统以太网的桌面应用、操作系统，因此可与 10 M 或 100 M 的以太网很好地配合工作。升级到千兆以太网不必改变网络应用程序、网管部件和网络操作系统，能够最大程度地投资保护。

万兆以太网规范包含在 IEEE 802.3 标准的补充标准 IEEE 802.3ae 中，它扩展了 IEEE 802.3 标准和 MAC 规范，使其支持 10 Gbit/s 的传输速率。万兆以太网于 2002 年 7 月在 IEEE 通过。万兆以太网包括 10GBase-X、10GBase-R 和 10GBase-W。10GBase-X 使用一种特紧凑包装，含有 1 个较简单的 WDM 器件、4 个接收器和 4 个在 1 300 nm 波长附近大约 25 nm 为间隔工作的激光器，每一对发送器/接收器在 3.125 Gbit/s 速率（数据流速度为 2.5 Gbit/s）下工作。10GBase-R 是一种使用 64B/66B 编码(不是在千兆以太网中所用的 8B/10B)的串行接口,数据流为 10.000 Gbit/s,因而产生的时钟速率为 10.3 Gbit/s。10GBase-W 是广域网接口,与 SONET OC-192 兼容,其时钟速率为 9.953 Gbit/s,数据流为 9.585 Gbit/s。

4.4.2　以太网 MAC 地址

MAC 地址也叫物理地址、硬件地址或链路地址,由网络设备制造商生产时写在硬件内部。MAC 地址在计算机里都是以二进制的形式表示的,并用 48 位(6 字节)二进制数表示,通常表示为 12 个十六进制数,每 2 个十六进制数之间用冒号隔开,如 09:03:20:0B:8F:60 就是一个 MAC 地址,其中前 6 位十六进制数 09:03:20 代表网络硬件制造商的编号,它由电气与电子工程师协会(Institute of Electrical and Electronics Engineers,IEEE)分配,后 3 位十六进制数 0B:8F:60 代表该制造商所制造的某个网络产品(如网卡)的系列号。只要不更改自己的 MAC 地址,那么该 MAC 地址在全世界是唯一的。

IP 地址如同一个职位,而 MAC 地址则好像是去应聘这个职位的人,职位既可以让不同的人获取,同样的道理,一个节点的 IP 地址对于网卡不做要求,基本上什么样的厂家都可以用,也就是说 IP 地址与 MAC 地址并不存在着绑定关系。自身的计算机流动性就比较强,正如同一个人可以给不同的单位干活的道理一样的,人员的流动性是比较强的。职位和人员的对应关系就有点像是 IP 地址与 MAC 地址的对应关系。例如,网卡坏了,可以将其更换,而无须取得一个新的 IP 地址。如果一个 IP 主机从一个网络移到另一个网络,可以给它一个新的 IP 地址,而无须换一个新的网卡。当然 MAC 地址只有这个功能还是不够的,拿人类社会与网络进行类比可以发现其中的类似之处,更好地理解 MAC 地址的作用。

无论是局域网,还是广域网中的计算机之间的通信,最终都表现为将数据包从某种形式的链路上的初始节点出发,从一个节点传递到另一个节点,最终传送到目的节点。数据包在这些节点之间的移动都是由地址解析协议(Address Resolution Protocol,ARP)负责将 IP 地址映射到 MAC 地址上来完成的。

一般 MAC 地址在网卡中是固定的,当然也有网络高手会想办法修改自己的 MAC 地址。修改自己的 MAC 地址有两种方法,一种是硬件修改,另外一种是软件修改。

硬件修改方法就是直接对网卡进行操作,修改保存在网卡的 EPROM 中的 MAC 地址,通过网卡生产厂家提供的修改程序可以更改存储器中的地址。软件修改方法相对来说要简单得多了,在 Windows 中,网卡的 MAC 地址保存在注册表中,实际使用也是从注册表中提取的,所以只要修改注册表就可以改变 MAC 地址。在 Windows 9x 中修改的方法为:打开注册表编辑器,在 HKEY_LOCAL_MACHINE\SYSTEM\CurrentControlSet\Service\Class\Net\下的 0000,0001,0002。在 Windows 2000/XP 中的修改的方法为:同样打开注册表编辑器,HKEY_LOCAL_MACHINE\SYSTEM\CurrentControlSet\Control\Class\4D36E970-E325-11CE-BFC1-08002BE10318 中的 0000,0001,0002 中的 DriverDesc,如果在 0000 找到,就在 0000 下面添加字符串变量,命名为 "NetworkAddress",值为要设置的 MAC 地址,如 000102030506。

完成上述操作后重启计算机即可。一般网卡发出的包的源 MAC 地址并不是网卡本身写上去的,而是应用程序提供的,只是在通常的实现中,应用程序先从网卡上得到 MAC 地址,每次发送时都用这个 MAC 地址作为源 MAC 地址而已,而注册表中的 MAC 地址是在 Windows 安装时从网卡中读入的,只要操作系统不重新安装就不会改变。

MAC 地址与 IP 地址绑定就如同在日常生活中本人携带自己的身份证去做重要的事情一样。

有的时候，我们为了防止 IP 地址被盗用，通过简单的交换机端口绑定（端口的 MAC 表使用静态表项），可以在每个交换机端口只连接一台主机的情况下防止修改 MAC 地址的盗用，如果是三层设备还可以提供交换机端口、IP 地址、MAC 地址三者的绑定，防止修改 MAC 地址的 IP 地址盗用。一般绑定 MAC 地址都是在交换机和路由器上配置的，只有网管人员才能接触到，对于一般电脑用户来说只要了解了绑定的作用就行了。例如，在校园网中把自己的笔记本电脑换到另外一个宿舍就无法上网了，这个就是由 MAC 地址与 IP 地址（端口）绑定引起的。

4.4.3 以太网 MAC 层

MAC 层即媒体接入控制（Media Access Control）层，在 OSI 网络模型中属于第 2 层即数据链路层。MAC 层的功能主要有组帧、寻址、控制和维护各种 MAC 协议、差错检测与校正，以实现无差错通信和定义各种媒体访问规则。局域网中的以太网、令牌总线网、令牌环网等都定义了自己的 MAC 层的操作规程。

1. 以太网 MAC 层的技术标准

以太网 MAC 层的技术标准是由 IEEE 802.3 定义的，其标准叫做 CSMA/CD 标准。IEEE 802.3 标准描述基于 CSMA/CD 标准的物理层和媒体访问控制子层协议标准。

（1）IEEE 802.3 的 MAC 子层的帧格式。

以太网发送的数据是按一定格式进行的，以太网的帧由 8 个字段组成，每一段符合这种格式的数据段称为帧。图 4-8 给出了 IEEE 802.3 MAC 帧结构中各字段的定义，各字段的功能如下。

前导同步码 7字节	帧起始定界符 1字节	目的地址 6字节	源地址 6字节	长度／类型 2字节	LLC数据 0~1500字节	填充 0~64字节	帧校验 4字节

图 4-8　IEEE 802.3 帧结构

✑　前导同步码：占 7 字节，用于接收方的接收时钟与发送方的发送时钟同步，以便接收数据。

✑　帧起始定界符（SFD）：占 1 字节，为 10101011，标志帧的开始。

✑　目的地址：占 6 字节，是此帧发往的目的节点地址。它可以是一个唯一的物理地址，也可以是多组或全组地址，用以进行点对点通信、组广播或全局广播。

✑　源地址：占 6 字节，是发送该帧的源节点地址。

✑　长度／类型：占 2 字节，该字段在 IEEE 802.3 和以太网中的定义是不同的，在 IEEE 802.3 中该字段是长度指示符，用来指示紧随其后的 LLC 数据字段的长度，单位为字节。在以太网中该字段为类型字段，规定了在以太网处理完成后接收数据的高层协议。

✑　LLC 数据：指明帧要携带的用户数据，该数据由 LLC 子层提供或接收。

✑　填充：长度范围为 0 ~ 1518 字节，但必须保证帧不得小于 64 字节，否则要填入填充字节。

✑　帧校验：占 4 字节，采用 CRC 码，用于校验帧传输中的差错。

IEEE 802.3 以太网帧结构中定义的地址就是 MAC 地址，又称为物理地址或硬件地址。每块网卡出厂时，都被赋予一个 MAC 地址，占 6 字节。

（2）IEEE 802.3 MAC 协议的 10 Mbit/s 的技术参数。

IEEE 802.3 MAC 协议的 10Mbit/s 的技术参数如表 4-2 所示。

表 4-2   EEE 802.3 MAC 协议的 10Mbit/s 以太网的技术参数

技术参数	数　　值
时间片	512 bit
帧间间隔	9.6 μs
尝试极限	16 次
退避极限	10 次
人为干扰长度	32 bit
最大帧长度	1518 B
最小帧长度	64 B

在后来出现的 IEEE 802.3 MAC 层的 100Mbit/s 的技术参数只有帧间间隔（Inter Frame Gap）由 9.6μs 改为 0.96μs，其他的参数没有改变。

2. MAC 层芯片的模块和接口

下面通过 MAC 层芯片来具体说明以太网 MAC 芯片的工作原理。

单口 MAC 层芯片主要是提供主机（或 CPU）进行以太网数据帧收发的芯片。在发送部分，它接收从 CPU 来的数据帧，并产生 CRC 校验，再通过物理层接口将其发送出去，如果在发送中出现冲突等问题则还要进行重发等控制。在接收部分，它接收从物理层发来的数据并组装成数据帧，同时进行 CRC 校验。它判断以太网数据帧的目的地址是否与本机的地址匹配，并根据主机的设置来判断是否向主机发中断报告各种情况（如收到一个完整的匹配数据帧或接收帧中出现错误等）。

单口 MAC 层芯片也经历了一个发展的过程，早期的 MAC 层芯片是 10 M 以太网 MAC 层芯片。其与 CPU 的接口是 ISA 接口，对 CPU 只提供一些数据、控制、DMA、中断等接口。发展到现在，MAC 层芯片出现了 100M 的速率，芯片本身也提供了 PCI 接口，这样与主机的 PCI 总线连接非常方便。大多数的单口 MAC 层芯片只实现 MAC 层的功能，但也有一些单口 MAC 芯片上还集成了物理层的功能，这样用一片芯片就可以设计一个网卡。这里我们只讨论前者，即单一 MAC 层功能的单口 MAC 芯片。在介绍单口 MAC 层芯片之前，需要先了解一些以太网的 MAC 层技术标准，以便更好地理解 MAC 层芯片的功能。一个单口 MAC 层芯片的模块示意图如图 4-9 所示。

总线接口模块一般提供完整的 PCI 总线的功能。包括中断、主从设备应答、PCI 配置管理、内存读写、内部寄存器访问等。xROM 模块包括配置的串行 EEPROM，它可提供 MAC 芯片需要的信息，如硬件 MAC 地址等。有时还有远程启动的 BOOTROM，可以远程启动本地主机。管理控制模块主要是通过许多寄存器进行芯片的控制和管理。协议处理/数据转发模块主要用于处理以太网的 MAC 协议，包括数据成帧、帧数据收发以及出错时重发等。收发 FIFO 寄存器（First In First Out，先入先出）分为发送 FIFO 寄存器和接收 FIFO 寄存器，一般都是 16×8 bit 的 FIFO 寄存器，用于提供数据收发的缓冲从而提升数据收发的性能。快速以太网在物理层和 MAC 子层之间还定义了一种独立于介质类型的介质无关接口（medium independent interface，MII），MII 接口控制模块把从 FIFO 寄存器来的数据通过 MII 接口发送，并形成其他 MII 接口的控制信号。

图 4-9　MAC 芯片模块示意图

4.4.4　以太网物理层

以太网在物理层可以使用粗同轴电缆、细同轴电缆、非屏蔽双绞线、屏蔽双绞线、光缆等多种传输介质，并且 IEEE 802.3 标准为不同的传输介质制定了不同的物理层标准，如图 4-10 所示。

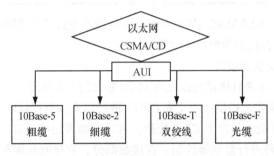

图 4-10　以太网的物理层标准

1. 10Base-5

10Base-5 也称为粗缆以太网，其中，"10"表示信号的传输速率为 10Mbit/s，"BASE"表示信道上传输的是基带信号，"5"表示每段电缆的最大长度为 500 m。10Base-5 采用曼彻斯特编码方式。采用直径为 1.27 cm，阻抗为 50 Ω 的粗同轴电缆作为传输介质。10Base-5 网络主要由网卡、中继器、收发器、收发器电缆、粗缆、端接器等部件组成。在粗缆以太网中，所有的工作站必须先通过屏蔽双绞线电缆与收发器相连，再通过收发器与干线电缆相连。粗缆两端必须连接 50 W 的终端匹配电阻，粗缆以太网的一个网段中最多容纳 100 个节点，节点到收发器的最大距离为 50 m，收发器之间的最小间距为 2.5 m。10Base-5 在使用中继器进行扩展时也必须遵循"5-4-3-2-1"规则。因此，10Base-5 网络的最大长度可达 2 500 m，最大主机规模为 300 台。

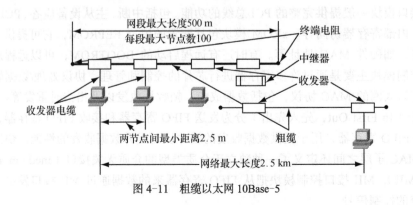

图 4-11　粗缆以太网 10Base-5

2. 10Base–2

10Base-2 也称为细缆以太网，有人称其为廉价网。它采用的传输介质是基带细同轴电缆，特征阻抗为 50W，数据传输速率为 10Mbit/s。网卡提供 BNC 接头，细同轴电缆通过 BNC-T 型连接器与网卡 BNC 接头直接连接。为了防止同轴电缆端头信号反射，在同轴电缆的两个端头需要连接两个阻抗为 50W 的终端匹配器。10Base-2 以太网的结构如图 4-12 所示。

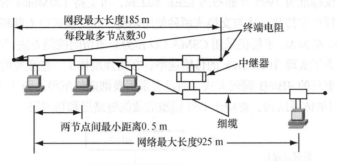

图 4-12 细缆以外网 10Base-2

每一个网段的最大距离为 185m，每一干线段中最多能安装 30 个节点。节点之间的最小距离为 0.5 m。当用中继器进行网络扩展时，由于也同样要遵循 "5-4-3-2-1" 规则，所以扩展后的细缆以太网的最大网络长度为 925 m。

3. 10Base–T

10Base-T 是以太网中最常用的一种标准，使用双绞线电缆作为传输介质，并采用曼彻斯特编码方式。但其在网络拓扑结构上采用了以 10Mbit/s 集线器或 10Mbit/s 交换机为中心的星型拓扑结构。10Base-T 网络由网卡、集线器、交换机、双绞线等部件组成。图 4-13 给出了一个以集线器为中央节点的星型拓扑的 10Base-T 网络示意图，所有节点都通过传输介质连接到 HUB 上，节点与 HUB 之间的双绞线的最大距离为 100 m，网络扩展可以采用多个 HUB 来实现，在使用时也要遵守集线器的 "5-4-3-2-1" 规则。HUB 之间的连接可以用双绞线、同轴电缆或粗缆。

图 4-13 10Base-T 网络示意图

10Base-T 以太网与 10Base-5 和 10Base-2 相比，具有如下特点。

（1）安装简单、扩展方便；网络的组建灵活、方便，可以根据网络的大小，选择不同规格的 HUB 或交换机连接在一起，形成所需要的网络拓扑结构。

（2）网络的可扩展性强。因为扩充与减少节点都不会影响或中断整个网络的工作。

（3）集线器具有很好的故障隔离作用。当某个节点与中央节点之间的连接出现故障时，也不会影响其他节点的正常运行；甚至当网络中某一个集线器出现故障时，也只会影响到与该集线器直接相连的节点。

4.5 高速局域网技术

快速以太网技术是由 10Base-T 标准以太网发展而来的，主要解决网络带宽在局域网应用中的瓶颈问题。其协议标准为 1995 年颁布的 IEEE 802.3u，可支持 100Mbit/s 的数据传输速率，并且与 10Base-T 一样可支持共享式与交换式两种使用环境，在交换式以太网环境中可以实现全双工通信。IEEE 802.3u 在 MAC 子层仍采用 CSMA/CD 作为介质访问控制方法，并保留了 IEEE 802.3 的帧格式。但是，为了实现 100Mbit/s 的传输速率，在物理层作了一些重要的改进。例如，在编码上，采用了效率更高的 4B/5B 编码方式，而没有采用曼彻斯特编码。图 4-14 给出了快速以太网 IEEE 802.3u 协议的体系结构，对应于 OSI 模型的数据链路层和物理层。

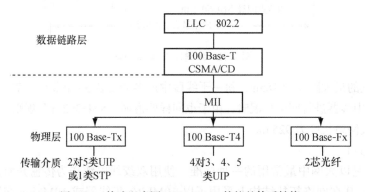

图 4-14　快速以太网 IEEE 802.3u 协议的体系结构

4.5.1　百兆以太网

从图 4-14 中可以看出，100Base-T 定义了 3 种物理层标准。表 4-3 给出了这 3 种物理层标准的对比。为了屏蔽下层不同的物理细节，为 MAC 子层和高层协议提供了一个 100Mbit/s 传输速率的公共透明接口。MII 接口可以支持表 4-3 中的 3 种物理层介质标准。

表 4-3　　　　　　　　　　　　　　　　100Base-T 的 3 种物理层协议

物理层协议	线缆类型	线缆对数	最大分段长度	编码方式	优点
100Base-T4	3/4/5 类 UTP	4 对	100m	8B/6T	3 类 UTP
100Base-TX	5 类 UTP/RJ-45 接头 1 类 STP/DB-9 接头	2 对	100m	4B/5B	全双工
100Base-FX	62.5mm 单模或 125mm 多模光纤 ST 或 SC 光纤连接器	1 对	2000m	4B/5B	全双工长距离

1. 100Base-TX

100Base-TX 介质规范基于 ANSI TP-PMD 物理介质标准。100Base-TX 介质接口在两对双绞线电缆上运行，其中一对用于发送数据，另一对用于接收数据。100Base-TX 介质接口支持两对 5 类以上非屏蔽双绞线电缆。

（1）5 类 UTP 及 5 类以上 UTP。

100Base-TX UTP 介质接口使用两对 MDI 连接器来将信号传出和传入网络介质，这意味着 RJ-45 接头 8 个管脚中的 4 个是被占用的。为使串音和可能的信号失真最小，另外 4 条线不应传送任何信号。每对 MDI 连接器的发送和接收信号是极化的，一条线传送正（＋）信号，另一条线传送负（－）信号。对于 RJ-45 接头，正确的配线对分配是管脚 1，2 和管脚 3，6。应尽量在 MDI 管脚分配中使用正确的彩色编码线对。100Base-TX 的 UTP MDI 连接器管脚分配表如表 4-4 所示。

表 4-4　　　　　　　　　　　　100Base-TX 的 UTP MDI 连接器管脚分配表

管脚号	信号名	电缆编码
1	发送＋	白色/橙色
2	发送－	橙色/白色
3	接收＋	白色/绿色
4	保留	
5	保留	
6	接收－	绿色/白色
7	保留	
8	保留	

（2）100Base-T 交叉布线。

当两个节点在网段上连到一起时，一个 MDI 连接器的发送对连到第二个节点的 MDI 的接收对。当两个节点连到一起应用时，必须提供一条外部交叉电缆，将电缆一端 8 脚 RJ-45 接头上的发送管脚连到电缆另一端 8 脚 RJ-45 接头上的接收管脚。在多个节点连到一个集线器或交换机端口的实现中，交叉布线是在集线器或交换机端口内部完成的，这使得直筒线能用于各个节点和集线器或交换机端口之间。100Base-TX 交叉连接管脚分配表如表 4-5 所示。

表 4-5　　　　　　　　　　　　100 Base-TX 交叉连接管脚分配表

管脚号	5 类 UTP 电缆		1 类 STP 电缆	
	无交叉信号名	交叉信号名	无交叉信号名	交叉信号名
1	发送＋	接收＋	接收＋	发送＋
2	发送－	接收－	保留	保留
3	接收＋	发送＋	保留	保留
4	保留	保留	保留	保留
5	保留	保留	发送＋	接收＋
6	接收－	发送－	接收－	发送－
7	保留	保留	保留	保留
8	保留	保留	保留	保留
9	N/A	N/A	发送－	接收－
10	N/A	N/A	底盘	底盘

2. 100Base-FX

100Base-FX 标准指定了两条光纤，一条用于发送数据，一条用于接收数据。它采用与 100Base-TX 相同的数据链路层和物理层标准协议，当支持全双工通信方式，传输速率可达

200Mbit/s。100Base-FX 的硬件系统包括单模或多模光纤及其介质连接部件、集线器、交换机、网卡等部件。

（1）多模光纤。

多模光纤的纤芯直径为 62.5/125mm 或 50/125mm，采用基于 LED 的收发器将波长为 820 nm 的光信号发送到光纤上。当连在两个设置为全双工模式的集线器（交换机）端口之间或节点与集线器（交换机）的端口之间时，支持的最大距离为 2 km。当节点与节点不经集线器（交换机）而直接连接，且工作在半双工方式时，两节点之间的最大传输距离仅为 412 m。

（2）单模光纤。

这种光纤的纤芯直径为 9/125mm，采用基于激光的收发器将波长为 1300 nm 的光信号发送到光纤上。单模光纤在全双工的情况下，最大传输距离可达 10 km。

3. 100Base-T4

100Base-T4 是 100Base-T 标准中唯一全新的物理层标准。100Base-T4 链路与介质相关的接口基于 3、4、5 类非屏蔽双绞线。100Base-T4 标准使用 4 对线，使用与 100Base-T 一样的 RJ-45 接头。4 对线中的 3 对用于发送数据，第四对线用于冲突检测。每对线都是极化的，一条线传送正（+）信号，另一条线传送负（-）信号。100Base-T4 UTP MDI 管脚分配表如表 4-6 所示。

表 4-6　　　　　　　　　　　　100 Base-T4 UTP MDI 管脚分配表

管脚号	信号名	电缆编码
1	TX_D1+	白色/橙色
2	TX_D1-	橙色/白色
3	RX_D2+	白色/绿色
4	BI_D3+	蓝色/白色
5	BI_D3-	白色/蓝色
6	RX_D2-	绿色/白色
7	BI_D4+	白色/棕色
8	BI_D4+	棕色/白色

自动协商是 IEEE 802.3 规定的一项标准，它允许一个网络节点向同一网段上另一端的网络设备广播其容量。对于 100Base-T 来说，自动协商则允许一个网卡或一个集线器能够同时适应 10Base-T 和 100Base-T 的传输速率，直至达到自动通信操作模式，然后以最高性能操作。

自动协商适用于 10/100Mbit/s 双速以太网卡。例如，如果一个 10/100M 网卡和一个 10Base-T 集线器（HUB）连接，自动协商算法会自动驱动 10/100M 网卡以 10Base-T 模式操作，该区段便以 10 Mbit/s 速率通信。如果把 10Base-T 集线器升级为 100Base-T 集线器，10/100M 网卡的自动协商算法就会自动驱动网卡和集线器以 100Base-T 模式操作，该区段便以 100Mbit/s 速率通信。在这一速率升级的过程中，无须人工或软件干预。

图 4-15 给出了一个采用 100 M 集线器组建快速以太网的例子。由于快速以太网是从 10Base-T 发展而来，并且保留了 IEEE 802.3 的帧格式，所以 10 Mbit/s 以太网可以非常平滑地过渡到 100Mbit/s 快速以太网。

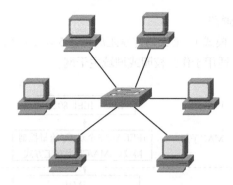

图 4-15　100Base-T 快速以太网组网

4.5.2　千兆以太网

1. 千兆以太网标准

随着多媒体技术、高性能分布计算和视频应用等的不断发展，用户对局域网的带宽提出了越来越高的要求；同时，100Mbit/s 快速以太网也要求主干网、服务器一级的设备有更高的带宽。在这种需求背景下，人们开始酝酿速度更高的以太网技术。1996 年 3 月，IEEE 802 委员会成立了 IEEE 802.3Z 工作组，专门负责千兆以太网及其标准，并于 1998 年 6 月正式发布了千兆位以太网标准。

千兆位以太网标准是对以太网技术的再次扩展，其数据传输率为 1000Mbit/s 即 1Gbit/s，因此也称吉比特以太网。千兆位以太网基本保留了原有以太网的帧结构，所以向下和以太网和快速以太网完全兼容，从而原有的 10Mbit/s 以太网或快速以太网可以方便地升级到千兆以太网。千兆位以太网标准实际上包括支持光纤传输的 IEEE 802.3Z 和支持铜缆传输的 IEEE 802.3ab 两大部分。标准的千兆位以太网协议结构如图 4-16 所示。IEEE 802.3Z 标准在 LLC 子层使用 IEEE 802.2 标准，在 AMC 子层使用 CSMA/CD 方法。在物理层定义了千兆介质专用接口（Gigabit Media Independent Interface，GMII），它将 MAC 子层与物理层分开。这样，物理层在实现 1000Mbit/s 速率时所使用的传输介质和信号编码方式的变化不会影响 MAC 子层。

从图 4-16 可以看出，IEEE 802.3z 千兆以太网标准定义了 3 种介质系统，其中两种是光纤介质标准，包括 1000Base-SX 和 1000Base-LX；另一种是铜线介质标准 1000Base-CX。IEEE 802.3ab 千兆以太网标准定义了双绞线标准 1000Base-T。

（1）1000Base-SX 标准。

1000Base-SX 标准是一种在收发器上使用短波激光作为信号源的媒体技术。这种收发器上配置了激光波长为 770~860 nm（一般为 800nm）的光纤激光传输器，不支持单模光纤，仅支持 62.5 μm 和 50 μm 两种多模光纤。对于 62.5 μm 多模光纤，全双工模式下的最大传输距离为 275 m，对于 50 μm 多模光纤，全双工模式下最大的传输距离为 550 m。数据编码方法为 8B/10B，适用于作为大楼网络系统的主干通路。

（2）1000Base-LX 标准。

1000Base-LX 是一种在收发器上使用长波激光作为信号源的介质技术。这种收发器上配置了激光波长为 1 270~1 355 nm（一般为 1 300 nm）的光纤激光传输器，它可以驱动多模光纤和单模光纤。使用 62.5 μm 和 50 μm 的多模光纤和 9 μm 的单模光纤。

对于多模光纤，在全双工模式下，最大的传输距离为 550 m，数据编码方法为 8B/10B，适用于作为大楼网络系统的主干通路。

对于单模光纤,在全双工模式下,最大的传输距离可达 5 km,工作波长为 1 300 nm 或 1 550 nm,数据编码方法采用 8B/10B,适用于作为校园或城域主干网。

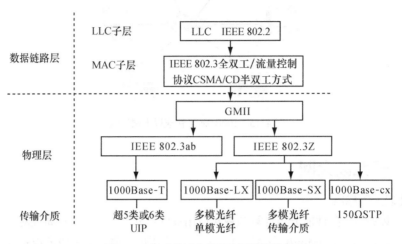

图 4-16 标准的千兆位以太网协议体系

（3）1000Base-CX 标准。

1000Base-CX 媒体是一种短距离屏蔽铜缆,最长距离为 25 m,这种屏蔽电缆是一种特殊规格高质量的 TW 型带屏蔽的铜缆。连接这种电缆的端口上配置 9 针的 D 型连接器。1000Base-CX 的短距离铜缆适用于交换机间的短距离连接,特别适用于千兆主干交换机与主服务器的短距离连接。

（4）1000Base-T 标准。

IEEE 802.3 委员会公布的第二个铜线标准 IEEE 802.3ab,即 1000Base-T 物理层标准。1000Base-T 采用 4 对 5 类 UTP 双绞线,传输距离为 100 m,传输速率为 1Gbit/s,主要用于结构化布线中同一层建筑的通信,从而可以利用以太网或快速以太网已铺设的 UTP 电缆,也可作为大楼内的网络主干。因此,1000Base-T 能与 10Base-T、100Base-T 完全兼容,它们都使用 5 类 UTP 介质,从中心设备到节点的最大距离都是 100 m,这使得千兆以太网应用于桌面系统成为现实。

在千兆以太网的 MAC 子层,除了支持以往的 CSMA/CD 协议外,还引入了全双工流量控制协议。其中,CSMA/CD 协议用于共享信道的争用问题,即支持以集线器作为星型拓扑中心的共享以太网组网；全双工流量控制协议适用于交换机到交换机或交换机到节点之间的点对点连接,两节点间可以同时进行发送与接收,即支持以交换机作为星型拓扑中心的交换以太网组网。

与快速以太网相比,千兆位以太网具有以下优点。

◆ 简易性。千兆以太网保持了传统以太网的技术原理、安装实施和管理维护的简易性,这是千兆以太网成功的基础之一。

◆ 技术过渡的平滑性。千兆以太网保持了传统以太网的主要技术特征,采用 CSMA/CD 介质管理协议,采用相同的帧格式及帧的大小,支持全双工、半双工工作方式,以确保平滑过渡。

◆ 网络可靠性。保持传统以太网的安装、维护方法,采用中央集线器和交换机的星型结构和结构化布线方法,以确保千兆以太网的可靠性。

◆ 可管理性和可维护性。采用简易网络管理协议（SNMP）即传统以太网的故障查找和排除工具,以确保千兆以太网的可管理性和可维护性。

◆ 网络成本包括设备成本、通信成本、管理成本、维护成本及故障排除成本。由于继承了传统以太网的技术，千兆以太网的整体成本下降。

◆ 支持新应用与新数据类型。计算机技术和应用的发展，出现了许多新的应用模式，对网络提出了更高的要求。千兆以太网具有支持新应用与新数据类型的高速传输能力。

2. 千兆位以太网组网应用

目前，千兆位以太网主要用于园区或大楼网络的主干网中，有时也用于有非常高带宽要求的高性能桌面环境中。图 4-17 给出了一个将千兆位以太网用于网络主干，将快速以太网或 10M 以太网用于桌面环境的网络示意图。该网络采用了典型的层次化网络设计方法。其中，最下面一层由 10Mbit/s 以太网交换机加上 100Mbit/s 上行链路组成；第二层由 100Mbit/s 以太网交换机加 1000Mbit/s 上行链路组成；最高层由千兆位以太网交换机组成。通常将面向用户连接或访问网络的层称为接入层（Access Layer），而将网络主干层称为核心层（Core Layer），将连接接入部分和核心部分的层称为汇聚层（Distribution Layer）。

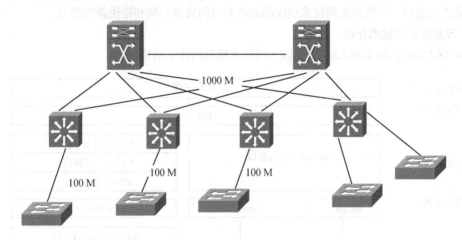

图 4-17　千兆位以太网的组网应用举例

4.5.3　万兆以太网

在以太网技术中，快速以太网是一个里程碑，确立了以太网技术在桌面的统治地位。随后出现的千兆以太网更是加快了以太网的发展。然而以太网主要是在局域网中占绝对优势，在很长的一段时间内，由于带宽以及传输距离等原因，人们普遍认为以太网不能用于城域网，特别是在汇聚层和骨干层。2002 年发布 IEEE 802.3ae10GE 标准，2006 年 7 月发布 IEEE 802.3an 标准。万兆以太网不仅再度扩展了以太网的带宽和传输距离，更重要的是其使得以太网从局域网领域向城域网领域渗透。

正如 1000Base-X 和 1000Base-T（千兆以太网）都属于以太网一样，从速度和连接距离上来说，万兆以太网是以太网技术自然发展中的一个阶段。

1. 万兆以太网的技术特色

万兆以太网相对于千兆以太网拥有绝对的优势和特点。

（1）在物理层面上。万兆以太网是一种采用全双工与光纤的技术，其物理层和 OSI 模型的第一层（物理层）一致，它负责建立传输介质（光纤或铜线）和 MAC 层的连接，MAC 层相当于 OSI 模型的第二层（数据链路层）。

（2）万兆以太网技术基本承袭了以太网、快速以太网及千兆以太网技术，因此在用户普及率、使用方便性、网络互操作性及简易性上皆占有极大的引进优势。在升级到万兆以太网解决方案时，用户不必担心已有的程序或服务会受到影响，升级的风险非常低，同时在未来升级到 40Gbit/s 甚至 100Gbit/s 都将有很明显的优势。

（3）万兆标准意味着以太网将具有更高的带宽（10Gbit/s）和更远的传输距离（最长传输距离可达 40 km）。

（4）在企业网中采用万兆以太网可以更好地连接企业网骨干路由器，这样大大简化了网络拓扑结构，提高网络性能。

（5）万兆以太网技术提供了更多的更新功能，大大提升 QoS。因此，能更好地满足网络安全、服务质量、链路保护等多个方面需求。

（6）随着网络应用的深入，WAN/MAN 与 LAN 融和已经成为大势所趋，各自的应用领域也将获得新的突破，而万兆以太网技术让工业界找到了一条能够同时提高以太网的速度、可操作距离和连通性的途径，万兆以太网技术的应用必将为三网发展与融和提供新的动力。

2. 万兆以太网技术介绍

图 4-18 所示为 IEEE 802.3ae 万兆以太网技术标准的体系结构。

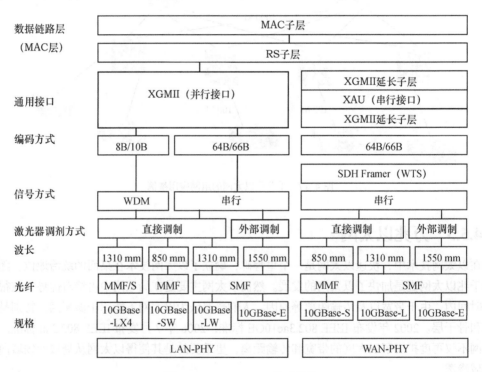

图 4-18　IEEE 802.3ae 体系结构

（1）物理层。

在物理层，万兆以太网的 IEEE 802.3ae 标准只支持光纤作为传输介质，但提供了两种物理连接类型。一种是提供与传统以太网进行连接的速率为 10Gbit/s 的局域网物理层设备即"LAN PHY"；另一种提供与 SDH/SONET 进行连接的速率为 9.58464Gbit/s 的广域网物理层设备即"WAN PHY"。通过引入 WAN PHY，提供了以太网帧与 SONET OC-192 帧结构的融合，WAN PHY 可与 OC-192、SONET/SDH 设备一起运行，从而在保护现有网络投资的基础上，能够在不同地区通过 SONNET

城域网提供端到端以太网连接。

每种物理层分别可使用 10GBase-S（850 nm 短波）、10GBase-L（1 310 nm 长波）和 10GBase-E（1 550 nm 长波）3 种规格，最大传输距离分别为 300 m、10 km、40 km。

在物理拓扑上，万兆以太网既支持星型连接或扩展星型连接，也支持点到点连接及星型连接与点到点连接的组合，在万兆以太网的 MAC 子层已不再采用 CSMA/CD 机制，其只支持全双工方式。事实上，尽管在千兆以太网协议标准中提到了对 CSMA/CD 的支持，但基本上已经只采用全双工／流量控制协议，而不再采用共享带宽方式。另外，其继承了 IEEE 802.3 以太网的帧格式和最大/最小帧长度，从而能充分兼容已有的以太网技术，进而降低了对现有以太网进行万兆位升级的风险。

◆ 10G 串行物理媒体层:万兆位以太网支持 5 种接口，分别是 1 550 nm LAN 接口、1 310 nm 宽频波分复用（WWDM）LAN 接口、850 nm LAN 接口、1 550 nm WAN 接口和 1 310 nm WAN 接口。每种接口都有其对应的传输介质，传输距离也不同，如表 4-7 所示。

表 4-7   10G 串行物理媒体层

标准名称	描述	传输介质	传输距离
10GBase – SR	805 nm LAN 接口	50/125mm 多模光纤	65 m
10GBase – LR	1 310 nm LAN 接口	62.5/125mm 多模光纤	300 m
10GBase – ER	1 550 nm LAN 接口	50/125mm 多模光纤	
10GBase – LW	1 310 nm WAN 接口	单模光纤	10 km
10GBase – EW	1 550 nm WAN 接口	单模光纤	40 km

◆ PMD（物理介质相关）子层：PMD 子层的功能是支持在 PMA 子层和介质之间交换串行化的符号代位位。PMD 子层将这些电信号转换成适合于在某种特定介质上传输的形式。PMD 是物理层的最低子层，标准中规定物理层负责从介质上发送和接收信号。

◆ PMA（物理介质接入）子层：PMA 子层提供了 PCS 和 PMD 层之间的串行化服务接口。和 PCS 子层的连接称为 PMA 服务接口。另外，PMA 子层还从接收位流中分离出用于对接收到的数据进行正确的符号对齐（定界）的符号定时时钟。

◆ WIS（广域网接口）子层：WIS 子层是可选的物理子层，可用在 PMA 与 PCS 之间产生适配 ANSI 定义的 SONET 或 ITU 定义 SDH 的以太网数据流。该速率数据流可以直接映射到传输层而不需要高层处理。

◆ PCS（物理编码）子层：PCS 子层位于协调子层（通过 GMII）和物理介质接入层（PMA）子层之间。PCS 子层完成将经过完善定义的以太网 MAC 功能映射到现存的编码和物理层信号系统的功能上。PCS 子层和上层 RS/MAC 的接口由 XGMII 提供，与下层 PMA 接口使用 PMA 服务接口。

◆ RS（协调子层）和 XGMII（10Gbit/s 介质无关接口）:协调子层的功能是将 XGMII 的通路数据和相关控制信号映射到原始 PLS 服务接口定义（MAC/PLS）接口上。XGMII 接口提供了 10Gbit/s 的 MAC 和物理层间的逻辑接口。XGMII 和协调子层使 MAC 可以连接到不同类型的物理介质上。

（2）传输介质层。

IEEE 802.3ae 目前支持 9／125mm 单模、50／125mm 多模和 62.5／125mm 多模 3 种光纤，而对电接口的支持规范 10GBase-CX4 目前正在讨论之中，尚未形成标准。

（3）数据链路层。

IEEE 802.3ae 继承了 IEEE 802.3 以太网的帧格式和最大/最小帧长度，支持多层星型连接、点到点连接及其组合，充分兼容已有应用，不影响上层应用，进而降低了升级风险。

与传统的以太网不同，IEEE 802.3ae 仅仅支持全双工方式，而不支持单工和半双工方式，不采用 CSMA/CD 机制，采用全双工流量控制协议；IEEE 802.3ae 不支持自协商，可简化故障定位，并提供广域网物理层接口。

3. 万兆以太网的应用场合

随着千兆到桌面的日益普及，万兆以太网技术将会在汇聚层和骨干层广泛应用。目前，万兆以太网的应用场合包括教育行业、数据中心出口和城域网骨干。

（1）在教育网的应用。

随着高校多媒体网络教学、数字图书馆等应用的展开，高校校园网将成为万兆以太网的重要应用场合，如图 4-19 所示。利用 10GE 高速链路构建校园网的骨干链路和各分校区与本部之间的连接，可实现端到端的以太网访问，进而提高传输效率，有效保证远程多媒体教学和数字图书馆等业务的开展。

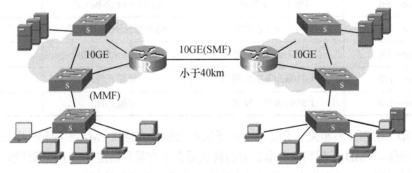

图 4-19　10GE 在校园网的应用

（2）在数据中心出口的应用。

随着服务器纷纷采用千兆链路连接网络，汇聚这些服务器的上行带宽将逐渐成为业务瓶颈，使用 10GE 高速链路可为数据中心出口提供充分的带宽保障，如图 4-20 所示。

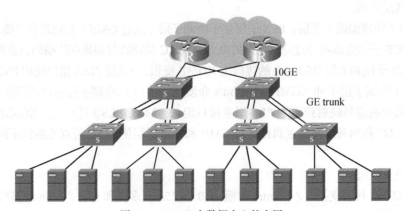

图 4-20　10GE 在数据中心的应用

（3）在城域网的应用。

随着城域网建设的不断深入，各种内容业务（如流媒体视频应用、多媒体互动游戏）纷纷出现，这些对城域网的带宽提出了更高的要求，而传统的 SDH、DWDM 技术作为骨干，存在着网络结构复杂、难于维护和建设成本高等问题。如图 4-21 所示，在城域网骨干层部署 10GE 可大大简化网络结构、降低成本、便于维护，通过端到端以太网打造低成本、高性能和具有丰富业务支持能力的城域网。

10GE 在城域网中的应用主要有两个方面。

◆ 直接采用 10GE 取代原来传输链路，作为城域网骨干，如图 4-21 所示。

图 4-21　10GE 与城域网骨干的连接

◆ 通过 10GE CWDM 接口或 WAN 接口与城域网的传输设备相连接，充分利用已有的 SDH 或 DWDM 骨干传输资源。

4.5.4　光纤分布式数据接口

光纤分布式数据接口（Fiber Distributed Data Interface，FDDI）是 20 世纪 80 年代中期发展起来一项局域网技术，它提供的高速数据通信能力要高于当时的以太网（10Mbit/s）和令牌网（4 或 16Mbit/s）。FDDI 标准由 ANSI X3T9.5 标准委员会制定，为繁忙网络上的高容量输入输出提供了一种访问方法。FDDI 技术同 IBM 的 Tokenring 技术相似，并具有 LAN 和 Tokenring 所缺乏的管理、控制和可靠性措施，FDDI 支持长达 2km 的多模光纤。FDDI 网络的主要缺点是价格与前面所介绍的快速以太网相比要贵许多，且因为它只支持光缆和 5 类电缆，所以使用环境受到限制，从以太网升级更是面临大量移植问题。

FDDI 采用的编码方式为 NRZ-I。当数据以 100Mbit/s 的速度输入输出时，在当时 FDDI 与 10Mbit/s 的以太网和令牌环网相比，性能有了相当大的改进。但是随着快速以太网和千兆以太网技术的发展，用 FDDI 的人就越来越少了。因为 FDDI 使用的通信介质是光纤，这一点它比快速以太网及现在的 100Mbit/s 令牌网传输介质要贵许多，而且 FDDI 最常见的应用只是提供对网络服务器的快速访问，所以目前 FDDI 技术并没有得到充分的认可和广泛的应用。

FDDI 的访问方法与令牌环网的访问方法类似，在网络通信中均采用令牌传递。但它与标准的令牌环又有所不同，主要在于 FDDI 使用定时的令牌访问方法。FDDI 令牌沿网络环路从一个节点向另一个节点移动，如果某节点不需要传输数据，FDDI 将获取令牌并将其发送到下一个节点中。如果处理令牌的节点需要传输，那么在指定的"目标令牌循环时间"（Target Token Rotation

Time，TTRT）内，它可以按照用户的需求来发送尽可能多的帧。因为 FDDI 采用的是定时的令牌方法，所以在给定时间中，来自多个节点的多个帧可能都在网络上，以为用户提供高容量的通信。

FDDI 可以发送两种类型的包：同步的和异步的。同步通信用于要求连续进行且对时间敏感的传输（如音频、视频和多媒体通信）；异步通信用于不要求连续脉冲串的普通数据传输。在给定的网络中，TTRT 等于某节点同步传输需要的总时间加上最大的帧在网络上沿环路进行传输的时间。FDDI 使用两条环路，所以当其中一条出现故障时，数据可以从另一条环路上到达目的地。连接到 FDDI 的节点主要有两类，即 A 类和 B 类。A 类节点与两个环路都有连接，由网络设备如集线器等组成，并具备重新配置环路结构以在网络崩溃时使用单个环路的能力；B 类节点通过 A 类节点的设备连接在 FDDI 网络上，B 类节点包括服务器或工作站等。

FDDI 是目前成熟的 LAN 技术中传输速率最高的一种。这种传输速率高达 100Mbit/s 的网络技术所依据的标准是 ANSIX3T9.5。该网络具有定时令牌协议的特性，支持多种拓扑结构，传输媒体为光纤。使用光纤作为传输媒体具有多种优点。

（1）较长的传输距离，相邻站间的最大长度可达 2km，最大站间距离为 200km。

（2）具有较大的带宽，FDDI 的设计带宽为 100Mbit/s。

（3）具有对电磁和射频干扰抑制能力，在传输过程中不受电磁和射频噪声的影响，也不影响其设备。

（4）光纤可防止传输过程中被分接偷听，也杜绝了辐射波的窃听，因而是最安全的传输媒体。

由光纤构成的 FDDI，其基本结构为逆向双环。一个环为主环，另一个环为备用环。一个顺时针传送信息，另一个逆时针。当主环上的设备失效或光缆发生故障时，通过从主环向备用环的切换可继续维持 FDDI 的正常工作。这种故障容错能力是其他网络所没有的。

FDDI 使用了比令牌环更复杂的方法访问网络。和令牌环一样，也需在环内传递一个令牌，而且允许令牌的持有者发送 FDDI 帧。但和令牌环不同的是，FDDI 网络可在环内传送几个帧。这可能是由于令牌持有者同时发出了多个帧，而非在等到第一个帧完成环内的一圈循环后再发出第二个帧。

令牌接受了传送数据帧的任务以后，FDDI 令牌持有者可以立即释放令牌，把它传给环内的下一个站点，无须等待数据帧完成在环内的全部循环。这意味着，第一个站点发出的数据帧仍在环内循环时，下一个站点可以立即开始发送自己的数据。

FDDI 用得最多的是作为校园环境的主干网。这种环境的特点是站点分布在多个建筑物中。FDDI 也常常被划分在城域网（MAN）的范围。

4.6 无线局域网

近年来，随着无线局域网标准、技术的发展，无线局域网产品逐渐成熟，无线局域网得到了业界以及公众的热情关注，无线局域网的应用也逐渐发展起来。相对于蓝牙、3G 等无线技术，无线局域网正成为当前无线领域中一个引人关注的热点。无线局域网（Wireless LAN，WLAN）顾名思义，是一种利用无线方式，提供无线对等（如 PC 对 PC、PC 对集线器或打印机对集线器）和点到点（如 LAN 到 LAN）连接性的数据通信系统。WLAN 可以代替常规 LAN 中使用的双绞线、同轴线路或光纤，通过电磁波传送和接收数据。WLAN 具有文件传输、外设共享、Web 浏览、电子邮件和数据库访问等传统网络通信功能。

4.6.1　无线局域网标准

由于 WLAN 基于计算机网络与无线通信技术，在计算机网络结构中，逻辑链路控制（LLC）层及其之上的应用层对不同物理层的要求可以是相同的，也可以是不同的，因此，WLAN 标准主要是针对物理层和媒质访问控制层（MAC），涉及所使用的无线频率范围、空中接口通信协议等技术规范与技术标准。

1. IEEE 802.11X

（1）IEEE 802.11。

1990 年，IEEE 802 标准化委员会成立 IEEE 802.11 WLAN 标准工作组。IEEE 802.11（别名 Wi-Fi（Wireless Fidelity）无线保真）是在 1997 年 6 月由大量的局域网以及计算机专家审定通过的标准，该标准定义物理层和媒体访问控制（MAC）规范。物理层定义了数据传输的信号特征和调制，以及两个 RF 传输方法和一个红外线传输方法，RF 传输标准是跳频扩频和直接序列扩频，工作在 2.4000～2.4835 GHz 频段。IEEE 802.11 是 IEEE 最初制定的一个无线局域网标准，主要用于解决办公室局域网和校园网中用户与用户终端的无线接入，业务主要只限于数据访问，速率最高只能达到 2Mbit/s。由于它在速率和传输距离上都不能满足人们的需要，所以 IEEE 802.11 标准被 IEEE 802.11b 取代了。

（2）IEEE 802.11b。

1999 年 9 月 IEEE 802.11b 被正式批准，该标准规定 WLAN 工作频段在 2.4～2.4835 GHz，数据传输速率达到 11 Mbit/s，传输距离控制在 50～150 英尺。该标准是对 IEEE 802.11 的一个补充，采用补偿编码键控调制方式，采用点对点模式和基本模式两种运作模式，在数据传输速率方面可以根据实际情况在 11Mbit/s、5.5Mbit/s、2Mbit/s、1Mbit/s 的不同速率间自动切换，它改变了 WLAN 设计状况，扩大了 WLAN 的应用领域。IEEE 802.11b 已成为当前主流的 WLAN 标准，被多数厂商所采用，所推出的产品广泛应用于办公室、家庭、宾馆、车站、机场等众多场合，但是由于许多 WLAN 新标准的出现，IEEE 802.11a 和 IEEE 802.11g 更是倍受业界关注。

（3）IEEE 802.11a。

1999 年，IEEE 802.11a 标准制定完成，该标准规定 WLAN 工作频段在 5.15～8.825 GHz，数据传输速率达到 54Mbit/s/72Mbit/s（Turbo），传输距离控制在 10～100m。该标准也是 IEEE 802.11 的一个补充，扩充了标准的物理层，采用正交频分复用（OFDM）的独特扩频技术和 QFSK 调制方式，可提供 25Mbit/s 的无线 ATM 接口和 10Mbit/s 的以太网无线帧结构接口，支持多种业务，如话音、数据和图像等，一个扇区可以接入多个用户，每个用户可带多个用户终端。IEEE 802.11a 标准是 IEEE 802.11b 的后续标准，其设计初衷是取代 IEEE 802.11b 标准，然而，工作于 2.4 GHz 频带是不需要执照的，该频段属于工业、教育、医疗等专用频段，是公开的，工作于 5.15～8.825 GHz 频带需要执照的。一些公司仍没有表示对 IEEE 802.11a 标准的支持，一些公司更加看好最新混合标准 IEEE 802.11g。

（4）IEEE 802.11g。

目前，IEEE 推出最新版本 IEEE 802.11g 认证标准，该标准提出拥有 IEEE 802.11a 的传输速率，安全性较 IEEE 802.11b 好，采用两种调制方式，含 IEEE 802.11a 中采用的 OFDM 与 IEEE 802.11b 中采用的 CCK，做到与 IEEE 802.11a 和 IEEE 802.11b 兼容。虽然 IEEE 802.11a 较适用于企业，但 WLAN 运营商为了兼顾现有 IEEE 802.11b 设备投资，选用 IEEE 802.11g 的可能性极大。

（5）IEEE 802.11i。

IEEE 802.11i 标准是结合 IEEE 802.1x 中的用户端口身份验证和设备验证，对 WLAN 的 MAC 层进行修改与整合，定义了严格的加密格式和鉴权机制，以改善 WLAN 的安全性。IEEE 802.11i 新修订的标准主要包括两项内容："Wi-Fi 保护访问"（Wi-FiProtected Access，WPA）技术和"强健安全网络"（RSN）。Wi-Fi 联盟计划采用 IEEE 802.11i 标准作为 WPA 的第二个版本，并于 2004 年初开始实行。IEEE 802.11i 标准在 WLAN 网络建设中是相当重要的，数据的安全性是 WLAN 设备制造商和 WLAN 网络运营商应该首先考虑的问题。

（6）IEEE 802.11e/f/h。

IEEE 802.11e 标准对 WLAN 的 MAC 层协议提出改进，以支持多媒体传输和所有 WLAN 无线广播接口的服务质量（QOS）保证机制。IEEE 802.11f 定义访问节点之间的通信，支持 IEEE 802.11 的接入点互操作协议（IAPP）。

IEEE 802.11h 用于 IEEE 802.11a 的频谱管理技术。

2. HIPERLAN

欧洲电信标准化协会（ETSI）的宽带无线电接入网络（BRAN）小组着手制定 Hiper（High Performance Radio）接入泛欧标准，已推出 HiperLAN1 和 HiperLAN2。HIPERLAN1 推出时，数据速率较低，没有被人们重视，在 2000 年，HIPERLAN2 标准制定完成，HIPERLAN2 标准的最高数据速率能达到 54 Mbit/s，HIPERLAN2 标准详细定义了 WLAN 的检测功能和转换信令，用以支持许多无线网络、动态频率选择、无线信元转换、链路自适应、多束天线和功率控制等。该标准在 WLAN 性能、安全性、服务质量（QOS）等方面也给出了一些定义。HiperLAN1 对应 IEEE 802.11b，HiperLAN2 与 IEEE 802.11a 具有相同的物理层，它们可以采用相同的部件，并且 HiperLAN2 强调与 3G 整合。HIPERLAN2 标准也是目前较完善的 WLAN 标准。

3. HomeRF

HomeRF 工作组是由美国家用射频委员会领导并于 1997 年成立的，其主要工作任务是为家庭用户建立具有互操作性的话音和数据通信网，2001 年 8 月推出 HomeRF 2.0 版，集成了语音和数据传送技术，工作频段在 10 GHz，数据传输速率达到 10Mbit/s，在 WLAN 的安全性方面主要考虑访问控制和加密技术。HomeRF 是针对现有无线通信标准的综合和改进：当进行数据通信时，采用 IEEE 802.11 规范中的 TCP/IP 传输协议；进行语音通信时，采用数字增强型无绳通信标准。除了 IEEE 802.11 委员会、欧洲电信标准化协会和美国家用射频委员会之外，无线局域网联盟（Wireless LAN Association，WLANA）在 WLAN 的技术支持和实施方面也做了大量工作。WLANA 是由无线局域网厂商建立的非营利性组织，由 3Com、Aironet、Cisco、Intersil、Lucent、Nokia、Symbol 和中兴通讯等厂商组成，其主要工作是验证不同厂商的同类产品的兼容性，并对 WLAN 产品的用户进行培训等。

4. MMAC 标准

日本的多媒体移动接入通信促进委员会（Multimedia Mobile Access Communication Promotion Council，MMAC）一直致力于 WLAN 技术的研究和标准制订工作。相继制订了 HiSWANa 和 HiSWANb 标准。其中，HiSWANa 工作于 5 GHz 频段，HiSWANb 工作于 25/27 GHz 频段，支持数据速率为 6 ~ 54 Mbit/s，采用 OFDM 调制、TDMA 多址方式、TDD 双工方式。

在无线局域网技术的进一步发展上，目前的研究呈现出这样的特点:一是研究方向向更高数据速率（>100Mbit/s）、更高频带发展；二是积极研究无线局域网与 3G 乃至 4G 蜂窝移动通信网络的互通与融合。

IEEE 于 2002 年 1 月启动了 WLAN WNG（无线局域网下一代研究组），目标是研究峰值速率超过 100Mbit/s 的 WLAN。日本的多媒体移动接入通信促进委员会正在研究工作于 60 GHz 频段的超高速无线局域网（Ultra High Speed Wireless LAN），其速率达 156Mbit/s。

为推动 3G、WLAN 两种技术的协调发展，目前在 3GPP 等国际标准化组织中正在进行 3G 与 WLAN 互通的研究工作，制订了工作计划和目标，并取得了一定进展。目前工作的重点是研究如何利用 3G 网络的能力，来向 WLAN 系统提供用户接入认证、计费业务。

5. 中国 WLAN 规范

中华人民共和国国家信息产业部正在制订 WLAN 的行业配套标准，包括《公众无线局域网总体技术要求》和《公众无线局域网设备测试规范》。该标准涉及的技术体制包括 IEEE 802.11X 系列（IEEE 802.11、IEEE 802.11a、IEEE 802.11b、IEEE 802.11g、IEEE 802.11h、IEEE 802.11i）和 HIPERLAN2。信息产业部通信计量中心承担了相关标准的制订工作，并联合设备制造商和国内运营商进行了大量的试验工作，同时，信息产业部通信计量中心和中兴通讯股份有限公司等联合建成了 WLAN 的试验平台，对 WLAN 系统设备的各项性能指标、兼容性和安全可靠性等方面进行全方位的测评。

此外，由信息产业部科技公司批准成立的"中国宽带无线 IP 标准工作组（www.chinabwips.org）"在移动无线 IP 接入、IP 的移动性、移动 IP 的安全性、移动 IP 业务等方面进行标准化工作。2003 年 5 月，国家首批颁布了由"中国宽带无线 IP 标准工作组"负责起草的 WLAN 两项国家标准：《信息技术系统间远程通信和信息交换局域网和城域网特定要求第 11 部分：无线局域网媒体访问（MAC）和物理（PHY）层规范》、《信息技术系统间远程通信和信息交换局域网和城域网特定要求第 11 部分：无线局域网媒体访问（MAC）和物理（PHY）层规范：2.4GHz 频段较高速物理层扩展规范》。这两项国家标准所采用的依据是 ISO/IEC8802.11 和 ISO/IEC8802.11b，将规范 WLAN 产品在我国的应用。

4.6.2 无线局域网的组网框架

目前比较成熟的商业化产品基本上都支持 IEEE 802.11a/b/g 标准，基于该标准的 WLAN 产品很多。由于 IEEE 802.11a 标准的工作频段在 5.15 ~ 8.825 GHz，而 IEEE 802.11b/g 标准的工作频段在 2.4 ~ 2.4835 GHz，所以带来双频的问题。由于 IEEE 802.11g 拥有 IEEE 802.11a 速率，安全性能较 IEEE 802.11b 高，并且可以兼容 IEEE 802.11b，所以对于已经部署 WLAN 的运营商而言，为了保护投资，其更加倾向于 IEEE 802.11g。但是现在大多数产品能够兼容 IEEE 802.11a/b/g 标准。

WLAN 产品从组网架构的角度来分析，有两种模式。

（1）胖 AP 架构。

在自治架构中，AP 完全部署和端接 IEEE 802.11 功能。其可以作为网络中的一个单独节点，起到交换机或者路由器的作用。

（2）瘦 AP 架构

通常又将瘦 AP 架构称为"智能天线"，它的主要功能是接收和发送无线流量，将无线数据帧送回到控制器，然后对这些数据帧进行处理，再接入有线网络。

胖 AP 架构和瘦 AP 架构的特性比较如表 4-8 所示。

表 4-8 　　　　　　　　　　　　　　　　胖 AP 架构和瘦 AP 架构特性比较

特性	胖 AP	瘦 AP
安全性	单点安全，无整网统一安全能力	统一的安全防护体系，AP 与无线控制器间通过数字证书进行认证，支持 2、3 层完全机制，具有 IPSec VPN 终结能力
配置管理	每个 AP 需要单独配置，管理复杂	AP 零配置管理，统一由无线控制器集中配置
自动 RF 调节	自动 RF 调节能力较弱，不是由集中控制单元统一管理	通过自动的 RRM 能力，自动调整包括信道功率等无线参数，实现自动优化无线网络配置
网络自康复	自康复能力较弱，信息收集处理较慢	无须人工干扰，网络具有自康复能力，自动弥补无线漏洞，自动进行无线控制器切换
容量	不支持堆叠，单块最大支持 600 个 AP	可支持最大 24 个无线控制器堆叠，最大支持 3600 个 AP 间无缝漫游
漫游能力	支持 2、3 层漫游，3 层无缝漫游必须通过 WLSM 或者 Mobile IP 技术实现	支持 2、3 层快速安全漫游，3 层漫游通过基于瘦 AP 体系架构中的 LWAPP 隧道技术实现
可扩展性	扩展能力一般，新部署 AP 需要额外配置	方便扩展，对于新增 AP 无须任何配置管理
一体化网络	室内、室外 AP 产品需要分别单独部署，无统一化配置管理能力	统一无线控制器、无线网管支持基于集中式无线网络架构的室内、室外 AP、MESH 产品
有线无线集成	仅支持基于核心交换机的无线模块	支持基于路由器、楼层交换机和核心交换机的无线管理模块
高级功能	不能支持基于 Wi-Fi 的定位业务	支持基于 WiFi 的定位业务
网络管理功能	管理能力较弱，需要固定硬件支持	无须固定硬件支持，支持无线网络设计工具，实时热感图显示，可以集成定位服务

4.6.3 无线网络的应用

1. 数字家庭

一般将设备隐蔽安装在客厅吊顶的某个位置，向下覆盖客厅、书房、卧室、阳台等；主人可随意在居室的任何位置移动上网，享受现在居室的"无限自由"，如图 4-22 所示。

2. 无线社区

采用室外型大功率设备从居民楼的外部进行无线覆盖，对于多层居住楼，一般在楼顶或侧高面架设一台室外型 AP 即可完全覆盖，也可把设备架设在对面的楼，将天线方向对准本楼，有时效果会更好。对于高层楼，根据具体高度决定安装设备的数量。所有的室外型 AP 通过小区交换机汇聚后，通过小区出口的宽带设备接入运营商或 ISP 的宽带网。也可以在以太网汇聚以后，采用室外远距离无线网桥将数据传输到有宽带网络的接入点或汇聚点。

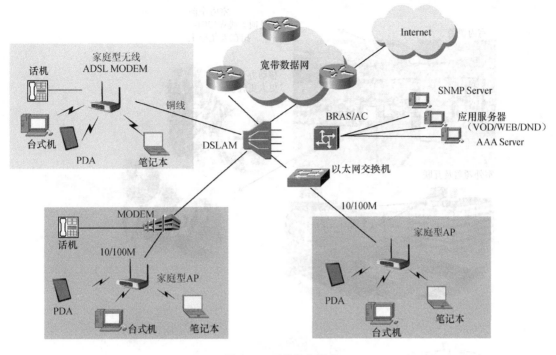

图 4-22 无线数字家庭

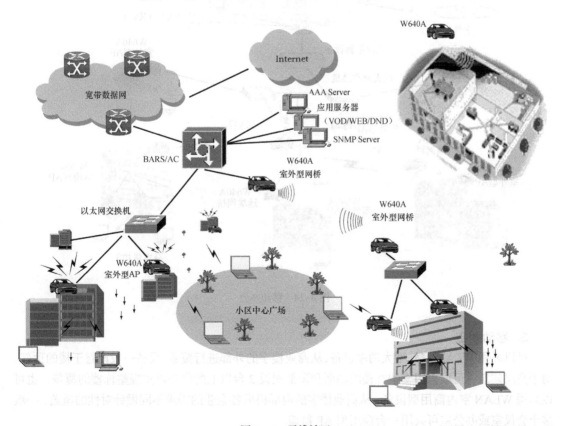

图 4-23 无线社区

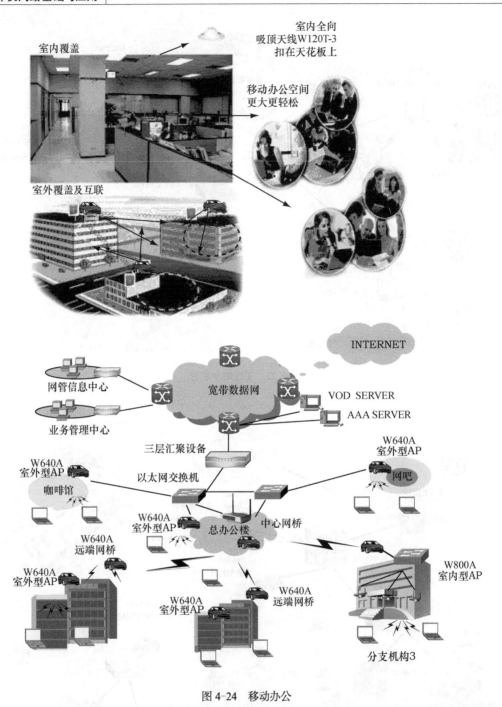

图 4-24 移动办公

3. 移动办公

可以采用 WLAN 室外型大功率设备,从商业楼宇的外部进行覆盖,设备一般设置于楼的顶部,对于高层建筑,可以采用支架在楼的侧面和顶部架设 2 台以上的设备以实现整栋楼的覆盖;也可以采用 WLAN 室内商用型设备,从商业楼宇的内部根据各企业的需求不同做针对性的覆盖,一般多个会议室或办公室可共用一台商用型 AP 覆盖。

4. 无线商旅

◆ 采用 WLAN 室内型商用 AP W800A，有如下几种方式，根据现场实际情况采用：AP 部署在酒店房间天花板上，天花板下吊装圆形吸顶天线，天花板内 AP 与吸顶天线以短距离馈线相连，WLAN 无线信号在吸顶天线上收发。一个房间配置一套 AP 和吸顶天线。

◆ AP 部署在房间走廊天花板内，无线信号穿透走廊天花板、房间门或墙壁，到达房间，用户感觉不到 AP 的存在，走廊上每隔 2~4 间房分别布置一个 AP，每层的 AP 数据汇聚到楼层交换机。

◆ 酒店如果有 PHS、3G 室内天线分布系统，商用 AP W800A 不配天线，AP 射频口通过馈线接到室内天线分布系统合路器上，WLAN 无线信号因为频段不同，可以与 PHS、3G 共用室内分布系统进行覆盖。

◆ 在酒店大堂、咖啡厅等公共场所，商用 AP W800A 配自带花瓣角稍大的定向天线进行覆盖。

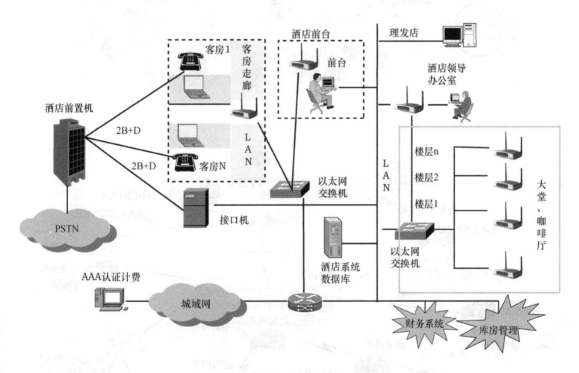

图 4-25　无线酒店

5. 无线校园

对于新建立的私立学校、大学分校等，为了解决快速接入网络的问题，可以直接采用 WLAN 的室外型大功率 AP W640A 进行室外覆盖；对于已有布线的学校，为了进一步扩大网络覆盖范围，实现校园的无缝覆盖，提供更高的带宽等，可以在现有的基础上采用室内型 AP 设备作为现有有线网络的补充覆盖；对于需要快速互连的建筑物，如图书馆与教学楼、实验室与教学楼、学生宿舍与教书楼等，可以采用室外无线网桥进行互连，方便师生之间的及时交流沟通。

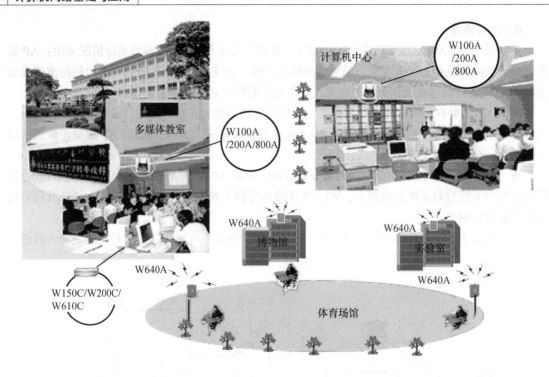

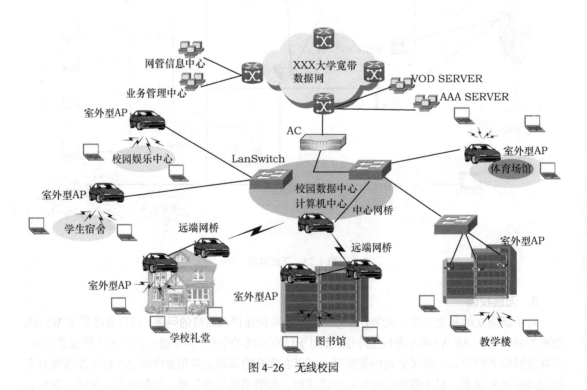

图 4-26　无线校园

4.6.4　IEEE 802.11n 无线局域网

IEEE 802.11n 使用 2.4 GHz 和 5 GHz 频段，IEEE 802.11n 标准的核心是多入多出（Multiple-Input Multiple-Output，MIMO）和 OFDM 技术，传输速度为 300 Mbit/s，最高可达

600Mbit/s，可向下兼容 IEEE 802.11b、IEEE 802.11g，是下一代无线局域网技术标准。

IEEE 在 9 月 11 日批准了 IEEE 802.11n 高速无线局域网标准。在该标准支持下的产品理论速率为 300Mbit/s，较之前的 IEEE 802.11a/g 产品的 54Mbit/s 有极大提升。IEEE 当天并未公开宣布这一消息，但 IEEE 802.11n 工作组的主席 Bruce Kraemer 向工作组的成员发送了通知邮件。IEEE 802.11n 工作组成员包括一系列的 Wi-Fi 芯片制造商、软件开发人员和设备制造商。

IEEE 802.11 工作组意识到支持高吞吐量将是 WLAN 技术发展历程的关键点，基于 IEEE HTSG（High Throughput Study Group）前期的技术工作，于 2003 年成立了 Task Group n（TGn）。n 表示 Next Generation，核心内容就是通过物理层和 MAC 层的优化来充分提高 WLAN 技术的吞吐量。由于 IEEE 802.11n 涉及了大量的复杂技术，标准过程中又涉及了大量的设备厂家，所以整个标准制定过程历时漫长。相关设备厂家早已无法耐心等待这么漫长的标准化周期，纷纷提前发布了各自的 11n 产品（pre-11n）。为了确保这些产品的互通性，WiFi 联盟基于 IEEE 2007 年发布的 IEEE 802.11n 草案的 2.0 版本制定了 11n 产品认证规范，以帮助 11n 技术能够快速产业化。

根据 WIFI 联盟 2009 年年初公布的数据，IEEE 802.11n 产品的认证增长率从 2007 年成倍增长，截至目前全球已经有超过 500 款的 11n 设备完成认证，2009 年的认证数量超出 IEEE 802.11a/b/g。

1. IEEE 802.11n 技术概述

IEEE 802.11n 主要是结合物理层和 MAC 层的优化来充分提高 WLAN 技术的吞吐量。主要的物理层技术涉及 MIMO、MIMO-OFDM、40 MHz、Short GI 等技术，从而将物理层吞吐量提高到 600Mbit/s。如果仅仅提高物理层的速率，而没有对空口访问等 MAC 协议层的优化，IEEE 802.11n 的物理层优化将无从发挥。这就好比即使建了很宽的马路，如果车流的调度管理跟不上，仍然会出现拥堵和低效。所以 IEEE 802.11n 对 MAC 采用了 Block 确认、帧聚合等技术，大大提高 MAC 层的效率。

IEEE 802.11n 对用户应用的另一个重要收益是无线覆盖的改善。由于采用了多天线技术，无线信号（对应同一条空间流）将通过多条路径从发射端到接收端，从而提供了分集效应。在接收端采用一定方法对多个天线收到的信号进行处理，就可以明显改善接收端的 SNR，即使在接收端较远时，也能获得较好的信号质量，从而间接提高了信号的覆盖范围。其典型的技术包括了 MRC 等。除了吞吐量和覆盖的改善，11n 技术还有一个重要的功能就是兼容传统的 IEEE 802.11 a/b/g，以保护用户已有的投资。

接下来对这些相关的关键技术进行介绍。

（1）MIMO。

MIMO 是 IEEE 802.11n 物理层的核心，是指一个系统采用多个天线进行无线信号的收发。它是当今无线最热门的技术，无论是 3G、IEEE 802.16e WIMAX，还是 IEEE 802.11n，都把 MIMO 列入射频的关键技术 MIMO 架构如图 4-27 所示。

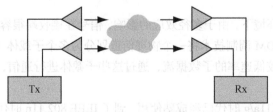

图 4-27　MIMO 架构

MIMO 主要有如下的典型应用。

① 提高吞吐量，通过多条通道，并发传递多条空间流，可以成倍提高系统吞吐量。

② 提高无线链路的健壮性和改善 SNR，通过多条通道，无线信号通过多条路径从发射端到达接收端的多个接收天线。由于经过多条路径传播，每条路径一般不会同时衰减严重，采用某种算法把这些信号进行综合计算，可以改善接收端的 SNR。需要注意的是，这里是同一条流在多个路径上传递了多份，并不能够提高吞吐量。在 MRC 部分将有更多说明。

（2）SDM。

当基于 MIMO 同时传递多条独立空间流（spatial streams）（见图 4-28 中的空间流 X1、X2）时，将成倍地提高系统的吞吐量。

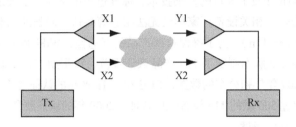

图 4-28　通过 MIMO 传递多条空间流

MIMO 系统支持空间流的数量取决于发送天线和接收天线的最小值。例如，发送天线数量为 3，接收天线数量为 2，则支持的空间流为 2。MIMO/SDM 系统一般用"发射天线数量×接收天线数量"表示，如图 4-27 所示为 2×2 MIMO/SDM 系统。显然，增加天线可以提高 MIMO 支持的空间流数。但是综合成本、实效等多方面因素，目前业界的 WLAN AP 都普遍采用 3×3 模式。

MIMO/SDM 是在发射端和接收端之间，通过存在的多条路径（通道）来同时传播多条流。有意思的事情出现了：一直以来，无线技术（如 OFMD）总是企图克服多径效应的影响，而 MIMO 恰恰是在利用多径来传输数据，如图 4-29 所示。

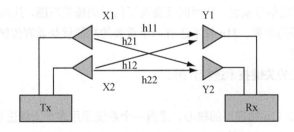

图 4-29　MIMO 利用多径传输数据

（3）MIMO-OFDM。

在室内等典型应用环境下，由于多径效应的影响，信号在接收端很容易发生码间干扰（ISI），从而导致高误码率。OFDM 调制技术将一个物理信道划分为多个子载体（Sub-Carrier），将高速率的数据流调制成多个较低速率的子数据流，通过这些子载体进行通信，从而减少 ISI 机会，提高物理层吞吐。

OFDM 在 IEEE 802.11a/g 时代已经成熟使用，到了 IEEE 802.11n 时代，它将 MIMO 支持的子载体从 52 个提高到 56 个。需要注意的是，无论 IEEE 802.11a/g，还是 IEEE 802.11n，它们都使用了 4 个子载体作为 pilot 子载体（导频子载体），而这些子载体并不用于数据的传递。所以 IEEE

802.11n MIMO 将物理速率从传统的 54 Mbit/s 提高到了 58.5（54×52/48）Mbit/s。

（4）FEC（Forward Error Correction）

按照无线通信的基本原理，为了使信息适合在无线信道这样不可靠的媒介中传递，发射端将把信息进行编码并携带冗余信息，以提高系统的纠错能力，使接收端能够恢复原始信息。IEEE 802.11n 所采用的 QAM-64 编码机制可以将编码率（有效信息和整个编码的比率）从 3/4 提高到 5/6。因此，对于一条空间流，在 MIMO-OFDM 基础之上，物理速率从 58.5Mbit/s 提高到了 65（58.5×5/6/3/4）Mbit/s。

（5）Short Guard Interval（GI）。

由于多径效应的影响，信息符号（Information Symbol）通过多条路径传递可能会发生彼此碰撞，导致 ISI 干扰。为此，IEEE 802.11a/g 标准要求在发送信息符号时，必须保证信息符号之间存在 800 ns 的时间间隔，这个间隔被称为 Guard Interval（GI）。IEEE 802.11 n 仍然使用默认的 800ns GI。当多径效应不是很严重时，可以将该间隔配置为 400ns，对于一条空间流，可以将吞吐量提高近 10%，即从 65 Mbit/s 提高到 72.2 Mbit/s。对于多径效应较明显的环境，不建议使用 Short Guard Interval（GI）。

（6）40 MHz 绑定技术

40 MHz 技术最为直观：对于无线技术，提高所用频谱的宽度，可以最为直接地提高吞吐。就好比是马路变宽了，车辆的通行能力自然提高。传统 IEEE 802.11a/g 使用的频宽是 20 MHz，而 IEEE 802.11n 支持将相邻两个频宽绑定为 40 MHz 来使用，所以可以最直接地提高吞吐量。

需要注意的是：对于一条空间流，并不是仅仅将吞吐从 72.2 Mbit/s 提高到 144.4（72.2×2）Mbit/s。对于 20 MHz 频宽，为了减少相邻信道的干扰，在其两侧预留了一小部分的带宽边界。而通过 40 MHz 绑定技术，这些预留的带宽也可以用来通信，将子载体从 104（52×2）提高到 108。按照 72.2×2×108/104 进行计算，所得到的吞吐能力达到了 150Mbit/s。

（7）MCS（Modulation Coding Scheme）

在 IEEE 802.11a/b/g 时代，配置 AP 工作的速率非常简单，只要指定特定 radio 类型（IEEE 802.11a/b/g）所使用的速率集，速率范围为 1 ~ 54 Mbit/s，一共有 12 种可能的物理速率。

到了 IEEE 802.11n 时代，由于物理速率依赖于调制方法、编码率、空间流数量、是否 40 MHz 绑定等多个因素。这些影响吞吐量的因素组合在一起，将产生非常多的物理速率供选择使用。例如，基于 Short GI、40MHz 绑定等技术，在 4 条空间流的条件下，物理速率可以达到 600（4×150）Mbit/s。为此，IEEE 802.11n 提出了 MCS 的概念。MCS 可以理解为这些影响速率因素的完整组合，每种组合用整数来唯一标示。对于 AP，MCS 普遍支持的范围为 0 ~ 15。

（8）MRC（Maximal-Ratio Combining）。

MRC 和吞吐量提高没有任何关系，它的目的是改善接收端的信号质量。基本原理是：对于来自发射端的同一个信号，由于在接收端使用多个天线接收，这个信号将经过多条路径（多个天线）被接收端所接收。多个路径质量同时差的几率非常小，一般，总有一条路径的信号较好。所以在接收端可以使用某种算法，对各接收路径上的信号进行加权汇总（显然，信号最好的路径分配最高的权重），实现接收端的信号改善。这在多条路径上信号都不太好时，仍然通过 MRC 技术获得较好的接收信号。

2. IEEE 802.11n 技术特征

Broadcom 公司推出新型无线 LAN（WLAN）芯片组 Intensi-fi 系列，这是和 IEEE 802.11n 标准（草案）兼容的首个解决方案。Intensi-fi 技术提供了在家庭或办公室优异的性能和功能强大的无线连接，使得下一代 Wi-Fi 设备能提供完美的多媒体体验，支持新兴的语音、视频和数据应用。

Intensi-fi 技术集成了 IEEE 802.11n 标准（草案）所有强制性的元件，一旦标准完成即可进行软件升级。忠于标准是 Broadcom 的工作重点，因为它不需要考虑兼容性和使用户烦恼的非标准产品的性能问题。Broadcom 和业界其他一流厂商紧密配合，当草案 802.11n 产品变成现实时，在分支中演示真实的互连性。Broadcom 还向 Wi-Fi 联盟提供技术资源，以加速 IEEE 802.11n 互连测试程序。

Intensi-fi 技术支持在多个发送和接收天线上多个同时发生的数据（或"空间"）流，提供的数据速率高达 300 Mbit/s，比以前的 IEEE 802.11 产品（它采用一个发送器和一个接收器，支持单一数据流），其覆盖范围更广。它提供了足够的带宽、范围和可靠性，对家庭中每个房间提供高清晰视频（HD）。为了提供完美的多媒体体验，Intensi-fi 技术把传统的 PC 和网络设备扩充到消费电子和娱乐设备，为线缆/DSL/卫星机顶盒、个人视频记录仪、DVD 播放器、游戏系统、音频设备照相机、手机和其他手提设备提供了发送电影、照片、音乐、语音呼叫和数据所需的基础设备。

Intensi-fi 解决方案包括 MAC/基带芯片以及能配置各种高速无线应用的无线电芯片。Broadcom 还提供两个网络处理器，使用户能优化无线路由器设计的性价比。完整的系列产品包括下面所有的 CMOS 器件。BCM4321，业界首个和 IEEE 802.11n 标准（草案）兼容的 MAC 和基带，提供超过 300 Mbit/s 的 PHY 速率，并提供了与 PCI、Cardbus 和 PCI-Express 主机的接口。BCM2055：Broadcom 第五代 IEEE 802.11 无线电，集成了多个 2.4 GHz 和 5 GHz 无线电，支持用于 IEEE 802.11n 产品的同时发生的空间数据流，并具有 2×2，3×3 或 4×4 天线配置。BCM2055 是最佳性能的 IEEE 802.11 无线电，具有更小的芯片尺寸、更低的功耗、更低的相位噪音和误差向量幅度（EVM）。所有这些对于高吞吐量的 IEEE 802.11n（草案）系统都是至关重要的。BCM4704:是 Broadcom 已验证过的第五代无线网络处理器，提供先进的路由/桥接功能，并能满足 IEEE 802.11n（草案）芯片组的目标性能，用于路由器和网关的设计。BCM4705：Broadcom 第六代无线网络处理器，支持同时工作的 2.4 GHz 和 5 GHz 无线电，集成的吉比特以太网 MAC 使得 IEEE 802.11n（草案）和以太网网络间的吞吐量大于 200Mbit/s。

3. IEEE 802.11n 的前景

在传输速率方面，IEEE 802.11n 可以将 WLAN 的传输速率由目前 IEEE 802.11a 及 IEEE 802.11g 提供的 54Mbit/s、108Mbit/s，提高到 300Mbit/s 甚至 600Mbit/s。这得益于将 MIMO（多入多出）与 OFDM（正交频分复用）技术相结合而应用的 MIMO OFDM 技术，提高了无线传输质量，也使传输速率得到极大提升。

在覆盖范围方面，IEEE 802.11n 采用智能天线技术，通过多组独立天线组成的天线阵列，可以动态调整波束，保证让 WLAN 用户接收到稳定的信号，并可以减少其他信号的干扰。因此其覆盖范围可以扩大到好几平方千米，使 WLAN 移动性极大提高。

在兼容性方面，IEEE 802.11n 采用了一种软件无线电技术，它是一个完全可编程的硬件平台，使得不同系统的基站和终端都可以通过这一平台的不同软件实现互通和兼容，这使得 WLAN 的兼容性得到极大改善。这意味着 WLAN 将不但能实现 IEEE 802.11n 向前后兼容，而且可以实现 WLAN 与无线广域网络的结合，如 3G。

让人遗憾的是，IEEE 802.11n 现在处于一种"标准滞后，产品早产"的尴尬境地。IEEE 802.11n 标准还没有得到 IEEE 的正式批准，但采用 MIMO OFDM 技术的厂商已经很多，包括 D-Link，

Airgo、Bermai、Broadcom 以及杰尔系统、Atheros、思科、Intel 等，产品包括无线网卡、无线路由器等，而且已经大量在 PC、笔记本电脑中应用。

主导 IEEE 802.11n 标准的技术阵营有两个，即 WWiSE（World Wide Spectrum Efficiency）联盟和 TGn Sync 联盟。这两个阵营都希望在下一代无线局域网标准之争中处于优先地位，不过两大阵营的技术构架已经越来越相似，如都是采用 MIMO OFDM 技术。

在 2007 年上半年已经确定 IEEE 802.11n 的 2.0 草案，可以完全支持日后的正式标准。

MIMO（Multiple Input Multiple Output）是指无线网络信号通过多重天线进行同步收发，所以可以增加资料传输率。然而比较正确的解释应该是，网络资料通过多重切割之后，经过多重天线进行同步传送，由于无线信号在传送的过程当中，为了避免发生干扰，经过不同的反射或穿透路径，因此到达接收端的时间会不一致。为了避免资料不一致而无法重新组合，接收端会同时具备多重天线接收，然后利用 DSP 重新计算的方式，根据时间差的因素，将分开的资料重新作组合，然后传送出正确且快速的资料流。

由于传送的资料经过分割传送，不仅单一资料流量降低，可拉高传送距离，又增加天线接收范围，因此 MIMO 技术不仅可以增加既有无线网络频谱的资料传输速度，而且又不用额外占用频谱范围，更重要的是，还能增加讯信接收距离。所以不少强调资料传输速度与传输距离的无线网络设备，纷纷开始抛开对既有 Wi-Fi 联盟的兼容性要求，而采用 MIMO 技术，推出高传输率的无线网络产品。

MIMO 技术可以简单地认为多进多出（Multiple Input Multiple Output）技术，是在 20 世纪末美国的贝尔实验室提出的多天线通信系统，在发射端和接收端均采用多天线（或阵列天线）和多通道。因此，我们今天看到的 MIMO 产品多数都不只一根天线。MIMO 无线通信技术的概念是在任何一个无线通信系统，只要其发射端和接收端均采用了多个天线或者天线阵列，就构成了一个无线 MIMO 系统。MIMO 无线通信技术采用空时处理技术进行信号处理，在多径环境下，无线 MIMO 系统可以极大地提高频谱利用率，增加系统的数据传输速率。MIMO 技术非常适于在室内环境下的无线局域网系统中使用。采用 MIMO 技术的无线局域网系统在室内环境下的频谱效率可以达到 20～40bit/s/Hz；而使用传统无线通信技术在移动蜂窝中的频谱效率仅为 1～5bit/s/Hz，在点到点的固定微波系统中也只有 10～12bit/s/Hz。

MIMO 一词泛指任何在传送器部分具有多重输入，在接收器部分具多重输出的系统。虽然 MIMO 系统可能包含有线连结的装置，但整个系统通常是无线系统，如多重天线系统、3G 行动电话系统（无线系统）中所使用的 CDMA（Code Division Multiple Access）系统，甚至是使用多条电话线多方通话（Crosstalk）的 DSL 系统（有线系统）。MIMO 并不是单一概念，而是由多种无线射频技术所组成的，因此我们必须充分了解 MIMO 的运作和效能。当应用于 WLAN 时，有些 MIMO 技术能与现有的 WLAN 标准（如 IEEE 802.11a、IEEE 802.11b 与 IEEE 802.11g）相兼容，因而能扩充其传输范围；相反，有些 MIMO 技术则只能用于与一般 WLAN 标准不相容的 MIMO 装置。

MIMO 的特色是通过多个天线同时进行收发，增加无线网络基地台的涵盖范围、利用多重路径的设计方式，减少基地台数量，这不仅可以增加资料传输率，也能够增加无线网络客户端服务数量。

MIMO 是 IEEE 802.11n 物理层的核心，通过结合 40MHz 绑定、MIMO-OFDM 等多项技术，可以将物理层速率提高到 600 Mbit/s。为了充分发挥物理层的能力，IEEE 802.11n 对 MAC 层采用了帧聚合、Block ACK 等多项技术进行优化。IEEE 802.11n 给我们带来吞吐、覆盖等提高的同时，也增加了更多的技术挑战。了解这些技术，将帮助我们更好地应用 802.11n 和解决应用所面临的实际问题。

4.7 本 章 小 结

局域网是将较小地理区域的各种数据通信设备连接在一起的通信网络。本章介绍了局域网的相关知识。局域网是我们涉及最多的网络工作环境，本章研究它的特点、协议、传输介质和组建，以及最常用的以太网（Ethernet）的类型、工作原理和组建方式。

4.8 实验 组建对等局域网

1．实验目的

（1）掌握利用 TCP/IP 配置对等网，能够采用星型拓扑结构或点到点拓扑结构组建局域网。

（2）掌握局域网内资源共享的设置和使用方法。

2．实验环境

（1）两台以上运行 Windows XP 或其以上版本的计算机，计算机必须配备网卡及其驱动程序，其中一台计算机已安装好打印机驱动程序。

（2）1 台打印机、1 台集线器以及直连和交叉网线若干。

3．实验内容

（1）组建点到点拓扑结构的对等网及配置文件夹共享。

（2）组建星型拓扑结构的对等网及实现打印机的共享。

4．实验步骤

（1）组建点到点拓扑结构的对等网及配置文件夹共享（两台计算机为一组）。

① 用交叉电缆线将两台计算机相连，观察网卡的指示灯，看每台计算机是否都处于连通状态。

② 查看网络组件是否完整（是否安装了 TCP/IP、网卡驱动程序）。打开"控制面板"→"网络"，查看网络组件是否都在。若无 TCP/IP 通信协议或缺其他组件，则添加相应的协议和组件。

③ 配置 IP 地址。在"控制面板"中打开"网络连接"窗口，打开"本地连接"，选择"TCP/IP 协议"，单击"属性"。在出现的"TCP/IP 属性"对话框中单击"IP 地址"，然后选择"使用下面的地址"，进行相应的配置。同组计算机 IP 地址一个为 10.64.13.6，另一个为 10.64.13.7，子网掩码都为 255.255.255.0，其他不设。单击"确定"按钮。

④ 在命令提示符下输入"ipconfig"，由此查看本机的 IP 地址，如图 4-30 所示。

⑤ 给同组的两台计算机配置相同的工作组名和不同的计算机名，如图 4-31 所示。

⑥ 测试网络的连通性。在命令提示符下输入"ping 本组计算机 IP 地址"可以连通，如图 4-32 所示。

⑦ 实现文件夹的共享。单击文件夹的属性，把此文件夹设置为共享，如图 4-33 所示，这样在其他主机上就能够看到此文件夹，实现文件资源共享，如图 4-34 所示。

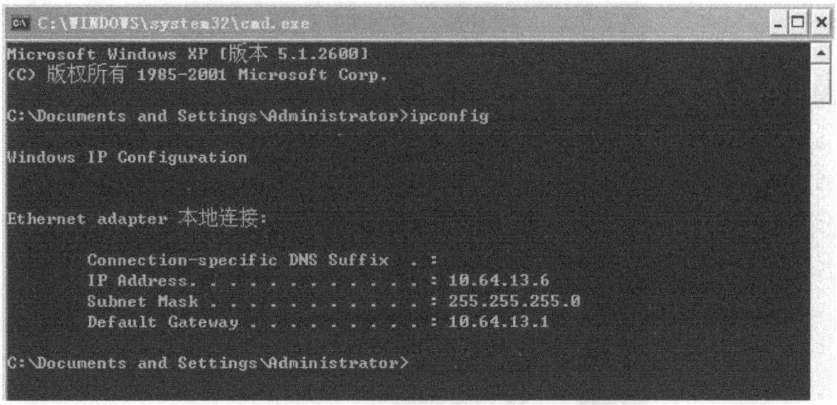

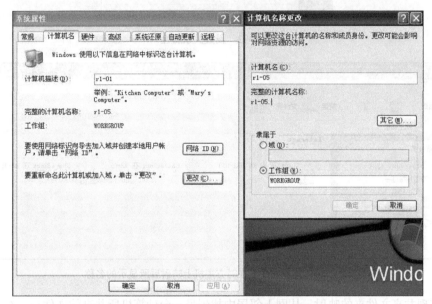

图 4-30 用 ipconfig 命令得到的本机配置

图 4-31 设置本机计算机名以及所在工作组

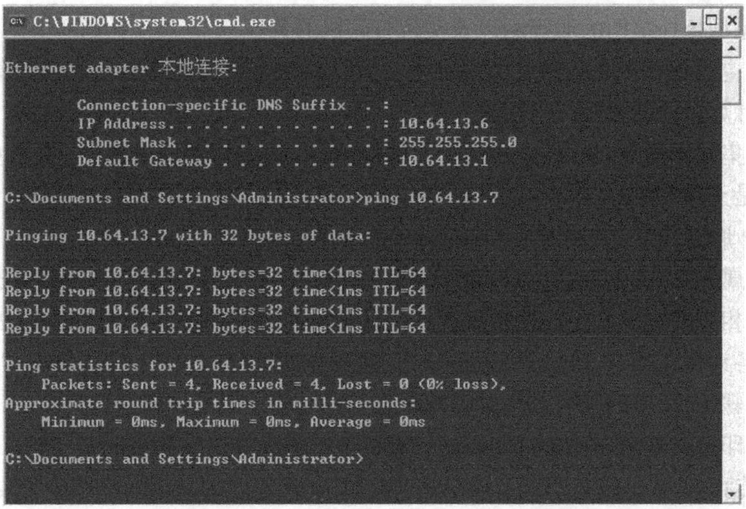

图 4-32 用 "ping 本组计算机" 得到的测试结果

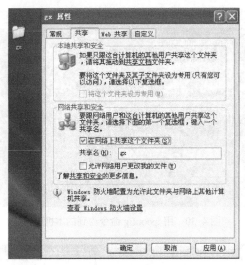

图 4-33　设置关系属性

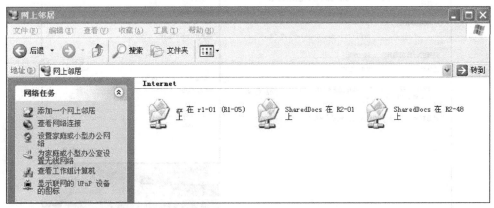

图 4-34　共享文件夹在对方主机上映射后所显示的名称

⑧ 实现共享文件夹的映射。从网上邻居中找到另一台计算机所共享的文件夹，右击文件夹，找到映射到网络驱动器，单击，实现共享文件夹映射。

（2）组建星型拓扑结构的对等网以及实现打印机的共享

① 用直通电缆将计算机连接到集线器上，具体做法是直通电缆的一端连接集线器的一个端口，另一端与计算机的网络接口卡相连。

② 观察该集线器的端口和计算机网卡上的指示灯，这些灯都应该变亮。在有些设备上，指示灯会闪烁，这是正常现象。

③ 配置 IP 地址。在"控制面板"中打开"网络连接"窗口，打开"本地连接"，选择"TCP/IP协议"，单击"属性"。在出现的"TCP/IP 属性"对话框中单击"IP 地址"，然后选择"使用下面的地址"，进行相应的配置。将连接到集线器的计算机的 IP 地址设定为 10.64.13.2 ～ 10.64.13.9 中任意一个，但各计算机的 IP 地址不能相同，子网掩码都为 255.255.255.0，单击"确定"按钮。

④ 重复步骤（1）中的④～⑧步，实现星型拓扑结构的对等网资源共享。

⑤ 实现打印机共享。在连接打印机的计算机上（假设主机名为 1ee），打开"控制面板"中的"打印机和传真"，右击该打印机名后单击"共享"，在出现的对话框中选中"共享为"，输入共享名"work_net"。在其他计算机上，打开"控制面板"中的"打印机和传真"，选择"添加打印

机"，选择"网络打印机"选项，输入打印机的路径及其共享名\\lee\work_net，此时从此计算机可以使用网络中共享的打印机。

习　题

一、选择题

1. 局域网的协议结构（　　）。

　　A. 包括物理层、数据链路层和网络层

　　B. 包括物理层、LLC 子层和 MAC 子层

　　C. 只有 LLC 子层和 MAC 子层

　　D. 只有物理层

2. 总线型的 CSMA 技术中，如果介质是空闲的，则可发送，否则等待一个随机时间后重复 CSMA，这种方式称为（　　）。如果介质是空闲的，则发送，否则继续监听，直到介质空闲后立即发送，若冲突发生，则等待一段随机时间，再重复 CSMA，这种方式称为（　　）。

　　A. P-坚持 CSMA　　　　　　1-坚持 CSMA

　　B. 非坚持 CSMA　　　　　　1-坚持 CSMA

　　C. 1-坚持 CSMA　　　　　　非坚持 CSMA

　　D. 1-坚持 CSMAP　　　　　　坚持 CSMA

3. 在 CSMA/CD 介质访问控制方式中，若发送节点检测到信道被占用时，则按一定的概率推迟一段时间，对这个概率时间的计算应该考虑的因素是（　　）。

　　A. 站点的发送时间　　　　　　B. 冲突检测所需的时间

　　C. 阻塞信号的传送时间　　　　D. 以上时间都考虑

4. 计算机局域网中，通信设备主要指（　　）。

　　A. 计算机　　　　　　　　　　B. 通信适配器

　　C. 终端及各种外部设备　　　　D. 以上三项都是

5. 关于局域网中介质访问控制协议的描述，正确的是（　　）。

　　A. 将传输介质的频带有效地分配给网上各站点

　　B. 合理分配网上各站点使用传输介质的时间

　　C. 将传输介质的使用率与站点的数量对应起来

　　D. 将传输介质的容量与站点的数量对应起来

6. 设计一个较好的介质访问控制协议的基本目标是（　　）。

　　A. 功能简单，效率高

　　B. 协议简单，通道利用率高，对各站点公平合理

　　C. 通道利用率高，并突出某些站点的优先权

　　D. 效率高，协议功能完善

7. 关于局域网的协议结构，下列描述正确的是（　　）。

　　A. 局域网协议结构可分为物理层和数据链路层

　　B. 因局域网没有路由问题，故协议结构不需要网络层

　　C. 因局域网使用的通信介质较多，故在物理层中需分设 LLC 子层和 MAC 子层

D. 由于 LAN 的介质访问控制比较复杂，因此把数据链路层分成 LLC 子层和 MAC 子层

8. 局域网的典型特性是（　　　）。

A. 数据速率高，范围大，误码率高
B. 数据速率高，范围小，误码率低

C. 数据速率低，范围小，误码率低
D. 数据速率低，范围小，误码率高

9. 局域网标准化工作主要由（　　　）制定。

A. OSI
B. CCITT
C. IEEE
D. EIA

10. 某单位已经组建了多个 Ethernet 工作组网络，如果计划将这些工作网络通过主干网互连，那么下面是主干网优选的网络技术是（　　　）。

A. 帧中断
B. ATM
C. FDDI
D. 千兆以太网

二、填空题

1. IEEE 802 参考模型将局域网分成物理层、_____、_____ 3 层。

2. IEEE 802.3、IEEE 802.4 和 IEEE 802.5 标准分别规定了_____、_____和_____的介质访问控制方式和物理层连接规范。

3. 10Base-T 标准规定的网络拓扑结构是_____，网络速率是_____，网络所采用的网络介质是_____。

4. 从是否共享介质的角度可以把以太网划分为_____网和_____网两类。

5. 交换机交换数据方式有 3 种，分别是_____、_____、_____。

三、简答题

1. 简述计算机网络的定义。

2. 简述 OSI 参考模型的构成层次及各层完成的主要功能。

3. 局域网的体系结构分为哪几层？各层完成什么功能？

4. 简述 CSMA/CD 的工作原理。

第 5 章
Internet 接入技术

本章学习要点

➤ 网络互连的基本概念及层次结构

➤ 网络互连的设备及主要功能

➤ Internet 接入方式及其特点

5.1 网络互连的基本概念

世界上存在着各种各样的网络，每种网络都有其与众不同的技术特点，在寻址机制、分组最大长度、差错恢复、状态报告、用户接入等方面存在很大的差异，所以这些物理网络不能直接相连，形成了相互隔离的网络孤岛。随着网络应用的深入和发展，用户越来越不满足网络孤岛的现状。一个网络上的用户不仅有与另一个网络上的用户通信的需要，还有共享另一个网络资源的需要。在用户需求的推动下，互联网诞生了。

互连网络是利用互连设备将两个或多个分布在不同地理位置的物理网络相互连接以构成更大规模的网络，最大程度地实现网络资源的共享而形成的。互联网屏蔽了各个物理网络的差别，如寻址机制的差别、分组最大长度的差别、差错恢复的差别等，隐藏了各个物理网络实现细节，为用户提供通用服务。因此，用户常常把互联网看成一个虚拟网络系统，这个虚拟网络系统是对互联网结构的抽象，它提供通用服务，能够将所有主机都互连起来，实现全方位的通信。

5.2 网络互连的层次结构

网络互连从通信协议的角度来看，可以分为 4 个层次，物理层互连、数据链路层互连、网络层互连和高层互连。

1. 物理层互连

在不同的电缆段之间复制信号是物理层互连的基本要求。物理层的连接设备主要是中继器。中继器是最底层的物理设备，用于在局域网中连接几个网段，只起简单的信号放大作用，用于延伸局域网的长度。严格地说中继器是网段连接设备而不是网络互连设备。随着互连设备功能的不断拓展，中继器的使用正在逐渐减少。

2. 数据链路层互连

数据链路层互连要解决的问题是在网络之间存储转发数据帧。互连的主要设备是网桥。网桥在网络互连中起到数据接收、地址过滤与数据转发的作用，它用来实现多个网络系统之间的数据交换。在用网桥实现数据链路层互连时，允许互连网络的数据链路层与物理层协议相同，但也可以不同。

3. 网络层互连

网络层互连要解决的问题是在不同的网络之间存储转发分组。互连的主要设备是路由器。网络层互连包括路由选择、拥塞控制、差错处理和分段技术等。如果网络层协议相同，则互连主要解决路由选择问题；如果网络层协议不同，则需要使用多协议路由器。在用路由器实现网络层互连时，允许互连网络的网络层及以下各层协议相同的，也可以不同。

4. 高层互连

传输层以及以上各层协议不同的网络之间的互连属于高层互连。实现高层互连的设备是网关。高层互连使用的网关很多是应用层网关，通常也简称为应用网关。如果使用应用网关来实现两个网络高层互连，那么允许两个网络的应用层及以下各层网络协议不同。

网关也称为网间协议变换器。网间协议变换器是比网桥和路由器更为复杂的网络互连设备，它可实现不同协议网络之间的互连。网关一般用于不同类型、差别较大的网络系统之间的互连。网关的功能可由硬件或者软件实现。

5.3 网络互连设备

主要的网络互连设备如表 5-1 所示，第一层网络互连设备主要是中继器和集线器，第二层网络互连设备主要是网桥和交换机，第三层网络互连设备主要是路由器。

表 5-1　　　　　　　　　　　　　主要网络互连设备

OSI 模型	网络互连设备
应用层	网关
表示层	
会话层	
传输层	
网络层	路由器、第三层交换机
数据链路层	网桥、交换机
物理层	中继器、集线器

5.3.1　中继器

信号在网络中传输时，由于线路本身的阻抗和损耗，在线路上传输的信号功率会逐渐衰减，衰减到一定程度时将造成信号失真，当线路的长度超过建议的使用距离时，信号已衰减到几乎无法辨认的程度，若要继续传递信号，则加强信号。中继器（Repeater）就是为解决这一问题而设计的。

　　中继器的主要功能就是将收到的信号重新整理，使其恢复原来的波形和强度，然后继续传送下去，这样信号就会传得更远。由于中继器只是简单地把信号重新整理再送出去，所以只要是相同的网络结构，都可以利用中继器来增强信号，延长传输距离，如图 5-1 所示。

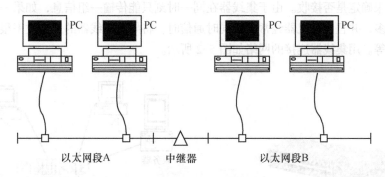

图 5-1　用中继器连接的网络

　　一般情况下，中继器的两端连接的是相同的介质，但有的中继器可完成不同介质的转换工作。从理论上讲，中继器的连接个数是无限的，网络也因此可以无限延长。但事实上是不可能的，因为网络标准都对信号的延迟范围作了具体规定，中继器只能在此规定范围内进行有效的工作，否则会引起网络故障。以太网标准中约定了在一个以太网上最多只允许出现 5 个网段，最多只能使用 4 个中继器。

　　中继器在 OSI 参考模型的物理层上工作，其功能就是对它连接的任一电缆段上的数字信号进行整形和放大，然后再发送到另一个电缆段上。由于中继器在 OSI 参考模型的物理层上工作，因此中继器不能把两种具有不同数据链路层协议的局域网连接起来，如以太网和令牌环网。中继器对它所接收的信号进行复制，不具备检错和纠正的功能，错误数据会被中继器复制到另一电缆段。中继器不对信号进行存储或其他处理，因此信号的延迟很小。

　　中继器主要用于同轴电缆介质。在细缆以太网或粗缆以太网中，每使用一个中继器能将总长度再延长 185 m（细缆以太网）或 500 m（粗缆以太网）。中继器还可用来连接不同类型的传输介质，如将细同轴电缆与双绞线连接在一起。在这种情况下，中继器也称为介质转换器。

　　在双绞线介质和光纤介质的网络上，中继功能被内置于集线器或交换机中，因此在这种网络中很难见到独立的中继器。

5.3.2　集线器

1．集线器的概念

　　集线器（Hub）与中继器相似，也属于网络物理层互连设备，集线器实际就是一种多端口的中继器，其区别仅在于集线器能够提供更多的端口服务。

　　从带宽来看，集线器不管有多少个端口，所有端口都共享带宽，连接在集线器上的任何一个设备发送数据时，其他所有设备必须等待，此设备享有全部带宽，通信完毕，再由其他设备使用带宽，同时集线器只能工作在半双工模式下。集线器的带宽是指它通信时能够达到的最大速率。目前，市面上用于中小型局域网的集线器主要有 10 Mbit/s、100 Mbit/s、10/100 Mbit/s 自适应 3 种。

　　10M 带宽的集线器的最大传输速率是 10 Mbit/s，即使与它连接的计算机使用的是 100Mbit/s 网卡，在传输数据时，速率仍然只有 10 Mbit/s。10/100 Mbit/s 自适应集线器能够根据与端口相连的网卡速度自动调整带宽，当与 10 Mbit/s 的网卡相连时，其带宽为 10 M；与 100Mbit/s 的网卡相连时，其带宽为100M，因此这种集线器也叫做双速集线器。

集线器是一种共享设备，集线器本身不能识别目的地址，当同一局域网内的两台主机传递信息时，数据包在以集线器为架构的网络上是以广播的方式传输的，由每一台终端通过验证数据包头的地址信息来确定是否接收。由于集线器在同一时刻只能传输一组信息，如果一台集线器连接的机器数目较多，并且多台机器经常需要同时通信时，将导致集线器的工作效率很低，如发生信息堵塞、碰撞等。用集线器连接的网络如图5-2所示。

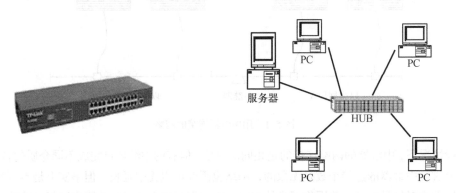

图5-2　用集线器连接的网络

2．集线器的分类

集线器根据结构可以分为3种形式：独立型集线器、模块化集线器和堆叠式集线器。

（1）独立型集线器：独立型集线器是带有多个端口的独立箱式产品。独立型集线器端口数范围为8～24，还可以用级连方法串接多个集线器来扩展连接端口的数量。独立型集线器价格便宜，适用于小型工作组、部门或办公室。

（2）模块化集线器：模块化集线器在大型网络中广泛使用，因为它易于扩充且备有管理模块选件。模块化集线器配有机架或卡箱，带多个卡槽，每个卡槽可放一块通信卡。每个卡的作用就相当于一个独立型集线器。当通信卡安装在机架内的卡槽中时，它们就被连接到通信底板上，这样，底板上通信卡的端口间就可以方便地进行通信。模块化集线器的通信卡槽数一般可配置 4～14 个，这样便可以方便地扩充网络。

（3）堆叠式集线器：堆叠式集线器通过一条外部堆叠连接电缆把多台集线器连接在一起。在集线器堆叠中，堆叠电缆实际上相当于把多台集线器的内部总线相连接，因此这种连接在速度上要高于级连。堆叠式集线器在外形和功能上均和独立型集线器相似。当它们连在一起时，其作用就像一个模块化集线器一样，可以当作一个单元设备来进行管理。当一个部门或机构想以少量的投资建立网络而又要满足未来的增长需求时，堆叠式集线器是最好的选择。

集线器还有另外一种划分方法，分为无源集线器、有源集线器和智能集线器。

（1）无源集线器：无源集线器只负责把多段介质连接在一起而不对信号进行任何处理。它是一个拥有几个端口供连接星型拓扑中计算机站点使用的一个箱式设备。无源集线器的一个重要特征是不放大信号。无源集线器仅仅是一个不需要电气连接的接线箱。

（2）有源集线器：其与无源集线器的差别在于它具有对传输信号进行再生和放大的功能。根据这一功能可扩展介质的长度。有源集线器通常比无源集线器具有更多的接口，并且它实际上再生了一个设备之间传输的信号。有源集线器需要电气连接。有源集线器的使用类似于中继器，它能延伸工作站电缆的长度。

（3）智能集线器：智能集线器除了具有有源集线器的功能外，还支持网络管理功能，如网络管理、选择网络传输线路等。智能集线器可以使用户更有效地共享资源，它还提供了集中管理功能。如果连接到智能集线器上的设备出了问题，便可以很容易地识别、诊断和修补。如果设备不支持网络管理功能，那么常常需要逐一检查线盒寻找出问题设备。通过支持网络管理的智能型集线器，网络管理人员通过软件就可以在任意一台网络计算机上管理整个网络。

5.3.3　交换机

1. 交换机的概念

在计算机网络系统中，交换概念的提出改进了共享工作模式。集线器（Hub）是一种共享设备，Hub 本身不能识别目的地址，当同一局域网内的 A 主机给 B 主机传输数据时，数据包在以 Hub 为架构的网络上以广播方式传输，由每一台终端通过验证数据包头的地址信息来确定是否接收。也就是说，在这种工作方式下，同一时刻网络上只能传输一组数据帧，如果发生碰撞还要重试。这种方式就是共享网络带宽。

交换机工作在数据链路层。交换机拥有一条很高带宽的背部总线和内部交换矩阵。交换机的所有端口都挂接在这条背部总线上，控制电路收到数据包后，处理端口会查找内存中的地址对照表以确定目的 MAC（网卡的硬件地址）挂接在哪个端口上，通过内部交换矩阵迅速将数据包传送到目的端口。目的 MAC 若不存在，则广播到所有的端口，接收端口回应后交换机会"学习"新的地址，并把它添加到内部 MAC 地址表中。通过对照 MAC 地址表，交换机只允许必要的网络流量通过交换机。通过交换机的过滤和转发，可以有效减少冲突，但它不能分割网络层广播，即广播域。交换机在同一时刻可进行多个端口对之间的数据传输。每一端口都可视为独立的网段，连接在其上的网络设备独自享有全部的带宽，无须同其他设备竞争使用。当节点 A 向节点 D 发送数据时，节点 B 可同时向节点 C 发送数据，而且这两个传输都享有网络的全部带宽。假设这里使用的是 10 Mbit/s 的以太网交换机，那么该交换机这时的总流通量就等于 2×10Mbit/s=20Mbit/s，而使用 10Mbit/s 的共享式 Hub 时，一个 Hub 的总流通量不会超出 10Mbit/s。总之，交换机是一种基于 MAC 地址识别，能完成封装转发数据包功能的网络设备。交换机可以"学习" MAC 地址，并把其存放在内部地址表中，通过在数据帧的始发者和目标接收者之间建立临时的交换路径，使数据帧直接由源地址到达目的地址。思科 2955 系统交换机如图 5-3 所示。

图 5-3　思科 2955 系统交换机

2. 交换机的分类

从广义上来看，网络交换机分为两种：广域网交换机和局域网交换机。广域网交换机主要应用于电信领域，提供通信用的基础平台。局域网交换机应用于局域网络，用于连接终端设备，如 PC 及网络打印机等。从应用规模上看，可分为企业级交换机、部门级交换机和工作组交换机等。

各厂商划分的尺度并不是完全一致的，一般来讲，企业级交换机都是机架式，部门级交换机可以是机架式（插槽数较少），也可以是固定配置式，而工作组级交换机为固定配置式（功能较为简单）。

3．交换机的交换方式

交换机一般通过以下 3 种方式进行交换。

（1）直通式。

直通式交换机在输入端口检测到一个数据包时，检查该包的包头，获取包的目的地址，然后在内部 MAC 地址表中查找目的地址对应的端口，并将数据发送至该端口。由于不需要存储，时延非常小、交换速度非常快，这是它的优点。它的缺点是，因为数据包内容并没有被以太网交换机保存下来，所以无法检查所传送的数据包是否有误，不能提供错误检测能力。

（2）存储转发式。

存储转发式是计算机网络领域应用最为广泛的方式。存储转发方式交换机把从输入端口接收的数据包先存储起来，然后进行错误检查，在对错误包处理后才取出数据包的目的地址，通过查找 MAC 地址表，找到对应的输出端口，并将数据发送到该端口。正因为如此，存储转发方式在数据处理时时延大，这是它的不足，但是它可以对进入交换机的数据包进行错误检测，有效地改善网络性能。尤其重要的是它可以支持不同速率端口间的转换，保持高速端口与低速端口间的协同工作。

（3）无碎片式。

无碎片式是介于前两者之间的一种解决方案。无碎片式交换机检查数据包的长度是否够 64 字节，如果小于 64 字节，则丢弃该数据包；如果大于 64 字节，则转发该数据包。这种方式也不提供数据校验。它的数据处理速度比存储转发方式快，但比直通式慢。

4．交换机的层数区别

交换机根据所处的网络层数不同可分为二层交换机、三层交换机和四层交换机等。

（1）二层交换机。

二层交换机属于数据链路层设备，可以识别数据包中的 MAC 地址信息，根据 MAC 地址进行转发，并将这些 MAC 地址与对应的端口记录在内存中的 MAC 地址表中。

（2）三层交换机。

三层交换机是具有一定路由功能的交换机，其最重要的功能是加快大型局域网内部数据的快速转发。如果把大型网络按照部门、地域等因素划分成一个个小局域网，这将导致大量的不同网络间互访，单纯地使用二层交换机不能实现网际互访。如果使用路由器，由于接口数量有限和路由转发速度慢，将限制网络的速度和网络规模。因此，大型局域网往往采用具有路由功能的快速转发的三层交换机进行网络互连。

（3）四层交换机。

四层交换机是指数据转发不仅仅依据 MAC 地址或 IP 地址，还依据 TCP/UDP 端口号。

5.3.4 路由器

1．路由器的概念

路由器是网络互连的重要设备之一，它工作在 OSI 的网络层，最基本的功能是在不同的网络间存储转发数据包，为经过路由器的每个数据分组选择一条最佳传输路径。选择最佳路径的关键是在路由器中有一个保存路由信息的数据库，即路由表。它包含各个子网的地址、到达各个子网所经过的路径以及与路径相关联的传输开销等内容。一般来说，路由表中的传输路径都已经经过了优化，它是综合网络负载、传输速率、时延、中间节点数等因素来确定的。路由器是一种连接多个网络的设备，在通过路由器实现的互连网络中，路由器要对数据包进行检测，判断其中所包含的目的地址，若数据包不是发向本地网络的某个节点，路由器就转发该数据包，并决定转发到哪个目的地以及从哪个网络接口转发。思科 2800 系列路由器如图 5-4 所示。

图 5-4　思科 2800 系列路由器

路由器的工作原理是：路由器从其物理接口接收来自其连接的某个网络的数据，并将数据向上传输到网络层，然后检查 IP 报头中的目的地址，如果目的地址位于发出数据的网络，路由器丢弃该数据包。如果数据要送往另一个网络，路由器查询路由表，以确定数据要转发下一条地址，并通过相应的接口转发该数据包。

路由器实际上是一种智能型的网络节点设备，它为经过路由器的每个数据分组寻找一条最佳传输路径，同时将该数据分组传输到目的节点。它的功能主要包括以下几个方面。

（1）连接功能。路由器不但可以提供不同 LAN 之间的通信，还可以提供不同网络类型、不同速率的链路接口。在网络间接收节点发送的数据包，根据数据包中的目的地址，对照自己的路由表，把数据包转发到目的节点。

（2）网络地址判断、最佳路由选择和数据处理功能。路由器为每一种网络层协议建立路由表并加以保护。路由表还可根据链路速率、传输开销、时延和链路拥塞情况等参数来确定最佳的数据包转发路由。在数据处理方面，可限定对特定数据的转发，如不转发它不支持的协议数据包，不转发以未知网络为信宿的数据包，还可以不转发广播信息，从而起到防火墙的作用。

（3）设备管理。路由器是一种高档的网络接入设备，由于其工作在 OSI 第 3 层网络层，可以了解更多的高层信息，可以通过流量控制参数控制其所转发数据的流量，以解决拥塞问题。另外，还可以支持网络配置管理、容错管理和性能管理。

2. 路由器的分类

通常从以下 3 方面对路由器进行分类。

（1）按照处理能力划分。可将路由器分为高端路由器和中低端路由器。通常将背板交换能力大于 40 Gbit/s 的路由器称为高端路由器，背板交换能力在 40 Gbit/s 以下的路由器称为中低端路由器。

（2）按照结构划分。可将路由器分为模块化结构与非模块化结构。通常中高端路由器为模块化结构，低端路由器为非模块化结构。

（3）按所处的网络位置划分。可分为核心路由器和接入路由器。核心路由器位于网络中心，通常使用的是高端路由器，要求快速的包交换能力和高速的网络接口，通常是模块化结构。接入路由器位于网络边缘，通常使用的是中低端路由器，要求相对低速的端口以及较强的接入控制能力。

5.3.5 网关

网关是用于在数据通过使用不同协议的网络时翻译数据的设备，它是网络层以上的互连设备的总称，是最复杂的网络互连设备，网关通常由运行在一台计算机上的专用软件实现。

为了实现异构型网络之间的通信，网关要对不同的传输层、会话层和应用层协议进行翻译和变换。网间互连的复杂性来自互联网间传输的帧、分组、报文格式、控制协议的差别，以及差错控制算法和服务类别的不同等。一般来说，网关总是针对某两个特定的系统或应用之间的转换而制定特定的用途，没有一个网关能适合所有异构型的网络互连，从理论上来说，有多少种通信体系结构和应用层协议的组合，就可能有多少种网关。

常见的网关有两种：协议网关和安全网关。

（1）协议网关。协议网关通常用于实现不同体系结构之间的互连或在两个使用不同协议的网络之间进行协议转换，通常通过重新封装数据实现。从原理上讲，对于网络体系结构差异比较大的网络，在网络层以上实现它们的互连比较方便。网络互连的层次越高，就能互连差别越大的异构网络，但是互连的代价也就越大，效率也会越低。

（2）安全网关。安全网关通常又称为防火墙，主要用于网络的安全防护。

5.4 Internet 接入方式

网络接入技术是目前互联网研究和应用的热点。它的主要研究内容是如何将计算机以合适的性价比接入互联网。虽然 Internet 是世界上发展最快、规模最大的网络，但它本身却不是一种具体的物理网络技术。Internet 实际上是把全世界各个地方已有的网络，包括局域网、数据通信网、公用电话交换网、分组交换网等各种广域网互连起来，从而成为一个跨国界范围的庞大的互联网。因此，接入 Internet 的问题，实际上是如何接入各种网络中的问题。将计算机接入 Internet 的方法很多，如电话拨号接入、非对称数字线路接入、电缆调制解调接入和小区以太网接入等。这些接入方式通常都是经营性的，由电信或其他部门负责，用户必须支付一定的费用才可以使用。因此，根据不同网络用户和不同网络应用，选择合适的接入方式非常重要。选择哪种接入方式主要取决于几个方面：用户对网络接入速度的要求、接入计算机与互联网之间的距离、接入后网间的通信量、用户希望运行的应用类型和用户所能承受的接入费用和代价等。

5.4.1 电话拨号接入

由于电话网是人们日常生活中最常用的通信网络，因此，借助电话网接入互联网是最常用、最简单的一种方法。使用这种方式接入互联网需要一台调制解调器（Modem），并向 Internet 服务提供商（Internet Server Provider，ISP）申请一个账号。

连接时，用户在自己的计算机上安装好通信软件，通过调制解调器和电话线将自己的计算机与 ISP 的主机相连。每次通信时，用户通过电话拨号接入 ISP 的联机服务系统，通过联机服务系统使用 Internet 服务。但由于电话线路所能支持的传输速率有限，所以一般比较适合个人用户接入 Internet，并且使用互联网服务时，不能使用普通电话服务。电话拨号接入 Internet 的原理如图5-5 所示。

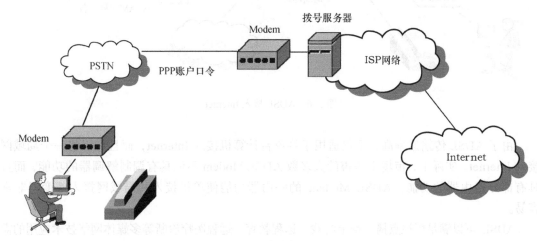

图 5-5　电话拨号接入 Internet

电话线路是为传输音频信号而建设的，计算机输出的数字信号不能直接在普通的电话线路上进行传输。调制解调器在通信中的一端负责将计算机输出的数字信号转换成普通电话线路能够传输的模拟信号，在另一端将从电话线路上接收的模拟信号转化成计算机能够处理的数字信号。一条电话线在一个时刻只能支持一个用户接入，如果要支持多个用户同时接入，互联网端必须提供多条电话线路。为了方便管理，通常在支持多个用户同时接入的互联网端使用一种叫做 Modem 池的设备，将多个 Modem 装入一个机架式箱子中，进行统一管理和配置。

5.4.2　ADSL 接入

由于电话拨号接入的数据传输速率很低，不能满足用户对多媒体信息的要求。因此，使用其他方法来解决大容量的信息传输问题势在必行，利用 ADSL 接入 Internet 由此应运而生。非对称数字用户环路（Asymmetric Digital Subscriber Line，ADSL）使用比较复杂的调制解调技术，在普通的电话线路上进行高速的数据传输。在数据的传输上，ADSL 分为上行和下行两个通道。下行通道的数据传输速率远远大于上行通道的数据传输速率，这就是非对称的含义。而 ADSL 的非对称性正好符合人们下载信息量大而上载信息量小的特点。ADSL 使用单对电话线，为网络用户提供很高的传输速率，在 5 km 的范围内，ADSL 的上行速率可以达到 16～640kbit/s，而下行速率可以达到 1.5～9Mbit/s。但是，ADSL 的数据传输速率和线路长度成反比。传输距离越大，信号衰减就越大，越不适合高速传输。

ADSL 服务的典型结构是：在用户端安装 ADSL 调制解调设备，用户数据经过调制变成可以通过普通电话线传输的 ADSL 信号。如果要在铜线上传送电话，就要加一个语音分离器，语音分离器能将话音信号和调制好的数字信号放在同一条铜线上传送。信号传送到 ISP，再通过一个分路器将语音信号和 ADSL 数字调制信号分离出来，把语音信号交给语音处理设备，把 ADSL 数字调制信号交给 ADSL 中心设备。ADSL 接入 Internet 的原理如图 5-6 所示。

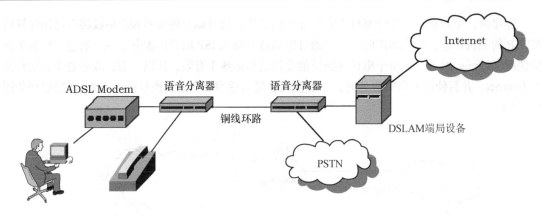

图 5-6   ADSL 接入 Internet

由于 ADSL 传输速率高，不仅适用于将单台计算机接入 Internet，而且可以将一个局域网接入 Internet。实际上，市场上销售的大多数 ADSL Modem 不但具有调制解调器的功能，而且具有部分路由器的功能。ADSL Modem 的路由器功能使单机接入和局域网接入都变得非常容易。

ADSL 可以满足影视点播、网上游戏、远程教育、远程医疗诊断等多媒体网络技术应用的需要，而且数据信号和电话信号可以同时传输，互不影响。与其他竞争技术相比，ADSL 所需要的电话线资源分布广泛，具有使用费用低、无须重新布线和建设周期短的特点，尤其适合家庭和中小型企业的接入互联网要求。

5.4.3 电缆调制解调接入

用户除了可以使用公用电话交换网外，还可以使用有线电视网的接入技术接入 Internet。基于有线电视网络的接入技术主要是电缆调制解调（Cable Modem），使用的传输介质是光缆和同轴电缆。

电缆调制解调通过使用与传送有线电视一样的同轴电缆实现了双向和高速的数据传输。电缆调制解调提供了优于电话拨号和 ADSL 的速度，此外它的成本低廉且易于安装。在已经安装有线电视电缆的基础设施后，可以通过安装电缆调制解调器实现网络互连。

电缆调制解调提供了全时的连通性。只要用户打开计算机，就能接入 Internet，不需要拨号建立连接所需的时间和精力。目前，大部分有线电视网都经过改造和升级，信号首先通过光纤传输到光纤节点（Fiber Node），再通过同轴电缆传输到有线电视网用户。这就是混合光纤同轴电缆（HFC）。利用 HFC，网络的覆盖面积可以扩大到整个大中型城市，信号的传输质量可以大幅度提高。数据从网络到用户的传输称为下行，数据从用户到网络的传输称为上行。从用户角度看，能够以 30 ~ 40 Mbit/s 的速率传送数据。

使用电缆调制解调器高速接入的优点在于，同轴电缆为使用宽带应用的家庭网络 LAN 提供更高的宽带。事实上，在系统看来，下行和上行 Internet 信道仅仅是另一个电视频道。这是一个主要优点，特别是在使用 Web 服务器或 FTP 服务器时，其中涉及很多 Internet 上传任务。

尽管电缆调制解调具有这些优点，并且广受欢迎，但它也有一些缺点。电缆调制解调要求对现有的有线电视基础设施进行大的改造，这对于小型提供商来说是非常昂贵的负担。另外，由于电缆调制解调存在于共享的介质结构中，上网的用户越多，用户可用的宽带就越小。

5.4.4　小区以太网接入

光纤到大楼或小区后采用以太网接入是被广泛看好的宽带接入方式。以太网接入采用 5 类非屏蔽双绞线作为接入线路，需要在楼内进行综合布线。以太网引入接入网甚至城域网后，从用户界面、接入网到核心网就可以完全采用同一技术，避免了协议转换带来的问题。以太网接入具有扩展性好、价格便宜、接入速率高、技术成熟且简单等优势，能向用户提供 10/100 Mbit/s 的终端接入速率。尤其是对于高密度用户群，以太网接入的经济性也非常好，而我国由于城市居民的居住密度大，正好适合以太网接入这一特性。许多新建小区全面实行综合布线，将以太网接口布放到每个家庭。

通常宽带小区网络建设采用基于三层交换的千兆以太网技术，在小区核心部署带光纤接口的千兆以太网交换机，通过光纤以千兆速率上连至 ISP 交换机。小区内部形成星型结构，每栋单元楼内部署带百兆光纤接口的以太交换机，通过百兆光纤将小区核心网络设备和单元楼连接起来。楼宇内部署 5 类非屏蔽双绞线，连接到用户计算机网卡，使最终用户上网速率达到 10 Mbit/s 甚至更高。以太网接入 Internet 的原理如图 5-7 所示。

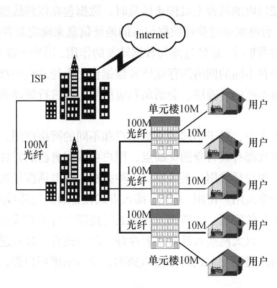

图 5-7　以太网接入 Internet

1. 技术优势

（1）以光纤为传输基础，在小区与 ISP 互通中，采用千兆以太网技术，建立千兆高速通道，以快速以太网标准为基础实现用户的接入。

（2）提供的 VLAN 功能，将各个用户划分在不同的 VLAN 中，便于网络的管理和提高网络的安全性。

（3）为每个最终用户提供 10 Mbit/s 或更高的宽带，为用户提供视频服务支持。

（4）可以针对用户需求、网上业务的种类，为不同类型的用户提供不同层次的服务质量，保障用户的需求。

2. 应用

（1）点播类。点播类节目是指将视频、音频节目，如影视点播、音乐点播、科教节目和运动知识技巧等，以固定格式存储在服务器中，供用户在网上点播的一种形式。

（2）直播类。直播类节目是指将实时视频、音频节目直接通过网络在网上实时发布的一种方式。主要用于重大事件、重要体育赛事等的直播，实时远程教育也可以采用这种形式。

（3）广播类。可用于发布重要的通知或广告等。

（4）实时双向视频类。主要用于实时教学、远程医疗、实时会议等具有交互性等特点的业务。

5.5　本　章　小　结

互联网是利用网络互连设备将两个或多个分布在不同地理位置的物理网络相互连接以构成更大规模的网络，最大程度地实现网络资源的共享而形成的。网络互连从通信协议的角度来看，可以分为 4 个层次，物理层互连、数据链路层互连、网络层互连和高层互连。

网络互连的设备主要有中继器、集线器、交换机、路由器和网关。中继器能够增加信号的能量，以便进行长距离传输。集线器也称为多端口中继器，是一种共享设备，集线器本身不能识别目的地址，当同一局域网内的两台主机传递信息时，数据包在以集线器为架构的网络上是以广播的方式传输的，由每一台终端通过验证数据包头的地址信息来确定是否接收。交换机是独享设备，在网络互连中能起到数据接收、地址过滤与数据转发的作用，用来实现多个网段之间的数据交换。路由器最基本的功能是在不同的网络间存储转发数据包，为经过路由器的每个数据分组选择一条最佳传输路径。网关对不同的传输层、会话层和应用层协议进行翻译和变换，以实现异构型网络之间的通信。

在 Internet 接入方式中，对于不同的网络用户和不同的网络应用，选择合适的接入方式非常重要。各种网络接入方式都有其自身的优缺点，用户可根据自己的需要选择接入网络的方式。借助电话网接入互联网是用户最常用、最简单的一种办法，但电话拨号连接的传输速率较低，因而电话拨号接入比较适合个人用户使用。ADSL 接入方式在普通的电话线路上进行高速的数据传输，解决电话拨号连接速率低的问题。电缆调制解调通过使用与传送有线电视一样的同轴电缆实现了双向和高速的数据传输。以太网接入具有扩展性好、价格便宜、接入速率高、技术成熟等优势，能够向用户提供 10Mbit/s 甚至更高的终端接入速率，对高密度用户群，以太网接入的经济性也非常好。

5.6　实验 利用 ADSL 接入 Internet

1. 实验目的

掌握利用 ADSL 接入 Internet 的方法和设置。

2. 实验环境

（1）1 台带有网卡的计算机，计算机安装的操作系统为 Windows XP，网卡的驱动程序已安装，运行 TCP/IP。

（2）一个语音分离器和一个 ADSL Modem。

（3）两根电话线、一根标准网线（直通网线）。

（4）已申请好的 ADSL 账号。

3. **实验内容**

（1）ADSL 与计算机的连接。

（2）拨号软件的设置。

（3）通过 ADSL 拨号接入 Internet。

4. **实验步骤**

（1）正确连接 ADSL Modem。将电话入户线接到信号分离器的 Modem 接口；将一根电话线的一端接到电话机，另一端接到语音分离器的 Line 接口；将另一根电话的一端接到语音分离器的 Phone 接口，另一端接到 ADSL Modem 的 ADSL 接口；将标准网线一端接到 ADSL Modem 的 Ethernet 接口，另一端接到计算机网卡接口。

（2）选择"开始→控制面板"，双击"网络连接"，再单击"本地连接"，如图 5-8 所示。

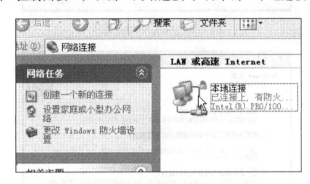

图 5-8　网络连接

（3）在图 5-8 中的"网络任务"窗格中单击"创建一个新的连接"，再单击"下一步"按钮，出现"网络连接类型"对话框，如图 5-9 所示。

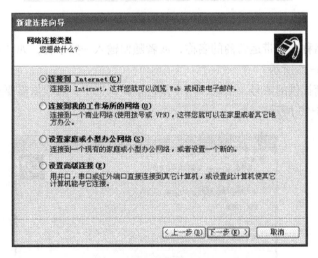

图 5-9　"网络连接类型"对话框

（4）选择"连接到 Internet"，然后单击"下一步"按钮。

（5）选择"手动设置我的连接"，单击"下一步"按钮，如图 5-10 所示。

（6）选择"用要求用户名和密码的宽带连接来连接"，单击"下一步"按钮，如图 5-11 所示。

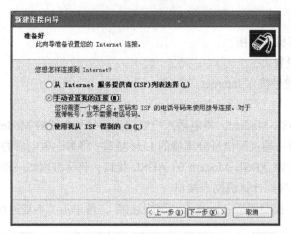

图 5-10　设置 Internet 连接

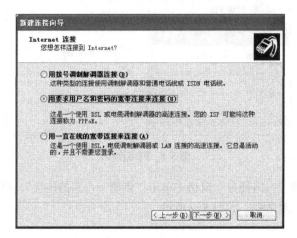

图 5-11　怎样连接到 Internet

（7）输入 ISP 名称、宽带运营商的名称，或者随便输入一些字符，如"123"，然后单击"下一步"按钮，如图 5-12 所示。

（8）输入运营商提供的账号、密码，两个复选框默认选中，可根据需要选择，然后单击"下一步"按钮，如图 5-13 所示。

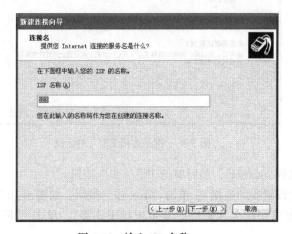

图 5-12　输入 ISP 名称

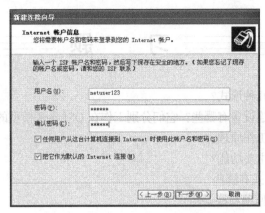

图 5-13　输入 Internet 账户信息

（9）选中"在我的桌面上添加一个到此连接的快捷方式"，单击"完成"按钮，如图 5-14 所示。在桌面上可以看到一个新建立的连接（以刚才输入的 ISP 名称为名）的快捷方式，本实验中为"123"。

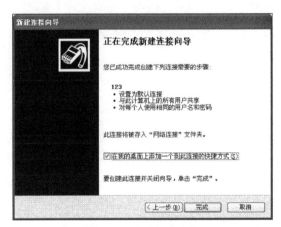

图 5-14　完成新建连接

（10）通过 ADSL 拨号接入 Internet。双击桌面上新建立的连接，单击"连接"按钮连接网络，如图 5-15 所示，计算机能够接入 Internent。

图 5-15　ADSL 拨号连接 Internet

习　题

1. 网络互连有哪几种形式？
2. 常用的网络互连设备有哪些？它们分别工作在 OSI 参考模型的哪一层？
3. 简述交换机的工作原理。
4. 路由器有哪些主要功能？
5. Internet 接入方式有哪些？
6. 简述 ADSL 的原理和特点。
7. 通过电缆调制解调技术接入 Internet 有什么优缺点？
8. 通过以太网接入 Internet 有哪些优势？

第6章
数据通信

本章学习要点

➢ 数据通信基础知识
➢ 数据编码
➢ 多路复用技术
➢ 数据交换技术

6.1 数据通信基本概念

6.1.1 信息、数据与信号

1. 信息

信息是人脑对客观物质的反映，既可以是对物质的形态、大小、结构、性能等特性的描述，也可以是物质与外部的联系。表现信息的具体形式可以是数据、文字、图形、声音、图像和动画等，这些"图文声符号"本身不是信息，它所表达的"意思或意义"才是信息。

2. 数据

数据是指描述物质的数字、字母或符号，是信息的载体与表示方式。在计算机网络系统中，数据可以是数字、字母、符号、声音、图形和图像等形式，从广义上可理解为在网络中存储、处理和传输的二进制数字编码。

在通信系统中，数据一般分为模拟数据和数字数据两大类。模拟数据（Analog Data）在时间和幅度取值上都是连续的，其电平随时间连续变化，如温度、压力、声音和图像等。由传感器采集得到的数据一般都是模拟数据。

数字数据（Digital Data）是模拟数据经量化后得到的离散的值，在时间上是离散的，在幅值上是经过量化的，一般是由 0、1 的二进制代码组成的数字序列，如计算机中的字符、图形、音频与视频数据。目前，美国信息交换标准码 ASCII 已被国际标准化组织 ISO 和国际电报电话咨询委员会 CCITT 所采纳，成为国际通用的信息交换码。图形、音频与视频数据则可分别采用多种编码格式。

模拟数据和数字数据都可以用模拟信号或数字信号来表示，因而无论信源产生的是模拟数据还是数字数据，在传输过程中都可以用适合于信道传输的某种信号形式来传输。

● 模拟数据可以用模拟信号来表示。模拟数据是时间的函数，并占有一定的频率范围，可以直接用占有相同频带的电信号（即对应的模拟信号）表示。模拟电话通信是它的一个应用模型。

● 模拟数据也可以用数字信号来表示。利用编码解码器（Codec）可以直接把输入的声音数据转换成二进制流表示的数字信号。数字电话通信是它的一个应用模型。

● 数字数据可以用模拟信号来表示。利用调制解调器 Modem 既可以把数字数据调制成模拟信号，也可以把模拟信号解调成数字数据。Modem 拨号上网是它的一个应用模型。

● 数字数据可以用数字信号来表示。数字数据可直接用二进制数字脉冲信号来表示，但为了改善其传播特性，一般需要先对二进制数据进行编码再传输。数字数据专线网 DDN 是它的一个应用模型。

3. 信号

信号是数据在传输过程中的表示形式，是用于传输的电子、光或电磁编码，有模拟信号和数字信号之分。

不同的数据必须转换为相应的信号才能进行传输，在通信系统中分为模拟信号和数字信号。从时域上，信号是时间的函数，形式分别如图 6-1 所示。从频域上，信号可以看成由多个频率成分组成。因此，每个信号既是一个时域函数 $S(t)$，表示在每一瞬间的幅度，又是一个频域函数 $S(f)$，表示信号的频率组成。

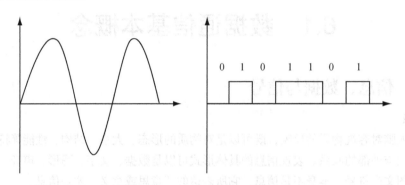

图 6-1　模拟信号和数字信号

模拟信号（Analog Signal）是一系列连续变化的电磁波（如无线电与电视广播中的电磁波）或电压信号（如电话传输中的音频电压信号）；数字信号（Digital Signal）是一系列断续变化的电压脉冲（一般用恒定的正电压表示二进制数 1，用恒定的负电压表示二进制数 0）或光脉冲。

当模拟信号采用连续变化的电磁波来表示时，电磁波本身既是信号载体，又是传输介质；而当模拟信号采用连续变化的信号电压来表示时，它一般通过传统的模拟信号传输线路（如电话网、有线电视网）来传输。

当数字信号采用连续变化的电压或光脉冲来表示时，一般需要用双绞线、电缆或光纤介质将通信双方连接起来，才能将信号从一个节点传到另一个节点。

模拟信号和数字信号之间可以相互转换。目前，在计算机局域网使用的是二进制数字信号，在计算机广域网中实际传送的既有二进制数字信号，也有由数字信号转换而得的模拟信号，但数字信号更具应用发展前景。

4. 信息、数据和信号三者之间的联系

从上面的表述中可以得出如下结论：数据是信息的载体，信息是数据的内容和解释，而信号是数据的编码。

6.1.2　信道

信道是一种物理媒质，用来将来自发送设备的信号传送到接收端。由于信号既可以是模拟信号，也可以是数字信号，因此传输信道被分为模拟数据信道和数字数据信道，简称模拟信道和数字信道。

1. 码元传输速率

码元传输速率简称传码率，又称符号速率、码元速率、波特率、调制速率。它表示单位时间内（每秒）信道上实际传输码元的个数，单位是波特（Baud），常用符号"B"来表示。

值得注意的是码元速率仅仅表征单位时间内传送的码元数目而没有限定这时的码元应是何种进制的码元。但对于信息传输速率，必须折合为相应的二进制码元来计算。例如，某系统每秒传送 9 600 个码元，则该系统的传码率为 9600 B，如果系统是二进制的，它的传输速率为 9600 bit/s；如果系统是四进制的，它的传输速率是 19.2kbit/s；如果系统是八进制的，它的传输速率是 28.8kbit/s。由此可见，传输速率 R_b 与码元传输速率 R_B 之间的关系如下。

$$R_b = R_B \log_2 N \tag{6-1}$$

式 6-1 中，N 为码元的进制数。

2. 信道容量

信道容量即信道的最大数据传输率，即信道传输数据能力的极限。

（1）离散的信道容量。

奈奎斯特（Nyquist）在无噪声条件下的码元速率极限值 B 与信道带宽 H 的关系如下。

$$B=2H（\text{Baud}） \tag{6-2}$$

奈奎斯特公式即无噪声条件下的信道容量 C 的公式为：

$$C = 2H \log_2 N (\text{bit/s}) \tag{6-3}$$

式 6-3 中 H 为信道的带宽，单位为 Hz；N 为码元的进制数，即一个码元所取的离散值个数。

（2）连续的信道容量。

1948 年，香农（Shannon）用信息论的理论推导出了带宽受限且有高斯白噪声干扰的信道的极限信息传输速率。当用此速率进行传输时，可以不产生差错。信道的极限信息传输速率 C（单位为 bit/s）可表达为

$$C = W \log_2 \left(1 + \frac{S}{N}\right) \tag{6-4}$$

式 6-4 中，W 为信道的带宽（以 Hz 为单位）；S 为信道内所传信号的平均功率；N 为信道内部的高斯噪声的平均功率。

S/N 为信噪比。信噪比就是信号的平均功率与噪声的平均功率之比，常用分贝（dB）表示。现在，信噪比一般定义为：信噪比=10lg（S/N）（dB）。例如，当 S/N 为 100 时，信噪比为 20 dB。

公式 6-4 就是著名的香农公式。香农公式表明，信道的带宽越大或信道中的信噪比越大，信息的极限传输速率就越高。但更重要的是，香农公式指出了：只要信息传输速率低于信道的极限信息传输速率，就一定可以找到某种办法来实现无差错的传输。

对于一个 3.1 kHz 带宽的标准电话信道，如果信噪比 S/N = 2500，那么由香农公式可以知道，无论采用何种先进的编码技术，信息的传输速率一定不可能超过由式 6-4 算出的极限数值，即 35 kbit/s 左右。目前的编码技术水平与此极限数值相比，差距已经很小了。

6.1.3 通信方式

数据在通信线路上传输是有方向的，根据数据在某一时刻信息传输的方向和特点，线路通信可以分为单工、半双工和全双工 3 种，数据流图如图 6-2 所示。

单工数据传输只支持数据在一个方向上传输，信息的传递是一个方向上的，发送方只能发送不能接收，接收方只能接收而不能发送，任何时候都不能改变信号传输的方向。为了保证传输信息的正确性，需要采用两条信道。

半双工数据传输时允许数据在两个方向上传输，通信信道的每一端可以是发送端，也可以是接收端，但在某一时刻，只允许数据在一个方向上传输，实际上是一种可以切换方向的单工通信。计算机和终端之间的通信就是半双工通信。

全双工数据通信允许数据同时在两个方向上传输，发送端在发送数据的同时可以接收数据，它是两个单工通信方式的结合，要求发送设备和接收设备都有独立的接收和发送能力。计算机和计算机之间的通信就是双工通信。

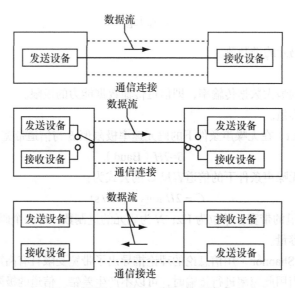

图 6-2 单工、半双工和全双工通信方式

6.1.4 传输方式

数据在通信线路上传输数据时，根据数据传输时数据位的多少，可以将数据传输方式分为并行传输和串行传输两种。

1. 并行通信方式

并行通信传输中有多个数据位，同时在两个设备之间传输。发送设备将这些数据位通过对应的数据线传送给接收设备，还可附加一位数据校验位。接收设备可同时接收到这些数据，不需要做任何变换就可直接使用。并行方式主要用于近距离通信，如计算机和打印机之间的通信（通过并口打印电缆进行连接），优点是传输速度快，处理简单。

2. 串行通信方式

串行数据传输时，数据是一位一位地在通信线上传输的，先由具有几位总线的计算机内的发送设备，将几位并行数据经并串连转换硬件转换成串行方式，再逐位经传输线到达接收端的设备中，并在接收端将数据从串行方式重新转换成并行方式，以供接收方使用。串行数据传输的速度要比并行传输慢得多，处理复杂。计算机和 Modem 之间的通信属于串行通信方式。

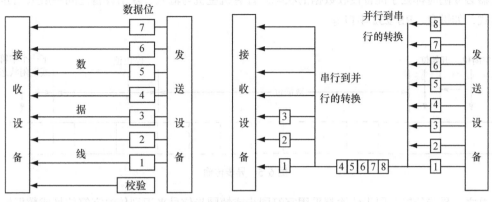

图 6-3　并行通信和串行通信结构图

6.1.5　同步方式

数据从发送端到接收端必须保持双方步调一致，这就是同步（Synchronous）。在数字通信中，同步是十分重要的。当发送器通过传输介质向接收器传输数据信息时，如每次发出一个字符的数据信号，接收器必须识别出该字符数据信号的开始位和结束位，以便在适当的时刻正确地读取该字符。

当以数据帧传输数据信号时，为了保证传输信号的完整性和准确性，除了要求接收器能识别每个字符对应信号的起止，以保证在正确的时刻开始和结束读取信号，即保持传输信号的完整性外，还要求其时钟与发送器保持相同的频率，以保证单位时间读取的信号单元数相同，即保证传输信号的准确性。

数据传输同步的方法有两种：同步传输和异步传输。

1. 同步传输

同步传输时按位同步，字符间有一个固定的时间间隔，这个时间间隔由数字时钟确定，各字符没有起始和终止位。在通信过程中，接收端和发送端发送来的数据序列在时间上必须取得同步，可以采用外同步法或自同步法。

采用外同步法发送数据前，发送端首先要向接收端发送一串同步的时钟脉冲，接收端把收到的同步信号进行频率锁定，然后按照同步频率接收数据信号；采用自同步法进行数据传输时，从数据波形本身提取同步信号，即数据编码时将时钟同步信号包含到数据信号流中，这种编码称为自同步编码。

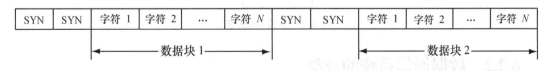

SYN	SYN	字符 1	字符 2	…	字符 N	SYN	SYN	字符 1	字符 2	…	字符 N
		←——————— 数据块 1 ———————→						←——————— 数据块 2 ———————→			

图 6-4　同步传输

2. 异步传输

异步传输（Asynchronous Transmission）以字符为单位传输数据，采用位形式的字符同步信号，发送器和接收器具有相互独立的时钟，并且两者中任一方都不向对方提供时钟同步信号。异步传输的发送器与接收器双方在数据可以传送之前不需要协调，发送器可以在任何时刻发送数据，而接收器必须随时都处于准备接收数据的状态。计算机主机与输入、输出设备之间一般采用异步传输方式，如键盘、RS-232 串口等。

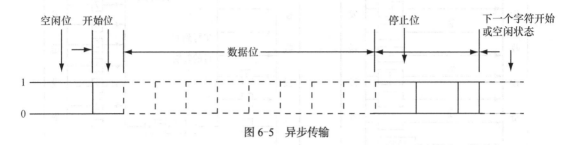

图 6-5　异步传输

总之，异步传输与同步传输都采用字符同步或帧同步信号来识别传输字符信号或数据帧信号的开始和结束，两者之间的主要区别在于发送器或接收器是否向对方发送时钟同步信号。

6.2　数据通信系统

6.2.1　数据通信过程

通信系统是传递信息所需的一切技术设备的综合，基本作用就是在两个实体之间交换数据。其组成模型如图 6-6 所示，各组成部分如下。

信息源：产生信息的设备。根据信息源输出信号的性质可以分为模拟信息源和离散信息源。

发送设备：基本功能是匹配信息源和传输介质，主要是对信号进行转换或编码并产生能在特定传输系统中传输的信号。

传输系统：连接源和目的地的复杂网络，传输过程中必然引入各种干扰。

接收设备：从传输系统接收信号并转换成接收者能够处理的信号。

接收者：信息的最终接收者。

图 6-6　通信系统模型

6.2.2　数据通信系统的分类

按信号特征可以将数据通信系统分为数字通信系统和模拟通信系统，其中模拟通信系统利用模拟信号传递数据，数字通信系统利用数字信号传递数据。

按信号的物理特征分类可以将数据通信系统分为电报通信系统、电话通信系统、数据通信系统和图像通信系统，在综合业务通信网中，各种类型的数据都是在统一的通信网中传送的。

按信号复用方式可以将数据通信系统分为频分复用 FDM（用频谱搬移的方法使不同信号占据不同的频率范围）、时分复用 TDM（用抽样或脉冲调制方法使各路不同信号占用不同的时间区间）和码分复用 CDM（用一组包含互相正交的码字的码组携带多路信号）。

按通信方式可以将数据通信系统分为单工、单双工、双工通信系统，其中单工（Simplex）通信系统通信时，数据信号只能沿着一个方向传输；半双工（Half-Duplex）通信系统通信时数据信号可以沿两个方向传输，但两个方向不能同时发送数据，必须交替进行；全双工（Full-Duplex）通信系统通信时数据信号可以同时沿两个方向传输，两个方向可以同时进行发送和接收。

按传输媒质可以将数据通信系统分为有线通信系统和无线通信系统，常用的传输媒介及其主要用途如表 6-1 所示。

表 6-1　　　　　　　　　　　　常见传输介质和用途

频率范围	符　号	传输媒介	用　途
3 Hz ~ 30 kHz	甚低频 VLF	有线线对 长波无线电	音频、电话、数据终端、长距离导航、时标
30 kHz ~ 300 kHz	低频 LF	有线线对 长波无线电	导航、信标、电力线通信
300 kHz ~ 3 MHz	中频 MF	同轴电缆 短波无线电	调幅广播、移动陆地通信、业余无线电
3 ~ 30 MHz	高频 HF	同轴电缆 短波无线电	电视、调频广播、空中管制、车辆通信、导航
30 ~ 300 MHz	甚高频 VHF	同轴电缆 米波无线电	电视、调频广播、空中管制、车辆导航、导航
300 MHz ~ 3 GHz	特高频 UHF	波导 分米波无线电	电视、空间遥测、雷达导航、点对点通信、移动通信
3 ~ 30 GHz	超高频 SHF	波导 厘米波无线电	微波通信、卫星通信、空间通信、雷达
30 ~ 300 GHz	极高频 EHF	波导 毫米波无线电	雷达、微波接力、射电天文学
105 ~ 107 GHz	紫外光、可见光、红外光	光纤 激光空间传播	光纤通信

按调制方式可以将数据通信系统分为基带传输通信系统和频带（调制）传输通信系统。基带传输时，信号在其原始的频带内进行传输，如语音信号不经过处理直接传输的模拟通信方式、传输速率为 64 kbit/s 的数字信号直接传输的通信方式；频带传输是对各种信号调制后再传输的总称，如利用调频 FM 台传送的广播信号、利用卫星信道传输的图像信号、利用有线电视电缆传送的有线电视信号，如表 6-2 所示。

表 6-2   不同调制方式

调 制 方 式		主 要 用 途	
连续波调制	线性调制	常规双边带调制 AM	广播
		单边带调制 SSB	载波通信、短波无线电话通信
		双边带调制 DSB	立体声广播
		残留边带调制 VSB	电视广播、传真
	非线性调制	频率调制	微波中继、卫星通信、广播
		相位调制	中间调制方式
	数字调制	振幅键控 ASK	数据传输
		频移键控 FSK	数据传输
		相移键控 PSK	数字传输
		最小频移键控 MSK 等	数字微波、空间通信
数字调制	脉冲模拟调制	脉幅调制 PAM	中间调制方式、遥测
		脉宽调制 PWM	中间调制方式
		脉位调制 PPM	遥测、光纤传输
	脉冲数字调制	脉码调制 PCM	市话中继线、卫星、空间通信
		增量调制 DM	军用、民用数字电话
		差分脉码调制 DPCM	电视电话、图像编码
		矢量编码调制 VCM	语音、图像压缩编码

6.3　数据编码

　　在数据通信中，要传输的数据需要转换成信号才能在信道中传输。因为数据可分为模拟数据和数字数据，所以信号也可分为数字信号和模拟信号。除了模拟数据的模拟信号可以直接在模拟信道上传输外（但是，大多数情况也需要编码），其余的传输均需进行编码。

　　需要说明的是，将模拟数据或数字数据编码为模拟信号通过传输介质发送出去的过程通常也叫做调制。

6.3.1　模拟数据的模拟信号调制

　　模拟数据经由模拟信号传输时不需要进行变换,有时低频输入数据需要调制到高频,使输出信号是一种带有输入数据的频率较高的模拟信号,常用的调制技术是幅度调制 AM 和频率调制 FM。

　　幅度调制如图 6-7 所示，它是一种载波的幅度随着原始模拟数据的幅度变化而变化的技术。载波的幅度在整个调整过程中变动，而载波的频率是不变的。

　　在实际进行幅度调制时，将信道的频带分割成互不交叠的频段，每路信号占用其中一个频段，并用适当的滤波器将它们分割开来分别调制接收，这就是频分多路复用。应用范围有长途载波电话、立体声调频、电视广播和空间遥测等。

　　幅度调制是一种高频载波的频率会随着原始模拟信号的幅度变化而变化的技术，载波频率会在整个调制过程中波动，而载波的幅度是不变的。将收到的幅度调制信号进行解调，就可以恢复成原始的模拟数据。调频信号的抗干扰能力强，广泛应用于高质量或信道噪声大的场合，如调频广播、移动通信、模拟微波中继通信等。

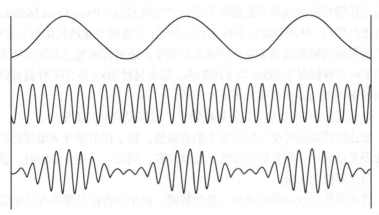

图 6-7 幅度调制过程

6.3.2 数字数据的模拟信号调制

模拟信号传输的基础是载波，载波具有三大要素：幅度、频率和相位，数字数据可以针对载波的不同要素或它们的组合进行调制。数字调制的 3 种基本形式是移幅键控法 ASK、移频键控法 FSK 和移相键控法 PSK，如图 6-8 所示。

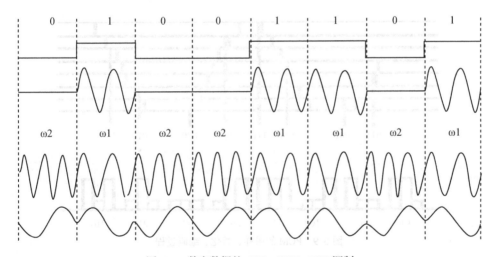

图 6-8 数字数据的 ASK、FSK、PSK 调制

在 ASK 方式下，用载波的两种不同幅度来表示二进制的两种状态。ASK 方式容易受增益变化的影响，是一种低效的调制技术。在电话线路上，通常只能达到 1.2kbit/s 的速率。

在 FSK 方式下，用载波频率附近的两种不同频率来表示二进制的两种状态。在电话线路上，使用 FSK 可以实现全双工操作，通常可达到 1.2kbit/s 的速率。

在 PSK 方式下，用载波信号相位移动来表示数据。PSK 可以使用二相或多于二相的相移，利用这种技术，可以对传输速率起到加倍的作用。

上述所讨论的 3 种技术可以组合在一起使用，如由 PSK 和 ASK 结合的相位幅度调制 PAM 是解决相移数已达到上限但还要提高传输速率的有效方法。

6.3.3 模拟数据的数字信号编码

利用数字信号传输模拟数据最常见的例子是脉冲编码调制（Pulse Code Modulation，PVM），它常用于对声音进行编码。脉码调制以采样定理为基础，对连续变化的模拟信号进行周期性采样，利用不低于有效信号最高频率或其带宽2倍的采样频率，通过低通滤波器从这些采样中重新构造出原始信号。如果声音数据限于4kHz以下的频率，那么每秒8000次的采样就可以完整表现声音信号的特征。脉冲编码调制操作步骤如图6-9所示。

（1）采样：以采样频率Fs（大于2倍最高频率）把模拟信号的值采出。

（2）量化：使连续模拟信号变为时间轴上的离散值，将采样值量化成最接近的等级。采用的位数越多，量化误差就越小，恢复的信号质量也就越高，例如，采用4位编码，量化等级为16，采用7位编码，量化等级为128。

（3）编码：将离散值变成一定位数的二进制数码，由于声音信号集中在低频段，采用等分编码时造成低幅值的地方容易变形，可以采用非线性编码技术改进，使整个信号的变形明显减小。

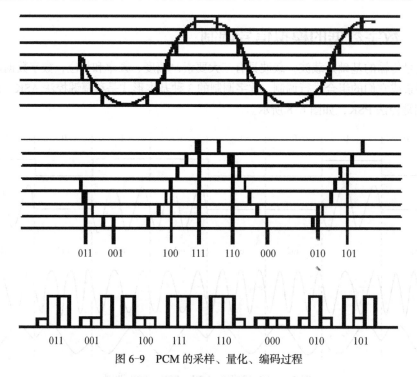

图6-9　PCM的采样、量化、编码过程

6.3.4 数字数据的数字信号编码

数字信号可以直接采用基带传输。基带传输就是在线路中直接传送数字信号的电脉冲，它是一种最简单的传输方式，近距离通信的局域网都采用基带传输。基带传输时，需要解决的问题是数字数据的数字信号表示及收发两端之间的信号同步两个方面。

对于传输数字信号来说，最简单也是最常用的方法是用不同的电压电平来表示两个二进制数字，即数字信号由矩形脉冲组成，最基本形式有以下几种。

单极性不归零码：无电压表示"0"，恒定正电压表示"1"，每个码元时间的中间点是采样时间，判决门限为半幅电平。

双极性不归零码："1" 码和 "0" 码都有电流，"1" 为正电流，"0" 为负电流，正和负的幅度相等，判决门限为零电平。

单极性归零码：当发 "1" 码时，发出正电流，但持续时间小于一个码元的时间宽度，即发出一个窄脉冲；当发 "0" 码时，仍然不发送电流。

双极性归零码：其中 "1" 码发正窄脉冲，"0" 码发负窄脉冲，两个码元的时间间隔可以大于每一个窄脉冲的宽度，取样时间是对准脉冲的中心。

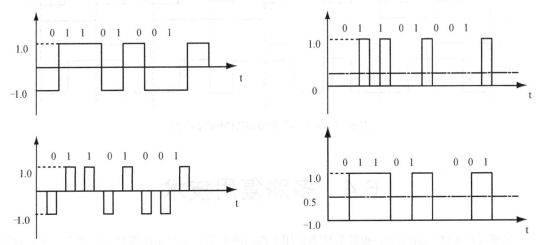

图 6-10 双极性、单极性不归零、双极性不归零、单极性编码

由此可以看出，不归零码在传输中难以确定一位的结束和另一位的开始，需要用某种方法使发送器和接收器之间进行定时或同步；归零码的脉冲较窄，根据脉冲宽度与传输频带宽度成反比的关系，因而归零码在信道上占用的频带较宽；另外，单极性码会积累直流分量，这样就不能使变压器在数据通信设备和所处环境之间提供良好绝缘的交流耦合，直流分量还会损坏连接点的表面电镀层；双极性码的直流分量大大减少，这对数据传输是很有利的。

在实际的基带传输系统中，并不是所有代码的电波形都适合在信道中传输，例如，含有丰富直流和低频成分的基带信号就不适宜在电缆信道中传输，因为它有可能造成信号的严重畸变，但是可以在光纤信道中传输。因此，在选择传输码型时，期望将原始信息符号编制成适合信道传输用的码型，满足要求的传输码种类繁多，在通信中主要分类如表 6-3 所示。

表 6-3　　　　　　　　　　　　　传输编码

传输码型		差分码	"0"，"1" 分别用电平跳转和不变来表示
	二元码	曼彻斯特编码	数字双相码，一个周期的方波表示 "1"，反相波形表示 "0"
		信号反转码	二电平非归零码，无直流分量，频繁的波形跳变，具备检测错误的能力
		密勒码	又称延迟调制，数字双相码的一种变型
		5B6B 码	5 位输入信息编码成一个 6 位二元输出码组，在高速光纤数字通信系统中使用
	三元码	AMI	信号交替反转码
		HDBn	n 阶高密度双极性码，连 "0" 数不超过 n，"1" 交替变换成+1 和-1 的半占空归零码
		BNZS	N 连 0 取代双极性码，是变形的 AMI 码
		4B3T	4 个二元码变换成 3 个三元码
	多元码		每个符号可以用来表示一个二进制组，提高频带的利用率。主要用于频带受限的高速数字传输系统

局域网中采用的编码是曼彻斯特编码，每位编码中有一跳变，不存在直流分量，将时钟和数据包含在数据流中，在传输代码信息的同时，也将时钟同步信号一起传输到对方，因此具有自同步能力和良好的抗干扰性能，如图 6-11 所示。由于时钟和数据包含在数据流中，这种编码被称为自同步编码。另外，可以采用异步传输解决同步问题。

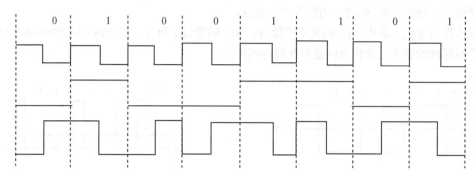

图 6-11　不归零码和曼彻斯特编码的比较

6.4　多路复用技术

多路复用（Multiplexing，也常简称为复用）在网络中是一个基本的概念，是指在一条物理线路上传输多路信号来充分利用信道资源。采用多路复用的主要原因如下。

（1）通信工程中用于通信线路架设的费用相当高，人们需要充分利用通信线路的容量。

（2）无论是在广域网还是局域网中，传输介质的传输容量往往都超过了单一信道传输的通信量。

多路复用的基本原理如图 6-12 所示。

发送方将多个用户的数据通过复用器（Multiplexer）进行汇集，然后将汇集后的数据通过一条物理线路传送到接收设备。接收设备通过分用器（Demultiplexer）将数据分离成各个单独的数据，再分发给接收方的多个用户。具备复用器与分用器功能的设备叫做多路复用器。这样我们就可以用一对多路复用器和一条通信线路来代替多套发送、接收设备与多条通信线路。

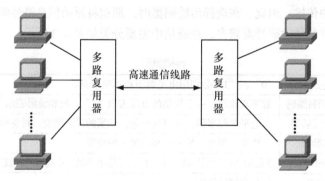

图 6-12　多路复用原理示意图

多路复用一般可分为以下几种基本形式。

（1）频分多路复用（Frequency Division Multiplexing，FDM）。

（2）时分多路复用（Time Division Multiplexing，TDM）。

（3）波分多路复用（Wavelength Division Multiplexing，WDM）。

（4）码分多路复用（Code Division Multiplexing，CDM）。

6.4.1　频分多路复用

1. 基本原理

频分多路复用的基本原理是：在一条通信线路上设计多路通信信道，每路信道的信号以不同的载波频率进行调制，各个载波频率是不重叠的，相邻信道之间用"警戒频带"隔离。这样，一条通信线路就可以同时独立地传输多路信号。

频分多路复用是利用带通滤波器实现的。

如果设计单个信道的带宽为 B_m，警戒信道带宽为 B_g，那么每个信道实际占有的带宽 $B=(B_m+B_g)$。由 N 个信道组成的频分多路复用系统所占用的总带宽为：$N \times B = N \times (B_m+B_g)$。

使用 FDM 的前提是，物理信道的可用带宽要远远大于各原始信号的带宽。FDM 技术成熟、实现简单，主要用于模拟信道的复用，广泛用于广播电视、宽带及无线计算机网络等领域。

2. OFDM

OFDM（正交频分复用）在无线网络中被广泛应用，其基本思想是将信道的可用带宽划分成若干相互正交的子载波，在每个子载波上独立进行数据传输，从而实现对高速串行数据流的低速并行传输。它由传统的频分复用（FDM）技术演变而来，区别在于 OFDM 是通过 DFT（离散傅立叶变换）和 IDFT，而不是传统的带通滤波器来实现子载波之间的分割。各子载波可以部分重叠，但仍然保持正交性，因而大大提高了系统的频谱利用率。此外，数据的低速并行传输增强了 OFDM 抵抗多径干扰和频率选择性衰减的能力。OFDM 的每个子载波可以有自己的调制方式，如可以选用 QAM64 等。

6.4.2　时分多路复用

1. 时分多路复用的概念

当信号的频宽与物理线路的频宽相当时，就不适合采用频分复用技术了。例如，数字信号具有较大的频率宽度，通常需要占用物理线路的全部带宽来传输一路信号，但它作为离散量，又具有持续时间很短的特点。因此，可以考虑将线路的传输时间作为分割对象。

时分多路复用是将线路传输时间分成一个个互不重叠的时隙（Time Slot），并按一定规则将这些时隙分配给多路信号，每一路信号在分配给自己的时隙内独占信道进行传输。

2. 时分多路复用的分类

时分多路复用又可分为两类：同步时分多路复用与统计时分多路复用。

（1）同步时分多路复用。

同步时分多路复用（Synchronous TDM，STDM）将时间片预先分配给各个信道，并且时间片固定不变，因此各个信道的发送与接收必须是同步的。同步时分多路复用的工作原理如图 6-13 所示。

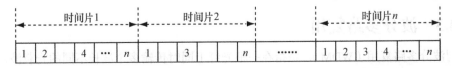

图 6-13　同步时分多路复用的工作原理

例如，有 m 条信道复用一条通信线路，可以把通信线路的传输时间分成 m 个时隙。假定 m = 10，传输时间周期 T 定为 1s，那么每个时隙为 0.1s。在第一个周期内，将第 1 个时隙分配给第 1 路信号，将第 2 个时隙分配给第 2 路信号，……，将第 10 个时隙分配给第 10 路信号。在第二个周期开始后，再将第 1 个时隙分配给第 1 路信号，将第 2 个时隙分配给第 2 路信号，按此规律循环下去。这样，在接收端只需要采用严格的时间同步，按照相同的顺序接收，就能够将多路信号分割、复原。

（2）统计时分多路复用。

同步时分多路复用采用了将时间片固定分配给各个信道的方法，而不考虑这些信道是否有数据要发送，在通信负载小时，这种方法势必造成信道资源的浪费。为了克服这一缺点，可以采用异步时分多路复用（Asynchronous TDM，ATDM）方法，这种方法也叫做统计时分多路复用。

统计时分多路复用允许动态地分配时间片，其工作原理如图 6-14 所示。

假设复用的信道数为 m，每个周期 T 分为 n 个时隙。由于考虑到 m 个信道并不总是同时工作，为了提高通信线路的利用率，允许 $m > n$。这样，每个周期内的各个时隙只分配给那些需要发送数据的信道。在第一个周期内，可以将第 1 个时隙分配给第 1 路信号，将第 2 个时隙分配给第 2 路信号，将第 3 个时隙分配给第 4 路信号，……，将第 n 个时隙分配给第 m 路信号。在第二个周期到来后，可以将第 1 个时隙分配给第 1 路信号，将第 2 个时隙分配给第 2 路信号，将第 3 个时隙分配给第 5 路信号，……，将第 n 个时隙分配给第 m 路信号。并且继续循环下去。

图 6-14　统计时分多路复用的工作原理

可以看出，在统计时分多路复用中，时隙序号与信道号之间不再存在固定的对应关系。这种方法可以避免通信线路资源的浪费，但由于信道号与时隙序号无固定对应关系，所以接收端无法确定应将哪个时隙的信号传送到哪个信道。为了解决这个问题，统计时分多路复用的发送端需要在传送数据的同时，传送使用的发送信道与接收信道的序号，即各信道发出的数据都需要带有双方地址，由通信线路两端的多路复用设备来识别地址、确定输出信道。多路复用设备也可以采用存储转发方式，以调节通信线路的平均传输速率，使其更接近于通信线路的额定数据传输速率，以提高通信线路的利用率。

异步时分多路复用技术为异步传输模式 ATM 技术的研究奠定了理论基础。

3. 时分多路复用的应用

（1）E1 标准：E1 标准就是采用时分多路复用技术将许多路 PCM 话音信号装成时分复用帧后，再送往线路上一帧一帧地传输。E1 标准在欧洲、中国、南美国家使用。对 E1 进一步复用，还可构成 E2 到 E5 等高次群。

（2）T1 标准：T1 标准也是采用时分多路复用技术，使 24 个话路复用在一个物理信道上。T1 标准在北美、日本等国家和地区使用。

6.4.3　波分多路复用

所谓波分多路复用（WDM），是指在一根光纤上同时传输多个波长不同的光载波。实际上 WDM 是 FDM 的一个变种，用于光纤信道。

以两束光波为例，如果两束光波的频率不相同，它们通过棱镜（或光栅）之后，使用了一条共享的光纤传输，它们到达目的节点后，再经过棱镜（或光栅）重新分成两束光波。因此，波分多路复用并不是什么新概念。只要每个信道有各自的频率范围且互不重叠，它们就能够以多路复用的方式通过共享光纤进行远距离传输。与电信号的频分多路复用利用带通滤波器实现不同，波分多路复用是在光学系统中利用衍射光栅来实现多路不同频率光波信号的合成与分解。

随着技术的发展，目前可以复用 80 路或更多路的光载波信号，这种复用技术也叫做密集波分复用（Dense Wavelength Division Multiplexing，DWDM）。波分多路复用系统在目前的高速主干网中已经广泛应用。

6.4.4　码分多路复用

1．码分复用的概念

码分复用（Code Division Multiplexing，CDM）技术又叫码分多址（Code Division Multiple Access，CDMA）技术，它是在扩频通信技术基础上发展起来的一种无线通信技术。

FDM 的特点是信道不独占，而时间资源共享，每一个子信道使用的频带互不重叠；TDM 的特点是独占时隙，而共享信道资源，每一个子信道使用的时隙不重叠；CDMA 的特点是所有子信道在同一时间可以使用整个信道进行数据传输，它在信道与时间资源上均共享，因此，信道的效率高，系统的容量大。

CDMA 是基于扩频技术实现的。这种技术多用于移动通信，不同的移动台（或手机）可以使用同一个频率，但每个移动台（或手机）都被分配一个独特的"码序列"，该码序列与所有其他码序列都不同，所以各个用户相互之间也没有干扰。

CDMA 系统的一个重要特点就是系统给每一个站分配的码片序列不仅必须各不相同，并且还必须互相正交（Orthogonal），即内积（Inner Product）都是 0，但任何一个码片向量的规格化内积都是 1，一个码片向量和该码片反码的向量的规格化内积值是-1。

2．码分复用的应用

CDMA 技术完全适合现代移动通信网所要求的大容量、高质量、综合业务、软切换等，正受到越来越多的运营商和用户的青睐。因而在移动通信中被广泛使用，特别是在无线局域网中。采用 CDMA 可提高通信的语音质量和数据传输的可靠性，减少干扰对通信的影响，增大通信系统的容量，降低手机的平均发射功率。

6.5　数据交换技术

数据经编码后在通信线路上进行传输的最简单形式，是在两个互连的设备之间直接进行数据通信。但是网络中所有设备都直接两两相连显然是不经济的，特别是通信设备相隔很远时更不合适。通常要经过中间节点将数据从信源逐点传送到信宿，从而实现两个互连设备之间的通信。

这些中间节点并不关心数据内容，它的目的只是提供一个交换设备，把数据从一个节点传送到另一个节点，直至到达目的地。通常将数据在各节点间的数据传输过程称为数据交换。

数据交换技术可分为电路交换和存储转发交换两大类。存储转发交换又分为报文交换和分组交换，而分组交换又可分为数据报交换和虚电路交换。

6.5.1 电路交换

所谓电路交换，是指通过网络在两个站点之间建立一条专用的通信线路进行通信的过程，如图 6-15 所示。这种电路交换系统在两个站点之间有一个实际的物理连接，在传输任何数据前都必须首先建立点到点的线路。例如，站点 1 和站点 2 进行通信前，站点 1 和节点 1 之间、站点 2 和节点 2 之间采用专线线路，节点 1 和节点 2 由交换机分配一个专用的通道，在通信过程中，信道一直处于占用状态。

一般来说这种连接是全双工的，可以在两个方向传输话音（数据）。在数据传送完成后，拆除建立的通道，一般情况下由这两个站中的其中一个来完成，以便释放专用资源。

站点1　　　节点1　　　节点2　　　站点2

图 6-15　电路交换

1. 电路交换的 3 个过程

（1）电路建立：在传输任何数据之前，要先经过呼叫过程建立一条端到端的电路连接。

（2）数据传输：在整个数据传输过程中，所建立的电路必须始终保持连接状态。

（3）电路拆除：数据传输结束后，由某一方发出拆除请求，然后逐节点拆除到对方节点。

2. 电路交换技术的优缺点

数据开始传送之前必须先设置一条专用的通路。在释放线路之前，该通路由一对用户完全占用。对于猝发式的通信，电路交换效率不高。其优点是数据传输可靠、迅速，数据不会丢失且保持原来的序列。但在某些情况下，电路空闲时的信道容易浪费：在短时间数据传输时电路建立和拆除所用的时间得不偿失。

总之，电路交换适用于系统间要求高质量的大量数据传输的情况，如电话系统。

6.5.2 报文交换

报文交换不需要在两个站点之间建立一条专用通路，它的数据传输单位是报文，报文就是站点一次性要发送的数据块，其长度不限且可变。当一个站点要发送报文时，它将一个目的地址附加到报文上，网络节点根据报文上的目的地址信息，把报文发送到下一个节点，一直逐个节点地转送到目的节点。每个节点在收到整个报文并检查无误后，就暂存这个报文，然后利用路由信息找出下一个节点的地址，再把整个报文传送给下一个节点。因此，端与端之间无须先通过呼叫建立连接。

一个报文在每个节点的时延，等于接收报文所需的时间加上向下一个节点转发所需的排队时延之和。

1. 报文交换的特点

报文从源点传送到目的地采用"存储—转发"方式，在传送报文时，一个时刻仅占用一段通道；另外，在交换节点中需要缓冲存储，报文需要排队，故报文交换不能满足实时通信的要求。

2. 报文交换的优点

同线路交换相比，报文交换具有以下优点。

（1）线路效率较高，这是因为许多报文可以用分时方式共享一条节点到节点的通道。

（2）不需要同时使用发送器和接收器来传输数据，网络可以在接收器可用之前暂时存储这个报文。

（3）在线路交换网上，当通信量变得很大时，就不能接收某些呼叫。而在报文交换上却仍然可以接收报文，只是传送时延会增加。

（4）报文交换系统可以把一个报文发送到多个目的地，并且能够建立报文的优先权。

（5）报文交换网可以进行速度、代码和格式的转换，这样每个站点都可以用它特有的数据传输率连接到其他站点，即使两个不同传输率的站点也可以连接。

3. 报文交换的缺点

报文交换不能满足实时或交互式的通信要求，报文经过网络的时延长且不定。并且有时节点收到过多的数据而无空间存储或不能及时转发时，就不得不丢弃报文，而且发出的报文不按顺序到达目的地。

6.5.3　分组交换

分组交换是报文交换的一种改进，它将报文分成若干分组，每个分组的长度有一个上限，有限长度的分组使得每个节点所需的存储能力降低了，分组可以存储到内存中，提高了交换速度。它和报文交换的主要差别在于分组交换网中要限制传输的数据单位长度，一般在报文交换系统中可传送的报文数据位数可做得很长，而在分组交换中，传送报文的最大长度是有限制的，如果超出某一长度，报文必须分割成较小的单位，然后依次发送，我们通常称这些较小的数据单位为分组。分组中包含了数据和目的地址码。分组拷贝暂存起来的目的是纠正错误。

分组交换是计算机网络中使用最广泛的一种交换技术，适用于交互式通信，如终端与主机通信。分组交换分为虚电路分组交换和数据报分组交换，如图 6-16 所示。

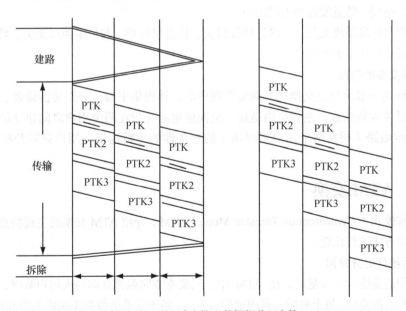

图 6-16　虚电路交换和数据报分组交换

1. 虚电路分组交换的原理与特点

在虚电路分组交换中，为了进行数据传输，网络的源节点和目的节点之间要先建一条逻辑通路。每个分组除了包含数据之外还包含一个虚电路标识符。在预先建好的路径上的每个节点都知道把这些分组引导到哪里去，而不再需要路由选择判定。最后，由某一个站点用清除请求分组来结束这次连接。它之所以是"虚"的，是因为这条电路不是专用的。

虚电路分组交换的主要特点是：在数据传送之前必须通过虚呼叫设置一条虚电路。但并不像电路交换那样有一条专用通路，分组在每个节点上仍然需要缓冲，并在线路上排队等待输出。

2. 数据报分组交换的原理与特点

在数据报分组交换中，每个分组的传送是被单独处理的。每个分组称为一个数据报，每个数据报自身携带足够的地址信息。一个节点收到一个数据报后，根据数据报中的地址信息和节点所储存的路由信息，找出一个合适的出路，把数据报原样地发送到下一节点。由于各数据报所走的路径不一定相同，因此不能保证各个数据报按顺序到达目的地，有的数据报甚至会中途丢失。在整个过程中，没有虚电路建立，但要为每个数据报选择路由。

3. 分组交换的特点

（1）线路利用率高：分组交换以虚电路的形式进行信道的多路复用，实现资源共享，可在一条物理线路上提供多条逻辑信道，极大地提高线路的利用率，使传输费用明显下降。

（2）不同种类的终端可以相互通信：分组网以 X.25 协议向用户提供标准接口，数据以分组为单位在网络内存储转发，使不同速率终端、不同协议的设备经网络提供的协议变换功能后实现互相通信。

（3）信息传输可靠性高：在网络中每个分组进行传输时，在节点交换机之间采用差错校验与重发的功能，因而在网络中传送的误码率大大降低，而且在网络内发生故障时，网络中的路由机制会使分组自动选择一条新的路由避开故障点，不会造成通信中断。

（4）分组多路通信：由于每个分组都包含控制信息，所以分组型终端可以同时与多个用户终端进行通信，把同一信息发送到不同用户。

（5）计费与传输距离无关：网络计费按时长、信息量计费，与传输距离无关，特别适合那些非实时性，且通信量不大的用户。

4. 分组交换的应用

分组交换网一般由分组交换机、网络管理中心、远程集中器、分组装拆设备、分组终端和传输线路等基本设备组成，主要应用是建立交换虚电路（指在两个用户之间建立的临时逻辑连接）和永久虚电路（指在两个用户之间建立的永久性的逻辑连接，用户只需开机，虚电路就自动建立）。

6.5.4 ATM 交换

异步传输模式（Asynchronous Transfer Mode，ATM）介绍 ATM 交换的主要特点，以方便与其他几种交换方式进行比较。

1. 采用统计时分复用

由于采用的是统计时分复用，在 ATM 中，只要有空时隙就立即插入用户数据，即用户数据占用的时隙不是固定的，每个时隙没有固定的占有者，各子信道的数据按照优先级和排队规则"按需分配"时隙。

2. 信元交换

虚电路具有线路交换与分组交换的优点，因此 ATM 交换对虚电路方式做进一步的发展，推出了信元交换方法。

ATM 将数据组织成若干信元，每个信元的长度很短，只有 53 字节，并且长度固定，头部固定为 5 字节。由于信元长度与格式固定，并且很短，因此可以减少 ATM 交换机的数据交换的处理负荷，这就为交换机的高速交换创造了有利条件。

3. 两级虚电路体制

ATM 的每条物理链路可以包含一条或多条虚路径（VP）；每条虚路径又可以包含一条或多条虚通道（VC）。也就是说，路径可以将许多通道捆绑在一起作公共处理。路径和通道概念的使用允许 ATM 交换设备以相同的方式在一个路径上处理它所包含的所有通道。例如，可以用一个虚路径连接传输多媒体数据，用其中的不同虚通道传输文本、语音和视频数据，以实现不同数据流交换的合理分配。

因此，可以说，ATM 交换是建立在电路交换和分组交换基础上的一种面向连接的快速分组交换技术，兼具电路交换的实时性和服务质量及分组交换的灵活性，且更有效。

6.6　差　错　控　制

在实际信道传输数字信号时，由于信道特性不理想及噪声的影响，所收到的数字信号不可避免地会发生错误。为减小误码率，有必要采用差错控制编码来满足指标。

6.6.1　差错控制原理

在发送端被传输的信息序列上附加一些监督码元，这些多余的码元与信息码元之间以某种确定的规则相互关联（约束）。接收端按照既定的规则检验信息码元与监督码元之间的关系，一旦传输过程中发生差错，信息码元和监督码元之间的关系受到破坏从而发现错误，乃至纠正错误。常用的差错控制方式有 3 种：检错重发（ARQ）、前向纠错（FEC）和混合纠错（HEC）。

检错重发方式中，发送端经编码后发出能够发现错误的码，接收端收到后经检验如果发现传输中有错误，则通过反向信道将判断结果反馈给发送端。然后，发送端把前面出错信息重新发送一遍，直到接收端认为已正确收到信息为止。

前向纠错方式中，发送端经编码发出能够纠正错误的码，接收端收到这些码组后，通过译码能自动发现并纠正传输中的错误。它不需要反馈信道，特别适合只能提供单向信道的场合。由于能自动纠错，不要求检错重发，因而时延小，实时性好。为了使纠错后获得较低的误码率，纠错码应具有较强的纠错能力，但纠错能力越强，译码设备就越复杂。

混合纠错方式是前向纠错方式和检错重发方式的结合。在这种方式中接收端不但具有纠错能力，而且还对超出纠错能力的错误具有检测能力。遇到后一种情况，通过反馈信道要求发送端重发一遍。它在实时性和译码复杂度方面是前向纠错和检错重发方式的折中。

按照检错控制编码的功能可以分为检错码、纠错码和纠删码。检错码仅能检测错误，纠错码仅可纠正误码，纠删码则兼有检错和纠错能力，当发现不可纠正的错误时可以发出错误指示或简单地删除相关信息。

按照信息码元和监督码元之间的约束关系可以分为分组码和卷积码。分组码中监督码元仅与本码组的信息码相关，而与其他码组的信息码元无关。卷积码中监督码元不但与本组信息码元相关，而且与前面码组的信息码元也有约束关系。

6.6.2 常用的差错控制编码

1. 奇偶校验

奇偶校验码是一种比较简单的检错码，在计算机数据传输中得到了广泛应用。奇偶校验进行数据传输时，发送器在每个字符的信号位后添一个奇偶校验位，接收器对该奇偶校验位进行检查，根据奇偶校验位和数据位可以判断出传输过程是否出现差错。典型的例子是 ASCII 码的检错，由于 ASCII 码是七位码，因此用第八个位码作为奇偶校验位。

奇偶校验分为奇校验和偶校验，二者区别在于添加校验位时，奇校验保证所传输每个字符的 8 位中 "1" 的总数为奇数；偶校验则保证每个字符的 8 位中 "1" 的总数为偶数。例如，一个字符的 7 位代码为 "1001101"，若采用奇校验则校验位是 "1"，整个编码就是 "10011011"；若采用偶校验则校验位是 "0"，整个编码就是 "10011010"。

显然，如果被传输字符的 7 个信号位中同时有奇数个（如 1、3、5、7）位出现错误时，均可以被检测出来；但如果同时有偶数个（如 2、4、6）位出现错误，单向奇偶校验是检查不出来的。一般在同步传输方式中常采用奇校验，而在异步传输方式中常采用偶校验。

为了提高奇偶校验的检错能力，特别是提高检测突发错误的能力，可以将经过奇偶校验编码的码元序列按行排列成方阵，每行为一组奇偶监督码，发送时按照列的顺序传输，接收端依然将码元排成发送时的方阵，然后按行进行奇偶校验。这种编码没有增加信息的冗余度，只是增加了方阵码的码长，但除了可以发现每行的奇数个错误外，还可以发现所有长度不大于方阵行数的突发错误。

2. 循环码

循环码是线性分组码中最重要的一种子类，也是目前研究得比较成熟的一类码。循环码具有许多特殊的代数性质，这些性质有助于按照要求的纠错能力系统地构造这类码。另外，循环码还有易于实现的特点，很容易用带反馈的移位寄存器实现其硬件。因此在目前的计算机纠错系统中所使用的线性分组码几乎都是循环码，它不仅可以用于纠正独立的随机错误，而且也可以用于纠正突发错误。

循环码最显著的特性是循环性，即循环码中任一码组循环一位（将最右端的码元移至左端或相反）以后，仍为码中的一个码组，如表 6-4 所示。另外一个特性是封闭性（线性性），即任意个许用码组的线性和还是一个许用码组。

表 6-4 循环码的循环性

码组编号	信 息 位 a6 a5 a4			监 督 位 a3 a2 a1 a0				码组编号	信 息 位 a6 a5 a4			监 督 位 a3 a2 a1 0			
1	0	0	0	0	0	0	0	5	1	0	0	1	0	1	1
2	0	0	1	0	1	1	1	6	1	0	1	1	1	0	0
3	0	1	0	1	1	1	0	7	1	1	0	0	1	0	1
4	0	1	1	1	0	0	1	8	1	1	1	0	0	1	0

循环码在发送端编码时，利用事先约定的生成多项式 G（x）来产生，k 位要发送的信息位可对应于一个 k-1 次多项式 K（x），r 位冗余位则对应于一个 r-1 次多项式 R（x），由 r 位冗余位组成的 n=k+r 位码字则对应于一个 n-1 次多项式 $T(x) = X^R \times K(x) + R(x)$。在接收端收到了循环码后用生成多项式为 G（x）进行模 2 除，若得到余数为 0，则码字无误。若如果有一位出错，则余数

不为 0，而且不同位出错，其余数也不同。余数与出错位的对应关系只与码制及生成多项式有关，与信息位无关。

假设使用的生成多项式是 $G(x) = x^3 + x + 1$，4 位的原始报文为"1010"，则循环码得编码过程如下。

将生成多项式 $G(x) = x^3 + x + 1$ 转换成对应的二进制除数"1011"。

生成多项式有 4 位，要把原始报文 C（x）左移 3 位变成"1010000"。

用生成多项式对应的二进制数对左移 4 位后的原始报文进行模 2 除得余数："011"。

编码后的报文（即 CRC 码）为"1010011"。

目前，CRC（12）、CRC（16）和 CRC（CCITT）采用的国际标准生成多项式 G（x）分别如下。

$$g(x) = x^{12} + x^{11} + x^3 + x^2 + x + 1$$
$$g(x) = x^{16} + x^{15} + x^2 + 1$$
$$g(x) = x^{16} + x^{12} + x^5 + 1$$

其中，CRC（16）和 CRC（CCITT）两种生成多项式生成的循环码可以捕捉一位错、二位错、具有奇数个错的全部错误、突发错长度小于 16 的全部错误、长度为 17 的突发错误的 99.998%、长度为 18 以上的突发错的 99.997%。其中，突发错误是指几乎是连续发生的一串错，突发长度就是指从出错的第一位到出错的最后一位的长度（但中间并不一定每一位都错）。

6.7　本章小结

现代通信网的基础是电信技术与计算机技术的结合，而完成计算机之间、计算机与终端之间以及终端和终端之间的信息传递、通信方式和通信业务就是数据通信。随着计算机技术与通信技术的结合日趋紧密，数据通信作为计算机技术和通信技术相结合的产物，在现代通信领域扮演越来越重要的角色。本章主要介绍了数据通信的基础知识、数据通信系统以及多路复用技术和数据交换技术。

习　题

一、单选题

1. 我国目前的程控电话交换系统采用的是（　　　）。
   - A. 频分复用技术
   - B. 时分复用技术
   - C. 码分复用技术
   - D. 波分复用技术

2. 异步传输模式 ATM 是采用基于（　　　）的交换方式。
   - A. 电路方式
   - B. 分组方式
   - C. 帧方式
   - D. 信元方式

3. 调制解调器是（　　　）。
   - A. 输入和输出设备
   - B. 复用设备
   - C. 数据终端设备 DTE
   - D. 数据电路终接设备 DCE

4. 下面有关模拟信号和数字信号的说法不正确的是（　　）。

    A. 模拟信号可以转换为数字信号传输，同样数字信号也可以转换为模拟信号传输

    B. 模拟信号和数字信号都可以用光缆来传送

    C. 为了保证模拟信号的长距离传输，要在传输过程中加入放大器；同样为了保证数字信号的长距离传输，要在传输过程中加入重复器

    D. 模拟信号传输过程中加入放大器，会产生积累误差；同样数字信号在传输过程中加入重复器，也会产生积累误差

5. 无线电广播是（　　）通信方式。

    A. 全双工　　　　　　　　　　　　B. 半双工

    C. 单工　　　　　　　　　　　　　D. 不确定，与广播的内容有关

二、填空题

1. 按允许通过的信号类型划分，信道可以分为_____和_____两类。

2. 在同步传输过程中，接收端为正确区分收到的数据流中的每个码元，必须首先建立准确的_____信号。

3. 目前解决码组或字符的同步有两种，即_____传输方式和_____传输方式。

4. X.25 属于面向_____的传输控制规程。

5. 模拟信号是在介质上传送的连续变化的_____；数字信号是在介质上传送的_____序列。

三、问答题

1. 简述"同步传输"和"异步传输"的概念，并指明两者的区别。

2. 全双工模式与半双工模式的区别是什么？

3. 什么叫做同步？为什么需要同步这种技术？

4. 分组方式的优点和缺点各是什么？

第7章
网络安全

本章学习要点

➢ 网络安全概述
➢ 网络攻击与防范
➢ 计算机病毒
➢ 数据加密技术
➢ 防火墙技术

7.1　网络安全概述

7.1.1　计算机网络安全定义

1. 网络中存在的威胁

计算机网络所面临的威胁大体可分为两种：一是对网络中信息的威胁；二是对网络中设备的威胁。影响计算机网络的因素很多，有些因素可能是有意的，也可能是无意的；可能是人为的，也可能是非人为的；可能是外来黑客对网络系统资源的非法使用。归结起来，针对网络安全的威胁主要有以下 3 个方面。

（1）人为的无意失误。

如操作员安全配置不当造成的安全漏洞、用户安全意识不强、用户口令选择不慎、用户将自己的账号随意转借他人或与别人共享等都会给网络安全带来威胁。

（2）人为的恶意攻击。

这是计算机网络所面临的最大威胁，计算机犯罪就属于这一类。此类攻击又可以分为两种：一种是主动攻击，它以各种方式有选择地破坏信息的有效性和完整性；另一类是被动攻击，它是在不影响网络正常工作的情况下，进行截获、窃取、破译以获得重要机密信息。这两种攻击均可对计算机网络造成极大的危害，并导致机密数据的泄露。

（3）网络软件的漏洞和"后门"。

网络软件不可能是百分之百的无缺陷和无漏洞的，然而，这些漏洞和缺陷恰恰是黑客进行攻击的首选目标，曾经出现过的黑客攻入网络内部的事件，这些事件大部分就是因为安全措施不完善所招致的。另外，软件的"后门"都是软件公司的设计编程人员为了自便而设置的，一般不为外人所知，但一旦"后门"洞开，其造成的后果将不堪设想。

2. 当前网络安全状况

自 Internet 诞生之日起，网络上的入侵事件就不断发生。特别是 1988 年 11 月 RobertT.Morris 的蠕虫程序，令数千台主机乃至整个网络瘫痪，损失非常严重。这一事件使人们深刻意识到网络安全的重要性。

随着计算机技术的飞速发展，信息网络已经成为社会发展的重要保证。信息网络涉及国家的政府、军事、教科文等诸多领域，存储、传输和处理的许多信息是政府宏观调控决策、商业经济信息、银行资金转账、股票证券、能源资源数据、科研数据等重要的信息。其中有很多是敏感信息，甚至是国家机密，所以难免会吸引来自世界各地的各种人为攻击（如信息泄漏、信息窃取、数据篡改、数据删添、计算机病毒等）。另外，由于计算机网络的开发性、互连性以及超越组织与国界等特征，使它在安全性上存在一些隐患，致使网络容易受到黑客、病毒和恶意软件的攻击。统计表明，计算机犯罪案件呈逐年上升趋势，因此，网上信息的安全和保密成为重要的研究问题。

3. 网络安全的概念

计算机网络安全不仅包括组网的硬件、管理控制网络的软件，也包括共享的资源、快捷的网络服务，所以定义网络安全应考虑涵盖计算机网络所涉及的全部内容。参照 ISO 给出的计算机安全定义，认为计算机网络安全是指："保护计算机网络系统中的硬件、软件和数据资源，不因偶然或恶意的原因遭到破坏、更改和泄露，使网络系统连续可靠性地正常运行，网络服务正常有序。"

从本质上讲，网络安全就是网络上的信息的安全。计算机网络安全是指网络系统的硬件、软件及其系统中的数据受到保护，不受偶然的或恶意的原因而遭到破坏、更改、泄漏，系统能连续可靠地正常运行，网络服务不被中断。

7.1.2 影响网络安全的因素

从根本上说，网络安全的隐患多数是利用网络系统本身存在的安全弱点，而系统在使用、管理过程中的失误和疏漏更加剧了问题的严重性。影响网络安全的因素很多，归纳起来主要有以下 3 个方面。

1. 技术因素

（1）用户操作系统存在漏洞。目前使用的操作系统存在一些漏洞，易遭受别人的攻击。大家最熟悉的 Windows 操作系统就是一个典型的例子。我们从补丁的情况就可以知道该系统漏洞的严重性。

（2）TCP/IP 未考虑安全性。在 TCP/IP 中，安全不是涉及的一个初始目标，它只是美国军方开发的一个基础部分，目的是为战争中的通信提供一种不易被破坏的连接方式，它从一开始就是一种松散的、无连接的、不可靠的方式，这一特点造成在网上传送的信息很容易被拦截、偷窥和篡改。

（3）目前使用的主要网络设备如路由器、交换机，其安全性能不能得到完全可靠的保证，特别是路由器和交换机的密码加密方式，对于网络安全是一个重要的方面。

（4）电磁辐射。电子设备工作过程中产生的电磁辐射，会破坏网络中传输的数据。例如，网络终端、打印机或其他电子设备在工作时产生的电磁辐射泄露，使用相应的设备，可以将这些数据接收下来，进行重新恢复。

（5）线路窃听。是私自搭接线路或在线路周围放置有关设备，从而获取网络中信息内容或对信息流进行有目的的变形，改变信息内容，注入伪造信息，删除和重发原来的信息。

（6）串音干扰。产生传输噪声，对网络上传输的信号造成严重的破坏。

（7）硬件故障。造成软件使用中断和通信传输中断，带来重大损害。

（8）软件故障。程序中包含大量的管理系统安全的部分，如果软件程序受到损害，则该系统就是一个极其不安全的网络系统。

2．人为因素

（1）系统内部人员的非法活动，如系统操作员、工程技术人员和管理人员盗窃机密数据或破坏系统资源，盗窃存有机密数据的媒体，甚至直接破坏整个系统。

（2）网络规模。网络规模越大，网络安全所面临的威胁也就越大。资源共享与网络安全是相互矛盾的，网络发展要求加强资源共享，但随着资源的进一步开放，安全问题也会越来越严重。

（3）黑客攻击与病毒入侵，网络病毒可以突破网络的安全防御，侵入网络主机上，导致计算机资源遭到严重破坏，甚至造成网络系统的瘫痪。当前计算机病毒主要通过网页、文件下载和邮件方式传播，使整个计算机网络都感染病毒，给计算机信息系统和网络带来灾难性的破坏。有些病毒还会删除与安全相关的软件或系统文件，导致系统运行不正常或瘫痪。

3．管理因素

网络管理上的漏洞。内部网络缺乏审计跟踪机制，网络管理员和系统管理员对日志和其他审计信息没有足够的重视。有些机构在设计内部网络时，把精力放在如何防御外部攻击上，而对内部攻击的防御不够重视。另外，管理人员素质低（对交换机的误操作，导致局部或全部断网现象）管理措施不完善、用户安全意识淡薄等都会造成网络系统瘫痪。

7.2　网络攻击与防范

7.2.1　网络攻击概述

在 Internet 日益渗透到人们工作和生活的今天，网络安全问题日趋严重，网络中的安全漏洞无处不在，即便旧的安全漏洞补上了，新的安全漏洞又会不断涌现。网络攻击恰恰是利用这些存在的漏洞和安全缺陷对系统和资源进行攻击。

关于黑客攻击网络信息系统并造成经济损失的报道屡见不鲜。在科技最发达、防御最严密的美国国防部五角大楼内，每年都有成千上万的非法入侵者侵入其内部网络系统，我国的 ISP、证券公司及银行也多次被国内外黑客攻击。在 Internet 上，黑客站点随处可见，黑客工具可以任意下载，对网络的安全造成极大的威胁。因此，黑客攻防技术成为当今社会关注的重点，如何有效地提高 Internet 的防卫能力，切实保证信息安全已成为当务之急。

7.2.2　常用的网络攻击方法及防范

1．常见的攻击手段

（1）窃取机密攻击。

窃取机密攻击是指未经授权的攻击者非法访问网络、窃取信息的情形，一般可以通过在不安全的传输通道上截取正在传输的信息或利用协议和网络的弱点来实现，如窃听（键击记录、网络监听）等。

（2）电子欺骗。

电子欺骗是指攻击者伪造源于一个可信任地址的数据包以使机器信任另一台机器的攻击手

段。电子欺骗攻击是网络入侵者经常使用的一种攻击手段。电子欺骗可发生在 IP 系统的所有层次上。它包含 IP 电子欺骗、ARP 电子欺骗、DNS 电子欺骗等几种常用的电子欺骗方法。

IP 电子欺骗，就是伪造合法用户主机的 IP 地址与目标主机建立连接关系，以便能够蒙混过关而访问目标主机，而目标主机或者服务器原本禁止入侵者的主机访问。用户主机必须先与目标主机或服务器建立 TCP 连接才能得到服务。如果一个入侵者能够猜测出 TCP 的序号，他就能够发出伪造的、看起来是来自合法用户主机的数据包给目标主机或服务器。这是进行 IP 地址欺骗的一种情况。当然，入侵者要想成功地猜测出正确的 TCP 连接序号也是相当麻烦和困难的。一台主机向另一台主机要求某种形式的认证，只有当认证是有效时两者之间才能会话。这种计算机之间的对话通常是自发的不需要用户参与的。在 IP 欺骗攻击中，入侵者试图控制机器之间的这种自动的认证会话而不需要输入用户账号和密码。这是 IP 欺骗产生的另一种情况。

ARP 欺骗是一种更改 ARP Cache 的技术。ARP（地址转换协议）用来将 IP 地址转换成物理地址。假定在某广播型网络上，主机 A 欲解析主机 B 的 IP 地址 IPAdd_B。A 首先广播一个 ARP 请求报文，请求 IP 地址为 IPAdd_B 的主机回答其物理地址。网上所有主机（包括 B）都将收到该 ARP 请求，但只有 B 识别出自己的 IPAdd_B 地址，并做出回答：向 A 发回一个 ARP 响应，回答自己的物理地址。为了提高效率，ARP 使用了高速缓存技术。在每台使用 ARP 的主机中，都保留了一个专用的高速缓存，存放最近获得的 IP 地址—物理地址映射。问题就出在这里。假定入侵者想对主机 B 实施 ARP 欺骗，那么他可以先对主机 A 进行拒绝服务攻击（入侵者可以利用 ARP 造成拒绝服务：入侵者发送大量的 ARP 请求报文，且报文的 IP 地址与 MAC 地址不一致，造成响应主机不得不花很多时间处理这些请求）使其暂时挂起或干脆趁主机 A 关机时进行。然后入侵者用主机 A 的 IP 地址向主机 B 发送 ARP 请求报文，这样在主机 B 的高速缓存中就更新了原来主机 A 的 IP 地址—物理地址的映射。如果原来主机 A 和主机 B 有某种信任关系，那么现在主机 B 就和入侵者的机器有了同样的信任关系，危险可想而知。

DNS 电子欺骗是指攻击者危害 DNS 服务器并明确更改主机名和 IP 地址映射表。DNS 欺骗的机制比较简单：以一个假的 IP 地址来响应域名请求。但它的危害性却大于其他的电子欺骗方式。在多数情况下，实施 DNS 欺骗时，入侵者要取得 DNS 服务器的信任并明目张胆地改变主机的 IP 地址表，这些变化被写入 DNS 服务器的转换表数据库中，因此，当客户发出一个查询请求时，他会等到假的 IP 地址，这一地址会处于入侵者的完全控制之下。例如，www.ccert.edu.cn 的 IP 地址本来是 202．112．57．9，但入侵者可以以 202．205．12．29 来响应，而用户却很少会察觉。若有商业行为，一旦输入密码、信用卡号等，则全部传向入侵者，而入侵者可以做一个代理为用户完成正常的请求从而给用户造成一种错觉："他获得了服务"。就这个情况讲，用户永远也发现不了。任何防火墙都不能完全解决这个问题。

（3）拒绝服务攻击。

拒绝服务攻击即攻击者想办法让目标机器停止提供服务，这是黑客常用的攻击手段之一。其实对网络带宽进行的消耗性攻击只是拒绝服务攻击的一小部分，只要能够对目标造成麻烦，使某些服务暂停甚至主机死机，都属于拒绝服务攻击。拒绝服务攻击问题也一直得不到合理的解决，究其原因是由于网络协议本身的安全缺陷造成的，从而拒绝服务攻击也成为了攻击者的终极手法。攻击者进行拒绝服务攻击，实际上是让服务器实现两种效果：一是迫使服务器的缓冲区满，不接收新的请求；二是使用 IP 欺骗，迫使服务器把合法用户的连接复位，影响合法用户的连接。

SYN Flood 是当前最流行的 DoS（拒绝服务攻击）与 DDoS（分布式拒绝服务攻击）方式之一，这是一种利用 TCP 缺陷，发送大量伪造的 TCP 连接请求，使被攻击方资源耗尽（CPU 满负荷或内存不足）的攻击方式。

（4）社会工程学攻击。

尽管现代计算机信息安全技术和手段不断发展完善，但它们对于安全所能起到的作用还是很有限的。利用社会工程学手段突破信息安全防御措施的事件，已经呈现出上升甚至泛滥的趋势。社会工程学攻击是一种低技术含量的破坏网络安全的方法，但它其实是高级黑客技术的一种，往往使看似严密防护的网络系统出现致命的突破口。社会工程学攻击是一种利用社会工程学来实施的网络攻击行为。社会工程学准确来说，不是一门科学，而是一门艺术和窍门的学问。说它不是科学，因为它不是总能重复和成功，而且在信息充分多的情况下，会自动失效。社会工程学的窍门也蕴涵了各式各样灵活的构思与变化因素。社会工程学是一种利用人的弱点，如人的本能反应、好奇心、信任、贪便宜等弱点进行诸如欺骗、伤害等危害手段，获取自身利益的手段。社会工程学攻击的基本目标和其他黑客手段基本相同，都是为了获得目标系统未授权访问路径或是对重要信息进行欺骗、网络入侵、盗取或仅仅是扰乱系统和网络等。几乎每个人都有途径尝试进行社会工程学攻击，唯一的不同之处在于使用这些途径时的技巧高低而已。

（5）恶意代码攻击。

随着计算机技术的发展，恶意代码开发技术在不断升级。恶意代码是一种可以中断或破坏计算机及网络的程序或代码。一些恶意代码可以将自己附在宿主程序或文件中，而另外一些代码则是独立的。虽然一些恶意代码破坏力很小，但大多数恶意代码可能会造成主机系统崩溃、敏感信息泄露、消耗主机资源造成系统性能下降，也可能会阻塞网络影响正常工作，或为攻击者创造条件，使其绕过系统的安全程序。根据这一定义，恶意代码可分为计算机病毒、蠕虫病毒、特洛依木马程序、逻辑炸弹、移动代码和间谍软件等。

计算机病毒是一段附着在其他程序上的可以实现自我繁殖的程序代码，它可以在未经用户许可，甚至在用户不知道的情况下改变计算机的运行方式。计算机病毒必须满足两个条件：即能够自动执行和自我复制。

蠕虫病毒是一种常见的计算机病毒。蠕虫病毒是自包含的程序（或是一套程序），它能传播它自身功能的拷贝或它的某些部分到其蠕虫病毒其计算机系统中（通常经过网络连接）。请注意，与一般病毒不同，蠕虫不需要将其自身附着到宿主程序中。有两种类型的蠕虫：主机蠕虫与网络蠕虫。主机蠕虫完全包含在其运行的计算机中，并且使用网络的连接仅将自身拷贝到其他计算机中，主计算机蠕虫在将其自身的拷贝加入其他主机后，就会终止它自身（因此在任意给定的时刻，只有一个蠕虫的拷贝运行），这种蠕虫有时也叫"野兔"，蠕虫病毒一般通过 1434 端口漏洞传播。

"特洛依木马"（Trojan Horses）程序是指隐藏在计算机程序中并具有欺骗伪装功能的一段程序代码。它在使计算机执行正常功能的同时，又执行一些具有恶性作用的程序。它通常还用来伪装计算机病毒或"蠕虫"程序，或伪装成与安全有关的某种工具，秘密接近对方信息资源，以获取有关情报。特洛依木马程序包含能够在触发时导致数据丢失甚至被窃取的恶意代码。要使特洛依木马程序传播，必须在计算机上有效地启动这些程序。

计算机中的"逻辑炸弹"是指在特定逻辑条件满足时，实施破坏的计算机程序，该程序触发后造成计算机数据丢失、计算机不能从硬盘或者软盘引导，甚至会使整个系统瘫痪，并出现物理损坏的虚假现象。"逻辑炸弹"引发时的症状与某些病毒的作用结果相似，并对社会引发连带性的灾难。与病毒相比，它强调破坏作用本身，而实施破坏的程序不具有传染性。逻辑炸弹是一种程序，或任何部分的程序，这是冬眠，直到一个具体作品的程序逻辑被激活。这样的逻辑炸弹非常类似于真实世界的地雷。

移动代码是指能够从主机传输到客户计算机并且执行的代码。一般利用 VBA、JavaScript 和类似的编程技术编写。大多数网站都使用移动代码来增强实用性、功能性和吸引力，但是黑客却通过它让用户的计算机感染病毒，偷窃私人信息，甚至重新格式化硬盘。移动代码与病毒的本质区别是，它并不复制自己，也不只是简单地破坏数据，而是盗窃数据或使系统瘫痪。

间谍软件是一种能够在用户不知情的情况下，在其计算机上安装后门、收集用户信息的软件。它能够削弱用户对其使用经验、隐私和系统安全的物质控制能力；使用用户的系统资源，包括安装在计算机上的程序；或者搜集、使用并散播用户的个人信息或敏感信息。

2. 常见的防范措施

常见的安全防范措施主要有以下几种。

（1）物理安全。

物理安全主要是指通过物理隔离实现网络安全。所谓"物理隔离"，是指内部网不直接或间接地连接公共网。物理安全的目的是保护路由器、工作站、网络服务器等硬件实体和通信链路免受自然灾害、人为破坏和搭线窃听攻击。只有使内部网和公共网物理隔离，才能真正保证内部信息网络不受来自互联网的黑客攻击。此外，物理隔离也为内部网划定了明确的安全边界，使得网络的可控性增强，便于内部管理。

（2）停用 Guset 账号。

在计算机管理的用户里停用 Guest 账号，任何时候都不允许 Guest 账号登录系统。为了保险起见，最好给 Guest 设置一个复杂的密码，打开记事本，在其中输入一串包含特殊字符、数字、字母的长字符串，用它作为 Guest 账号的密码。并且修改 Guest 账号的属性，设置拒绝远程访问。

（3）关闭不必要的服务。

服务开得太多也不是件好事，将没有必要的服务通通关掉吧。服务组件安装得越多，用户可以享受的服务功能也就越多，但是用户平时使用到的服务组件毕竟有限，而那些很少用到的组件除占用不少系统资源，会引起系统不稳定外，还为黑客的远程入侵提供了多种途径。

为此应该尽量把那些暂不需要的服务组件屏蔽掉。具体的操作方法为：首先在控制面板中找到"管理工具/服务"，然后再打开"服务"对话框，在该对话框中选中需要屏蔽的程序，并单击鼠标右键，从弹出的快捷菜单中选择"属性→停止"命令，同时将"启动类型"设置为"手动"或"已禁用"，这样就可以对指定的服务组件进行屏蔽了。

（4）关闭不必要的端口。

关闭端口意味着减少功能，在安全和功能上需要进行折中。如果服务器安装在防火墙后面，冒险就会少些。但是，永远不要认为可以高枕无忧了。用端口扫描器扫描系统已开放的端口，确定系统开放的哪些服务可能引起黑客入侵。在系统目录中的\system32\drivers\etc\services 文件中有知名端口和服务的对照表可供参考。具体方法为：打开"网上邻居/属性/本地连接/属性/internet 协议（TCP/IP）/属性/高级/选项/TCP/IP 筛选/属性"，打开"TCP/IP 筛选"，添加需要的 TCP、UDP即可。

（5）关闭默认共享。

用户在日常使用计算机时，一般对自己创建的共享文件夹的安全性较为关注，用户根据需要指定完全或只读访问，并设定好密码，十分注意防范无关人员的侵入。而对于自己未创建共享文件夹的计算机的防范相对要松懈得多了。殊不知在 Windows 2000 及以后的 Windows XP 和Windows Server 2003 等操作系统中，系统会根据计算机的配置，自动创建部分特殊共享资源，以便于管理和系统本身使用。尽管在"我的电脑"和资源管理器中这些共享资源是不可见的，但通过在共享资源名称的最后一位字符后键入$（$也成为资源名称的一部分），别人就能轻易找到到这些特殊的共享资源。如果用户开机进入系统的密码过于简单，网上流传的一些非典型黑客软件如"肉鸡杀手"等都能立刻查到用户计算机的地址、用户名及一些简易密码而侵入计算机。这样，这些特殊共享资源就相当于在系统中开了一扇后门，如果不注意防范，危害是很大的。

要进行有效的防范，最彻底的办法就是在计算机中关闭这些特殊共享资源。要禁止这些共享，打开管理工具>计算机管理>共享文件夹>共享，在相应的共享文件夹上单击鼠标右键，单击"停止共享"即可。但是，计算机重新启动后，这些共享又会重新开启。如果每次开机都要如此操作一番，会很麻烦。具体有两种方法可以解决这个问题：

第一种方法，批处理命令法。先用记事本编辑图 7-1 所示的文件，将它保存为 delshare.bat。注意，这个文件是假设计算机有 C、D、E、F、G、H 六个分区，如果计算机只有 C、D、E 三个分区，则上述文件中可删除 net share f$/del、net share g$/del、net share h$/del 这三行。然后，将该文件或其快捷方式放到 C：\ Documents and Settings \ All Users \ Start Menu \ Programs \ 启动文件夹中。重启计算机即可开机自动关闭这些特殊共享资源。

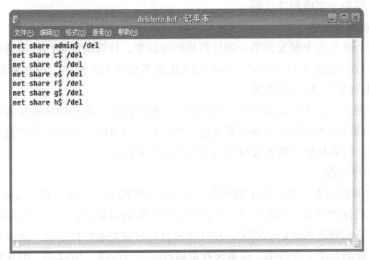

图 7-1 用记事本创建批处理文件

第二种方法，注册表法。打开注册表[HKEY_LOCAL_MACHINE \ SOFTWARE \ Microsoft \ Windows \ CurrentVersion \ Run]分支，在其下新建"字符串值"，命名可随意，如"delshareC$"，单击鼠标右键，在弹出的快捷菜单中单击"修改"，在接着出现的"编辑字符串"窗口的"数值数据"栏中输入"net share C$/del"（不包括引号），单击"确定"按钮。同理添加"字符串值"，如"delshareD$"，"数值数据"为"net share D$/del"等，有几个分区就加到哪为止。之后保存注册表重启计算机，也能实现开机自动关闭这些特殊共享资源。

7.3 计算机病毒

7.3.1 计算机病毒概述

在日常的工作中，经常会发生计算机变慢甚至死机的情况，这其实多数都是由计算机病毒引起的。计算机病毒是一种人为编制的程序或指令集合。这种程序能够潜伏在计算机系统中，并通过自我复制传播和扩散，在一定条件下被激活，并给计算机带来故障和破坏。这种程序具有类似于生物病毒的繁殖、传染和潜伏等特点，所以人们称之为"计算机病毒"。计算机病毒一般通过存储器和网络传播。

跟据国际上的统计分析表明，计算机病毒每天产生十多种，目前已达数万种。国内90%的计算机遭受过病毒的攻击。随着我国的对外开放，各种正常进口和非法拷贝的计算机软件数量迅速增加，国际上各种计算机病毒大量传入我国。而居高不下的盗版软件使用率使得我国绝大多数计算机都受到病毒的攻击。

1. 计算机病毒的定义

计算机病毒（Computer Virus）在《中华人民共和国计算机信息系统安全保护条例》中被明确定义，病毒是指"编制者在计算机程序中插入的破坏计算机功能或者破坏数据，影响计算机使用并且能够自我复制的一组计算机指令或者程序代码"。而在一般教科书及通用资料中被定义为：利用计算机软件与硬件的缺陷或操作系统漏洞，由被感染机内部发出的破坏计算机数据并影响计算机正常工作的一组指令集或程序代码。

2. 计算机病毒发展史

自从20世纪80年代中期发现第一例计算机病毒以来，计算机病毒的数量急剧增长。目前世界上发现的病毒数量已超过15 000种，国内发现的种类也达600多种。1998年流行的CIH病毒更是使计算机用户感到了极大的恐慌。

在病毒的发展史上，病毒的出现是有规律的，一般情况下一种新的病毒技术出现后，病毒迅速发展，接着反病毒技术的发展会抑制其流传。操作系统升级时，病毒也会调整为新的方式，产生新的病毒技术。计算机病毒的发展可划分为以下几个阶段。

（1）DOS引导阶段。

1987年，计算机病毒主要是引导型病毒，具有代表性的是"小球"和"石头"病毒。

当时的计算机硬件较少，功能简单，一般需要通过软盘启动后使用。引导型病毒利用软盘的启动原理工作，它们修改系统启动扇区，在计算机启动时首先取得控制权，减少系统内存，修改磁盘读写中断，影响系统工作效率，在系统存取磁盘时进行传播。1989年，引导型病毒发展为可以感染硬盘，典型的代表有"石头2"。

（2）DOS可执行阶段。

1989年，可执行文件型病毒出现，它们利用DOS系统加载执行文件的机制工作，代表为"耶路撒冷"、"星期天"病毒，病毒代码在系统执行文件时取得控制权，修改DOS中断，在系统调用时进行传染，并将自己附加在可执行文件中，使文件长度增加。1990年，发展为复合型病毒，可感染COM和EXE文件。

（3）伴随、批次型阶段。

1992年，伴随型病毒出现，它们利用DOS加载文件的优先顺序进行工作。具有代表性的是"金蝉"病毒，它感染EXE文件时生成一个和EXE同名的扩展名为COM的伴随体；它感染COM文件时，将原来的COM文件修改为同名的EXE文件，再产生一个原名的伴随体，文件扩展名为COM。这样，在DOS加载文件时，病毒就取得控制权。这类病毒的特点是不改变原来的文件内容、日期及属性，解除病毒时只要将其伴随体删除即可。在非DOS操作系统中，一些伴随型病毒利用操作系统的描述语言进行工作，具有典型代表的是"海盗旗"病毒，它在得到执行时，询问用户名称和口令，然后返回一个出错信息，将自身删除。批次型病毒是工作在DOS下的和"海盗旗"病毒类似的一类病毒。

（4）幽灵、多形阶段。

1994 年，随着汇编语言的发展，实现同一功能可以用不同的方式完成，这些方式的组合使一段看似随机的代码产生相同的运算结果。幽灵病毒就是利用这个特点，每感染一次就产生不同的代码。例如，"一半"病毒就是产生一段有上亿种可能的解码运算程序，病毒体被隐藏在解码前的数据中，查解这类病毒就必须能对这段数据进行解码，加大了查毒的难度。多形型病毒是一种综合性病毒，它既能感染引导区又能感染程序区，多数具有解码算法，一种病毒往往要两段以上的子程序方能解除。

（5）生成器、变体机阶段。

1995 年，在汇编语言中，一些数据的运算放在不同的通用寄存器中，可运算出同样的结果，随机地插入一些空操作和无关指令，也不影响运算的结果，这样，一段解码算法就可以由生成器生成。当生成的是病毒时，就产生了这种复杂的病毒生成器和变体机。典型代表的是"病毒制造机"VCL，它可以在瞬间制造出成千上万种不同的病毒，查解时不能使用传统的特征识别法，需要在宏观上分析指令，解码后查解病毒。变体机就是增加解码复杂程度的指令生成机制。

（6）网络、蠕虫阶段。

1995 年，随着网络的普及，病毒开始利用网络进行传播，它们只是以上几代病毒的改进。在非 DOS 操作系统中，"蠕虫"是典型的代表，它不占用除内存以外的任何资源，不修改磁盘文件，利用网络功能搜索网络地址，将自身向下一地址传播，有时也在网络服务器和启动文件中存在。

（7）视窗阶段。

1996 年，随着 Windows 和 Windows 95 的日益普及，利用 Windows 进行工作的病毒开始发展，它们修改（NE、PE）文件，典型的代表是 DS.3873，这类病毒的机制更为复杂，它们利用保护模式和 API 调用接口工作，解除方法也比较复杂。

（8）宏病毒阶段。

1996 年，随着 Word 功能的增强，使用 Word 宏语言也可以编制病毒，这种病毒使用类 Basic 语言，编写容易，感染 Word 文档文件。在 Excel 和 AmiPro 出现的相同工作机制的病毒也归为此类。由于 Word 文档格式没有公开，这类病毒查解比较困难。

（9）互联网阶段。

1997 年，随着 Internet 的发展，各种病毒也开始利用 Internet 进行传播，一些携带病毒的数据包和邮件越来越多，如果不小心打开了这些邮件，机器就有可能中毒。

（10）Java、邮件炸弹阶段。

1997 年，随着万维网上 Java 的普及，利用 Java 语言进行传播和资料获取的病毒开始出现，典型的代表是 JavaSnake 病毒。还有一些利用邮件服务器进行传播和破坏的病毒，如 Mail-Bomb 病毒严重影响了 Internet 的效率。

3. 计算机病毒特性

（1）隐蔽性。

一般隐藏在操作系统、可执行文件和数据文件中，不易被发现。

（2）传染性。

病毒程序一旦进入计算机，通过修改其他程序，把自身的程序拷贝进去，从而达到扩散的目的，使计算机不能正常工作。

（3）潜伏性。

计算机病毒能够潜伏在正常的程序之中，当满足一定条件时被激活（病毒发作）。

（4）可激发性。

一般都具有激发条件，如时间、日期、特定的用户标识、特定文件的出现和使用、某个文件被使用的次数或某种特定的操作等。

（5）破坏性。

这是计算机病毒的最终目的，通过病毒程序的运行，实现破坏行为。

4. 计算机病毒的类型

（1）系统病毒。

系统病毒的前缀为 Win32、PE、Win95、W32、W95 等。这些病毒的共同特性是可以感染 Windows 操作系统的 EXE 和 DLL 文件，并通过这些文件进行传播，如 CIH 病毒。

（2）蠕虫病毒。

蠕虫病毒的前缀是 Worm。这种病毒共同特性是通过网络或者系统漏洞进行传播，很大部分的蠕虫病毒都会向外发送带毒邮件，阻塞网络的特性，如冲击波（阻塞网络）、小邮差（发带毒邮件）等。

（3）木马病毒、黑客病毒。

小马病毒的前缀是 Trojan，黑客病毒的前缀一般为 Hack。术马病毒的共同特性是通过网络或者系统漏洞进入用户的系统并隐藏，然后向外界泄露用户的信息。而黑客病毒则有一个可视的界面，能对用户的计算机进行远程控制。木马、黑客病毒往往是成对出现的，即小马病毒负责侵入用户的计算机，而黑客病毒则会通过该术马病毒进行控制。现在这两种类型都越来越趋向于整合了。一般的木马如 QQ 消息尾巴小马 Trojan.qq3344，还有针对网络游戏的术马病毒，如 Trojan.LMir.PSW.60。

（4）脚本病毒。

脚本病毒的前缀是 Script。脚本病毒的共同特性是使用脚本语言编写，通过网页进行传播，如红色代码（Script. Code Red）。脚本病毒还会有前缀：VBS、JS（表明是何种脚本编写的），如欢乐时光（VBS. Happytime）、十四日（Js.Fortnight.c.s）等。

（5）宏病毒。

宏病毒足一种寄存在文档或模板的宏中的计算机病毒。一旦打开这样的文档，其中的宏就会被执行，于足宏病毒就会被激活，转移到计算机上，并驻留在 Normal 模板上。从此以后，所有自动保存的文档都会"感染"上这种宏病毒，而且如果其他用户打开了感染病毒的文档，宏病毒又会转移到他的计算机上。其实宏病毒也是脚本病毒的一种，由于它的特殊性，因此在这里单独归为一类。宏病毒的前缀是 Macro，第二前缀是 Word、Word 97、Excel、Excel 97（也许还有其他的）其中之一。只感染 Word 97 及以前版本 Word 文档的病毒采用 Word97 作为第二前缀，格式是 Macro.Word97；只感染 Word 97 以后版本 Word 文档的病毒采用 Word 作为第二前缀，格式是 Macro.Word；只感染 Excel97 及以前版本 Excel 文档的病毒采用 Excel97 作为第二前缀，格式是 Macro.Excel97；只感染 Excel97 以后版本 Excel 文档的病毒采用 Excel 作为第二前缀，格式是 Macro.Excel，以此类推。该类病毒的共同特性是能感染 Office 系列文档，然后通过 Office 通用模板进行传播，如著名的美丽莎（Macro.Melissa）。

7.3.2　计算机病毒的检测与防范

1. 计算机病毒的检测

从上面介绍的计算机病毒的特性中，我们可以看出计算机病毒具有很强的隐蔽性和极大的破坏性。因此，在日常中如何判断病毒是否存在于系统中是非常关键的工作。一般用户可以根据下列情况来判断系统是否感染病毒。

计算机的启动速度较慢且无故自动重启；工作中机器出现无故死机现象；桌面上的图标发生了变化；桌面上出现了异常现象：奇怪的提示信息，特殊的字符等；在运行某一正常的应用软件时，系统经常报告内存不足；文件中的数据被篡改或丢失；音箱无故发生奇怪的声音；系统不能识别存在的硬盘；当朋友向你抱怨你总是给他发出一些奇怪的信息，或在邮箱中发现了大量不明来历的邮件；打印机的速度变慢或者打印出一系列奇怪的字符。

2. 计算机病毒的防范

在使用计算机过程中注意做到以下几个方面，就会大大减少病毒感染的机会。

（1）建立良好的安全习惯。例如，对一些来历不明的邮件及附件不要打开，并尽快删除，不要上一些不太了解的网站，尤其是那些具有诱人名称的网页，更不要轻易打开，不要执行从 Internet 下载后未经杀毒处理的软件等，这些必要的习惯会使计算机更安全。

（2）关闭或删除系统中不需要的服务。默认情况下，许多操作系统会安装一些辅助服务，如 FTP 客户端、Telner 和 Web 服务器。这些服务为攻击者提供了方便，而又对用户没有太大用处，如果删除它们，就能大大减少被攻击的可能性。

（3）经常升级操作系统的安全补丁。据统计，有 80％的网络病毒是通过系统安全漏洞进行传播的，如红色代码、尼姆达、冲击波等病毒，因此应该定期到 Microsoft 网站下载最新的安全补丁，以防患于未然。

（4）使用复杂的密码。有许多网络病毒就是通过猜测简单密码的方式攻击系统的。因此使用复杂的密码，会大大提高计算机的安全系数。

（5）迅速隔离受感染的计算机。当计算机发现病毒或异常时应立即中断网络，然后尽快采取有效的查杀病毒措施，以防止计算机受到更多的感染，或者成为传播源感染其他计算机。

（6）安装专业的防病毒软件进行全面监控。在病毒日益增多的今天，使用杀毒软件进行防杀病毒，是简单有效并且是越来越经济的选择。用户在安装了反病毒软件后，应该经常升级至最新版本，并定期查杀计算机。将杀毒软件的各种防病毒监控始终打开（如邮件监控和网页监控等），可以很好地保障计算机的安全。

（7）及时安装防火墙。安装较新版本的个人防火墙，并随系统启动一同加载，即可防止多数黑客进入计算机偷窥、窃密或放置黑客程序。尽管病毒和黑客程序的种类繁多，发展和传播迅速，感染形式多样，危害极大，但还是可以预防和杀灭的。只要我们增强计算机和计算机网络的安全意识，采取有效的防杀措施，随时注意工作中计算机的运行情况，发现异常及时处理，就可以大大减小病毒和黑客的危害。

7.4　数据加密技术

纵观当今世界，加密离我们并不遥远，从小小的个人密码，到重要的机密文件，无一不是加密的产物。在图 7-2 所示的网络银行登录示意图中，用户在登录个人网银账户时，输入信用卡卡号和密码，这些信息在网上传输时，非持卡人拦截并知道了这个号码，就可以用其在网上购物，使用户的财产受到损失。在图 7-3 所示的用户登录 QQ 时，如果 QQ 号码和密码被人窃取，就会丢失 QQ 号和 QQ 信息，而信息里附带的隐私信息也一起丢失，如好友 QQ 记录、空间照片等。

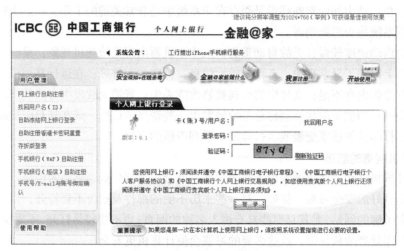

图 7-2　网络银行登录示意图

图 7-3　QQ 登录界面

互联网是一个面向大众的开放系统，信息的安全问题日益严重。本质上讲，网络安全就是网络上信息的安全。如何保护计算机信息的内容，即信息内容的保密问题显得越来越重要。

密码学中规定：未加密的信息称为明文，已加密的信息称为密文。由密码算法对数据进行变换，得到隐藏数据的信息内容的过程，称为"加密"。相应地，加密过程的逆过程称为"解密"。一个加密系统至少由明文、密文、密钥与加密算法 4 个基本要素构成。

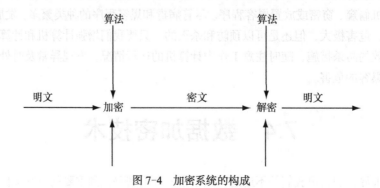

图 7-4　加密系统的构成

例如，采用移位加密法，使向右移动 3 位后的英文字母表示原来的英文字母，原文为 HOW DO　YOU　DO，用移位以后的字母顺序表示原文。

写出 26 个英文字母，然后将原文字母分别向右移 3 位（密钥为 3）。

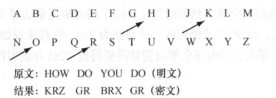

原文：HOW　DO　YOU　DO（明文）

结果：KRZ　GR　BRX　GR（密文）

根据密码算法所使用的密钥数量的不同，可以将加密技术分为对称密钥技术和非对称加密技术。这些加密算法都已经达到了很高的强度，同时在理论上也已经相当成熟，形成了一门独立的学科。

7.4.1　对称加密技术

对称加密（也叫私钥加密）中指加密和解密使用相同密钥的加密算法，有时又叫传统密码算法，就是加密密钥能够从解密密钥中推算出来，同时解密密钥也可以从加密密钥中推算出来。而在大多数的对称加密算法中，加密密钥和解密密钥是相同的，所以也称其为秘密密钥算法或单密钥算法。它要求发送方和接收方在安全通信之前，商定一个密钥。对称加密算法的安全性依赖于密钥，泄漏密钥就意味着任何人都可以对他们发送或接收的消息解密，所以密钥的保密性对通信的安全至关重要。对称加密过程如图 7-5 所示。

对称加密的加密模型为 $C=E_K(M)$，解密模型为 $C=D_K(M)$，其中，M 表示明文，C 表示密文，K 为密钥，E 表示加密过程，D 表示解密过程。

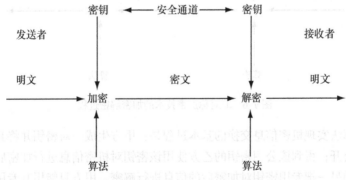

图 7-5　对称加密技术的加密、解密过程

对称加密算法的特点是算法公开、计算量小、加密速度快、加密效率高。不足之处是，交易双方都使用同样的钥匙，安全性得不到保证。此外，每对用户每次使用对称加密算法时，都需要使用其他人不知道的唯一密钥，这会使得发收信双方所拥有的密钥数量成几何级数增长，密钥管理成为用户的负担。对称加密算法在分布式网络系统上使用较为困难，主要是因为密钥管理困难，使用成本较高。而与公开密钥加密算法比起来，对称加密算法能够提供加密和认证，却缺乏签名功能，使得使用范围有所缩小。

对称加密技术的典型算法是数据加密标准（Data Encryption Standard，DES）。DES 算法把 64 位的明文输入块变为数据长度为 64 位的密文输出块，其中 8 位为奇偶校验位，另外 56 位作为密码的长度。首先，DES 把输入的 64 位数据块按位重新组合，并把输出分为 L0、R0 两部分，每部分各长 32 位，并进行前后置换，最终由 L0 输出左 32 位，R0 输出右 32 位，根据这个法则经过 16 次迭代运算后，得到 L16、R16，将此作为输入，进行与初始置换相反的逆置换，即得到密文输出。

DES 算法具有极高的安全性，到目前为止，除了用穷举搜索法对 DES 算法进行攻击外，还没有发现更有效的办法，而 56 位长密钥的穷举空间为 256，这意味着如果一台计算机的速度是每秒检测 100 万个密钥，那么它搜索完全部密钥就需要将近 2285 年的时间，因此 DES 算法是一种很可靠的加密方法。

7.4.2 非称加密技术

1976 年，美国学者 Dime 和 Henman 为解决信息公开传送和密钥管理问题，提出了一种新的密钥交换协议，允许在不安全的媒体上的通信双方交换信息，安全地达成一致的密钥，这就是"公开密钥系统"。相对于对称加密算法，这种方法也叫做"非对称加密算法"。

与对称加密算法不同，非对称加密算法需要两个密钥：公开密钥（Public Key）和私有密钥（Private Key）。公开密钥与私有密钥是一对，如果用公开密钥对数据进行加密，只有用对应的私有密钥才能解密；如果用私有密钥对数据进行加密，那么只有用对应的公开密钥才能解密。因为加密和解密使用的是两个不同的密钥，所以这种算法叫做非对称加密算法。非对称加密过程如图 7-6 所示。

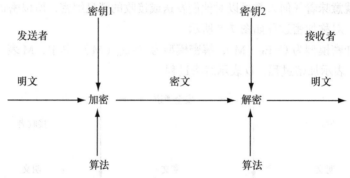

图 7-6　非对称加密技术的加密解密过程

非对称加密算法实现机密信息交换的基本过程是：甲方生成一对密钥并将其中的一把作为公用密钥向其他方公开；得到该公用密钥的乙方使用该密钥对机密信息进行加密后再发送给甲方；甲方用自己保存的另一把专用密钥对加密后的信息进行解密。甲方只能用其专用密钥解密由其公用密钥加密后的任何信息。

非对称加密算法的保密性比较好，它消除了最终用户交换密钥的需要，但加密和解密花费时间长、速度慢，它不适合于对文件加密而只适用于对少量数据进行加密。

非对称加密技术的典型算法是 RAS。RSA 建立在大分数分解和素数检测的理论基础上。RAS 公钥密码的算法思路是：两个大素数相乘在计算机上是容易实现的，但将它们的乘积分解为两个大素数的因子的计算却相当巨大，甚至在计算机上也是不可实现的。

RSA 的密钥产生过程如下。

（1）独立选取两个互异的大素数 p 和 q（保密）。

（2）计算 n=pxq（公开），则 $\Phi(n) = (p-1) \times (q-1)$（保密）。

（3）随机选取整数 e，使得 $1<e<\Phi(n)$ 并且 $gcd(\Phi(n), e)=1$（公开）。

（4）计算 d，d = e^{-1} mod（Φ（n））保密。

（5）RAS 私有密钥由{d，n}组成，公开密钥由{e，n}组成。

RAS 的加密/解密过程如下。

（1）将要求加密的明文信息 M 数字化，分块。

（2）加密过程：C=M^e（mod n）；解密过程：M=C^d（mod n）。

与对称加密算法相比，非对称加密算法加密解密的速度比较慢。

7.4.3　数字签名

1．数字签名定义

数字签名是用来防止通信双方相互攻击的一种认证机制，是防止发送方或接收方抵赖的认证机制。以电子形式存在于数据信息之中的，或作为其附件或逻辑上与之有联系的数据，可用于辨别数据签署人的身份，并表明签署人对数据信息中包含信息的认可。数字签名在 ISO7498-2 标准中定义为："附加在数据单元上的一些数据，或是对数据单元所作的密码变换，这种数据和变换允许数据单元的接收者用以确认数据单元来源和数据单元的完整性，并保护数据，防止被人（如接收者）伪造"。数字签名原理如图 7-7 所示。

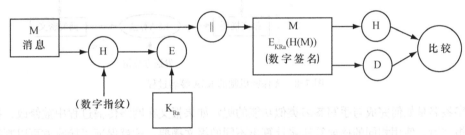

图 7-7　数字签名的原理

2．数字签名的基本原理

将报文按双方约定的 Hash 算法计算得到一个固定位数的报文摘要。在数学上保证只要改动报文中的任何一位，重新计算出的报文摘要值就会与原先的值不相符。这样就保证了报文的不可更改性。

将该报文摘要值用发送者的私人密钥加密，然后连同原报文一起发送给接收者，而产生的报文即为数字签名。

接收方收到数字签名后，用同样的 Hash 算法对报文计算摘要值，然后与用发送者的公开密钥进行解密，与解开的报文摘要值相比较，如相等则说明报文确实来自所称的发送者。

3．数字签名的实现方法

建立在公钥密码技术上的数字签名方法很多，如 RSA 签名、DSA 签名和椭圆曲线数字签名算法（ECDSA）等。RSA 签名的整个过程如图 7-8 所示。

（1）发送方采用某种摘要算法从报文中生成一个128 位的散列值（称为报文摘要）。

（2）发送方用 RSA 算法和自己的私钥对这个散列值进行加密，产生一个摘要密文，这就是发送方的数字签名。

（3）将这个加密后的数字签名作为报文的附件和报文一起发送给接收方。

（4）接收方从接收到的原始报文中采用相同的摘要算法计算出 128 位的散列值。

（5）报文的接收方用 RSA 算法和发送方的公钥对报文附加的数字签名进行解密。

（6）如果两个散列值相同，那么接收方就能确认报文是由发送方签名的。

MD5（Message DigeST 5）是较常用的摘要算法，MD5采用单向Hash函数将任意长度的"字节串"变换成一个128位的散列值，并且它是一个不可逆的字符串变换算法，换言之，即使看到MD5的算法描述和实现它的源代码，也无法将一个MD5的散列值变换回原始的字符串。这个128位的散列值也称为数字指纹，就像人的指纹一样，它就成为验证报文身份的"指纹"了。

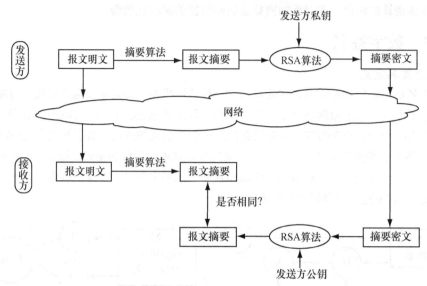

图7-8　无保密机制的RSA签名过程

数字签名是如何完成与手写签名类似功能的呢？如果报文在网络传输过程中被修改，接收方收到此报文后，使用相同的摘要算法将计算出不同的报文摘要，这就保证了接收方可以判断报文自签名后到收到为止，是否被修改过。如果发送方A想让接收方误认为此报文是由发送方B签名发送的，由于发送方A不知道发送方B的私钥，所以接收方用发送方B的公钥对发送方A加密的报文摘要进行解密时，也将得出不同的报文摘要，这就保证了接收方可以判断报文是否是由指定的签名者发送的。同时也可以看出，当两个散列值相同时，发送方B无法否认这个报文是他签名发送的。

在上述签名方案中，报文是以明文方式发生的，所以不具备保密功能。如果报文包含不能泄露的信息，就需要先进行加密，然后再进行传送。具有保密机制的RSA签名的整个过程如图7-9所示。

（1）发送方选择一个对称加密算法（如DES）和一个对称密钥对报文进行加密。

（2）发送方用接收方的公钥和RSA算法对步骤（1）中的对称密钥进行加密，并且将加密后的对称密钥附加在密文中。

（3）发送方使用一个摘要算法从步骤（2）的密文中得到报文摘要，然后用RSA算法和发送方的私钥对此报文摘要进行加密，这就是发送方的数字签名。

（4）将步骤（3）得到的数字签名封装在步骤（2）的密文后，并通过网络发送给接收方。

（5）接收方使用RSA算法和发送方的公钥对收到的数字签名进行解密，得到一个报文摘要。

（6）接收方使用相同的摘要算法，从接收到的报文密文中计算出一个报文摘要。

（7）如果步骤（5）和步骤（6）的报文摘要是相同的，就可以确认密文没有被篡改，并且是由指定的发送方签名发送的。

（8）接收方使用 RSA 算法和接收方的私钥解密出对称密钥。

（9）接收方使用对称加密算法（如 DES）和对称密钥对密文解密，得到原始报文。

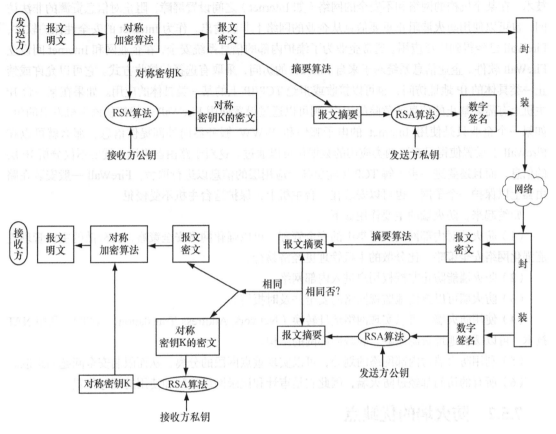

图 7-9 有保密机制的 RSA 签名过程

7.5 防火墙技术

7.5.1 防火墙技术概述

防火墙是位于两个（或多个）网络之间，实施访问控制策略的一个或一组组件集合，通过对流经它的网络通信进行扫描，过滤掉恶意攻击，防止未经授权的通信进出，通过边界控制强化内部网络的安全策略。通过防火墙可以定义一个关键点以防止外来入侵，监控网络的安全并在异常情况下给出报警提示，尤其对于重大的信息量通过时除进行检查外，还做好日志，并提供网络是否受到监测和攻击的详细信息；提供网络地址转换功能，有助于缓解 IP 地址资源紧张的问题，同时，可以避免当一个内部网更换 ISP 时需重新编号的麻烦。防火墙不但是网络安全的检查站，它还可以是向用户发布信息的站点，即在其上可以配置相应的 WWW 服务器和 FTP 服务器等设备，并且允许外部主机访问。

防火墙主要由服务访问政策、验证工具、包过滤和应用网关 4 个部分组成，防火墙就是一个位于计算机和它所连接的网络之间的软件或硬件（其中硬件防火墙用得很少，只有国防部等部门才用，因为它价格昂贵）。该计算机流入流出的所有网络通信均要经过此防火墙。

防火墙（FireWall）成为近年来新兴的保护计算机网络安全的技术性措施。它是一种隔离控制技术，在某个机构的网络和不安全的网络（如 Internet）之间设置屏障，阻止对信息资源的非法访问，也可以使用防火墙阻止重要信息从企业的网络上非法输出。作为 Internet 的安全性保护软件，FireWall 已经得到广泛应用。通常企业为了维护内部的信息系统安全，在企业网和 Internet 间设立 FireWall 软件。企业信息系统对于来自 Internet 的访问，采取有选择的接收方式。它可以允许或禁止一类具体的 IP 地址访问，也可以接收或拒绝 TCP/IP 上的某一类具体的应用。如果在某一台 IP 主机上有需要禁止的信息或危险的用户，则可以通过设置使用 FireWall 过滤掉从该主机发出的包。如果一个企业只是使用 Internet 的电子邮件和 WWW 服务器向外部提供信息，那么就可以在 FireWall 上设置使得只有这两类应用的数据包可以通过。这对于路由器来说，就要不仅分析 IP 层的信息，而且还要进一步了解 TCP 传输层甚至应用层的信息以进行取舍。FireWall 一般安装在路由器上以保护一个子网，也可以安装在一台主机上，保护这台主机不受侵犯。

归纳起来，防火墙的主要作用如下。

（1）防火墙对内部网实现了集中的安全管理，可以强化网络安全策略，比分散的主机管理更能强化网络安全策略，比分散的主机管理更经济易行。

（2）防火墙能防止非授权用户进入内部网络。

（3）防火墙可以方便地监视网络的安全并及时报警。

（4）使用防火墙，可以实现网络地址转换（Network Addtress Translation，NAT），利用 NAT 技术，可以缓解地址资源短缺，隐藏内部网的结构。

（5）利用防火墙对内部网络的划分，可以实现重点网段的分离，从而限制安全问题的扩散。

（6）所有的访问都经过防火墙，因此它是审计和记录网络访问和使用的理想位置。

7.5.2 防火墙的优缺点

1. 防火墙的优点

（1）强化网络安全策略。

每天通过网络收集信息、交换信息的人越来越多，不可避免地会出现一些品德不良和违反规则的人。防火墙就要防止这些不良行为的发生。

在企业中防火墙还要控制内部员工的上网行为，防止公司机密信息泄露到外网。防火墙通过完善的安全策略，使符合规定的请求通过，或阻止非法请求连接互联网，同时还要阻止外部网络擅自连接到内部网，以达到保护内网的目的。

（2）有效记录所有网络连接行为。

因为内外网交换信息都要通过防火墙，所以防火墙可以完整地记录内外网互连的各种请求甚至信息。管理员可以通过这些记录来判断非法请求的来源，内网是否有病毒和木马存在，或者是否有人在外网进行攻击等。

（3）屏蔽用户。

防火墙能够隔离网络中的一个网段和另一个网段，防止一个网段出问题后影响另一个网段，而且从外部网无法直接查看到内部网的主机信息，有效保护了内网的安全。

2. 防火墙的缺点

（1）不能防范恶意知情者。

防火墙可以禁止系统用户经过网络连接发送专有信息，但用户可以将数据复制到其他介质中带出去。如果入侵者来自防火墙内部，那么防火墙就无能为力了。内部用户可以破坏防火墙体系，巧妙地修改程序从而避过防火墙。对于来自知情者的威胁只能加强内部管理，对用户进行安全教育。

（2）不能防范不通过它的连接。

防火墙能够有效地防止通过它进行传输的信息，但不能防止不通过它进行传输的信息。如果站点允许对防火墙后面的内部系统进行连接，那么防火墙就没有办法阻止入侵者进行入侵行为。

（3）不能防范全部威胁。

防火墙用来防范已知的威胁，但没有一个防火墙能自动防御所有新威胁。

（4）防火墙可以阻断攻击，但不能消灭攻击源。

"各扫自家门前雪，不管他人瓦上霜"，就是目前网络安全的现状。互联网上病毒、木马、恶意试探等造成的攻击行为络绎不绝。设置得当的防火墙能够阻挡它们，但无法清除攻击源。即使防火墙进行了良好的设置，使得攻击无法穿透防火墙，但各种攻击仍然会源源不断地向防火墙发出尝试。例如，接主干网 10M 网络带宽的某站点，其日常流量中平均有 512 K 左右是攻击行为。那么，即使成功设置了防火墙后，这 512 K 的攻击流量依然不会有丝毫减少。

（5）防火墙不能抵抗最新的未设置策略的攻击漏洞。

就如杀毒软件与病毒一样，总是先出现病毒，杀毒软件经过分析出特征码后加入病毒库内才能查杀。防火墙的各种策略，也是在该攻击方式经过专家分析后给出其特征进而设置的。如果世界上新发现某个主机漏洞的 cracker 把第一个攻击对象选中了您的网络，那么防火墙也没有办法帮到您。

（6）防火墙的并发连接数限制容易导致拥塞或者溢出。

由于要判断、处理流经防火墙的每一个包，因此防火墙在某些流量大、并发请求多的情况下，很容易导致拥塞，成为整个网络的瓶颈影响性能。而当防火墙溢出时，整个防线就形同虚设，原本被禁止的连接也能从容通过了。

（7）防火墙对服务器合法开放的端口的攻击大多无法阻止。

某些情况下，攻击者利用服务器提供的服务进行缺陷攻击，如利用开放 3389 端口取得没打过 sp 补丁的 Windows 2000 的超级权限、利用 ASP 程序进行脚本攻击等。由于其行为在防火墙一级看来是"合理"和"合法"的，因此就被简单地放行了。

（8）防火墙对待内部主动发起连接的攻击一般无法阻止。

"外紧内松"是一般局域网的特点。或许一道严密防守的防火墙内部网络是一片混乱也有可能。通过社会工程学发送带木马的邮件、带木马的 URL 等方式，然后由中木马的机器主动对攻击者连接，将铁壁一样的防火墙瞬间破坏掉。另外，防火墙内部各主机间的攻击行为，防火墙也只有如旁观者一样冷视而爱莫能助。

（9）防火墙本身也会出现问题和受到攻击。

防火墙也有其硬件系统和软件，因此依然有漏洞和 bug，所以其本身也可能受到攻击和出现软/硬件方面的故障。

（10）防火墙不处理病毒。

不管是 funlove 病毒，还是 CIH 病毒，在内部网络用户下载外网的带毒文件时，防火墙（这里的防火墙不是指单机/企业级的杀毒软件中的实时监控功能，虽然它们不少都叫"病毒防火墙"）是不为所动的。

7.5.3 防火墙的分类

1. 软件防火墙

软件防火墙运行于特定的计算机上，它需要客户预先安装好的计算机操作系统的支持，一般来说这台计算机就是整个网络的网关。软件防火墙就像其他软件产品一样需要先在计算机上安装并做好配置才可以使用。网络版软件防火墙最出名的莫过于 Checkpoint。使用这类防火墙，需要网管对所工作的操作系统平台比较熟悉。

2. 硬件防火墙

这里所说的硬件防火墙是指所谓的硬件防火墙。之所以加上"所谓"二字是针对芯片级防火墙而言的。它们最大的差别在于是否基于专用的硬件平台。目前市场上大多数防火墙都是这种所谓的硬件防火墙，它们都基于 PC 架构，就是说，它们和普通的家用 PC 没有太大区别。在这些 PC 上运行一些经过裁剪和简化的操作系统，最常用的有老版本的 UNIX、Linux 和 FreeBSD 系统。值得注意的是，由于此类防火墙采用的依然是别人的内核，因此依然会受到操作系统（OS）本身的安全性影响。国内的许多防火墙产品就属于此类，因为采用的是经过裁减内核和定制组件的平台，因此国内防火墙的某些销售人员常常吹嘘其产品是"专用的 OS"等，这其实是一个概念误导，下面我们提到的第三种防火墙才是真正的 OS 专用。

3. 芯片级防火墙

芯片级防火墙基于专门的硬件平台，没有操作系统。专有的 ASIC 芯片促使它们比其他类型的防火墙速度更快，处理能力更强，性能更高。这类防火墙最出名的品牌莫过于 NetScreen，其他的品牌还有 FortiNet，算是后起之秀了。这类防火墙由于是专用 OS，因此防火墙本身的漏洞比较少，不过价格相对比较高昂，所以一般只有在"确实需要"的情况下才考虑。

7.6 本 章 小 结

计算机网络面临的威胁大体可分为两种：一是对网络中信息的威胁；二是对网络中设备的威胁。计算机网络安全是指："保护计算机网络系统中的硬件、软件和数据资源，不因偶然或恶意的原因遭到破坏、更改、泄露，使网络系统连续可靠性地正常运行，网络服务正常有序。"

常见的网络攻击手段有窃取机密攻击、电子欺骗、拒绝服务攻击、社会工程学攻击、恶意代码攻击等。常见的安全防范措施主要包括物理安全、停用 Guset 账号、关闭不必要的服务、关闭不必要的端口、关闭默认共享、安全密码、备份敏感文件、安装必要的安全软件、防范木马程序等。

计算机病毒（Computer Virus）在《中华人民共和国计算机信息系统安全保护条例》中被明确定义，病毒是指"编制者在计算机程序中插入的破坏计算机功能或者破坏数据，影响计算机使用并且能够自我复制的一组计算机指令或者程序代码"。

加密是指改变数据的表现形式，一个加密系统至少由明文、密文、密钥与加密算法 4 个基本要素构成。根据密码算法所使用的密钥数量的不同，可以分为对称密钥技术和非对称加密技术。

数字签名在 ISO7498-2 标准中定义为："附加在数据单元上的一些数据，或是对数据单元所作的密码变换，这种数据和变换允许数据单元的接收者用以确认数据单元来源和数据单元的完整性，并保护数据，防止被人（如接收者）伪造"。

防火墙主要由服务访问政策、验证工具、包过滤和应用网关 4 个部分组成，防火墙就是一个位于计算机和它所连接的网络之间的软件或硬件（其中硬件防火墙用得很少只有国防部等部门才用，因为它价格昂贵）。该计算机流入流出的所有网络通信均要经过此防火墙。

7.7　实　　验

7.7.1　软件防火墙的配置与使用

1. 实验目的

掌握企业防火墙服务器的基本配置方法，能够实现通过企业防火墙的设置保护企业内部网络的基本操作方法；掌握通过安装、设置个人软件防火墙保护主机的基本操作方法。

2. 实验环境

Microsoft ISA Server 2006。

3. 实验内容

企业防火墙 ISA Sever 的配置和使用。

4. 实验步骤

企业防火墙 ISA Sever 的基本使用方法。

以 Microsoft ISA Server 2006 为例，简单介绍如何在 ISA Sever 中建立 ISA 规则来管理企业内部的网络。所有访问规则都没有限定内容类型，因为它可能给 HTTP 访问带来一些困难，只是在 HTTP 过滤中设置不允许访问的文件扩展名。企业的 ISA 设置是根据需要允许特定的用户利用特定的协议在特定的时间内访问特定的网络。

（1）如图 7-10 至图 7-13 所示设置规则一，指定内网所有用户在所有时间都可以用 HTTP、HTTP、POP3、SMTP 访问公司的指定内部服务器。

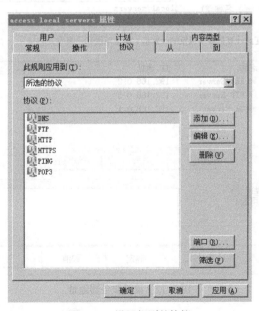

图 7-10　设置规则的协议

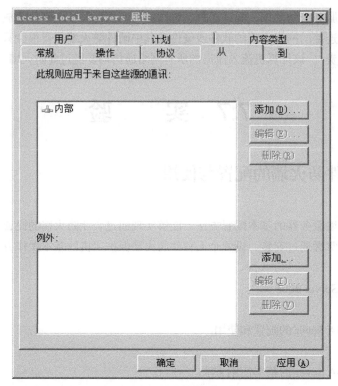

图 7-11　设置访问源允许所有内部网用户

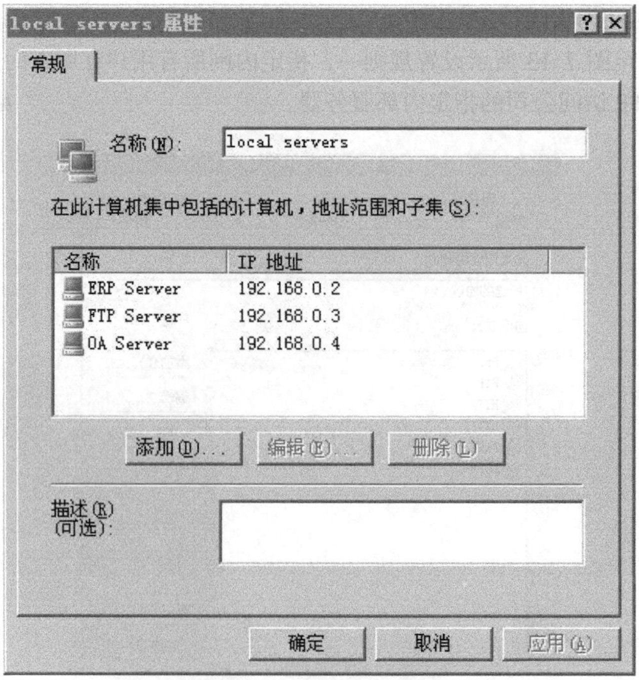

图 7-12　设置服务器地址

（2）如图 7-14～图 7-16 所示设置规则二，指定特殊用户在特殊时间访问外网。

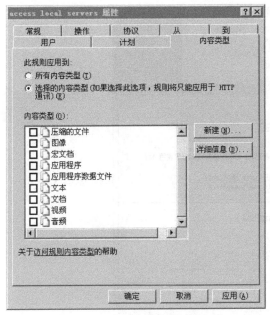

图 7-13　设置访问的内容类型

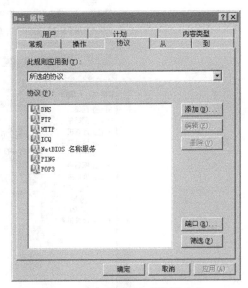

图 7-14　设置特殊的规则协议元素

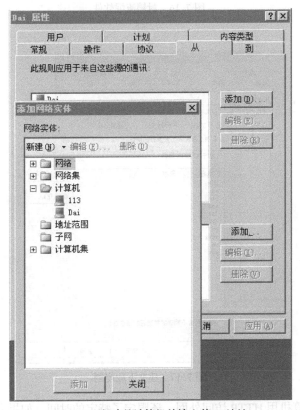

图 7-15　新建的计算机并输入其 IP 地址

（3）如图 7-17～图 7-22 所示设置规则三，指定特殊用户下载压缩文件。因为在 HTTP 过虑中禁止了下载，所以可以专门为有下载需要的用户建立一个下载规则。

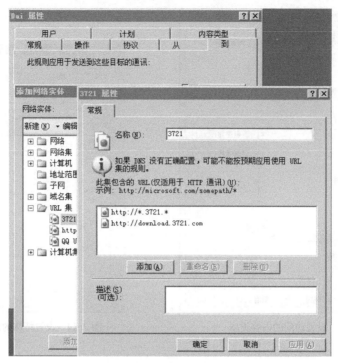

图 7-16　封锁流氓软件

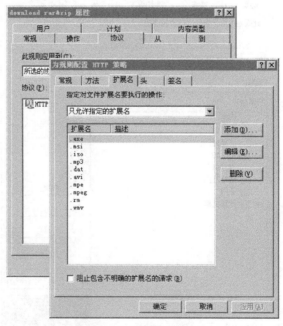

图 7-17　建立下载规则

只允许特定的计算机用 HTTP 访问外网，还限定了特定的时间。如果允许下载的计算机不只是一个，可以建一个计算机集。该例中只允许下载 RAR 和 ZIP 文件。对于封 QQ 的问题，因为 QQ 使用的是 443 端口和 UDP 的端口，这里只允许 HTTP 访问，不会登录 QQ；还有 BT 下载的问题，只要禁止下载 BT 的种子就行了，扩展名是.torrent，禁止下载这个文件就基本封掉 BT 了，但可能别人利用 QQ 等、下载压缩的种子文件也能使用 BT；还有一种办法，就是封掉 BT 的请求 URL：http://*.*.*/announce，因为相当大一部分的 BT 客户端在下载文件的过程中都要请求这个地址，但对于个别网站这个地址可能无效。

图 7-18　只用到 HTTP，并把 DNS 协议带上

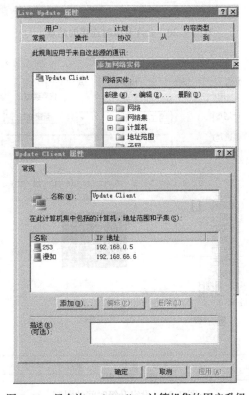

图 7-19　只允许 updata client 计算机集的用户升级

图 7-20 允许升级时连接的站点

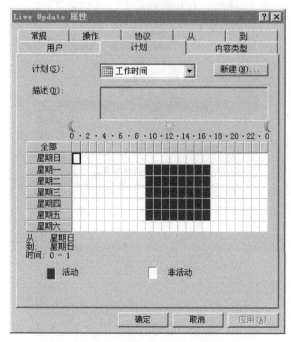

图 7-21 设定升级时间的限制

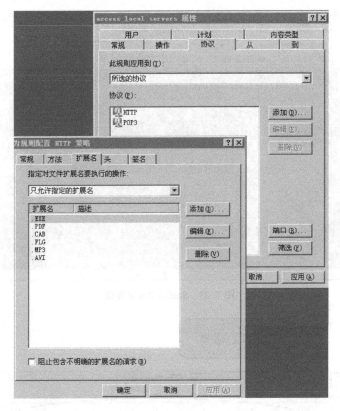

图 7-22　限制扩展名

7.7.2　局域网嗅探实验

1．实验目的

（1）了解局域网嗅探的原理及基本操作方法。

（2）掌握如何防范嗅探。

2．实验环境

（1）Windows 环境。

（2）Sniffer 软件。

3．实验内容

利用计算机的网络接口捕获网络内计算机通信数据报文。

4．实验步骤

Sniffer Pro 软件是 NAI 公司推出的功能强大的协议分析软件，实验中使用 Sniffer Pro4.7 来捕获网络中传输的 FTP、HTTP、Telnet 等数据包，并进行分析。

（1）Sniffer Pro 的主界面。

Sniffer Pro 的主界面如图 7-23 所示。

（2）Sniffer Pro 的工具栏。

Sniffer Pro 的工具栏如图 7-24 所示。

（3）Sniffer Pro 的 Dashboard（见图 7-25）可以监控网络的利用率、流量及错误报文等内容。

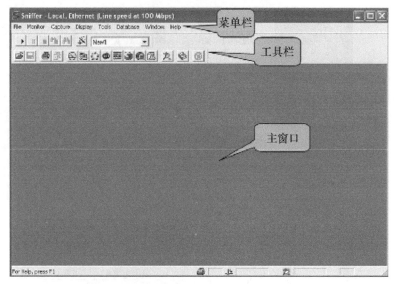

图 7-23 Sniffer Pro 主界面

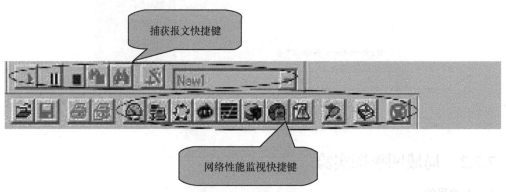

图 7-24 Sniffer Pro 的工具栏

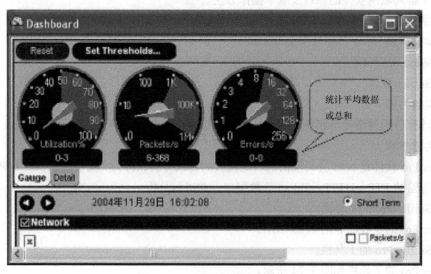

图 7-25 Sniffer Pro 的 Dashboar

（4）Sniffer Pro 的 Host table（见图 7-26）可以直观地查看连接的主机。

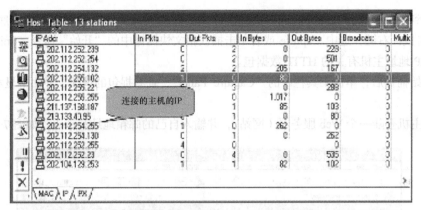

图 7-26 Sniffer Pro 的 Host table

（5）使用 Sniffer Pro 捕获 HTTP 数据包，分析捕获的数据包以得出关键信息。

① 假设 A 主机监视 B 主机的活动，首先 A 主机要知道 B 主机的 IP 地址，B 主机可以在命令符提示下输入 ipconfig 查询自己的 IP 地址。

② 选中 Monitor 菜单下的 Matirx 或直接单击网络性能监视快捷键，此时可以看到网络中的 Traffic Map 视图，可以单击左下角的 MAC、IP 或 IPX 使 Traffic Map 视图显示相应主机的 MAC、IP 或 IPX 地址，图 7-27 所示的是 IP 地址，每条连线表明两台主机间的通信。

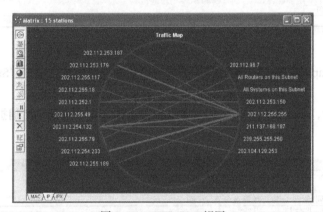

图 7-27 Traffic Map 视图

③ 执行 "Capture→Define Filter→Advanced"，再选中 "IP→TCP→HTTP"，然后单击 OK 按钮。

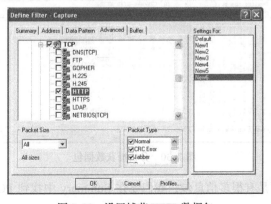

图 7-28 设置捕获 HTTP 数据包

④ 回到 Traffic Map 视图中，选中要捕捉的 B 主机 IP 地址，选中后 IP 地址以白底高亮显示。此时，单击鼠标右键，选中 Capture 或者单击捕获报文快捷键中的"开始"命令，Sniffer 开始捕捉与指定 IP 地址主机有关的 HTTP 数据包。

⑤ 开始捕捉后，单击工具栏中的"Capture Panel"，查看捉包的情况，界面中显示出 Packet 的数量。

⑥ B 主机登陆一个 Web 服务器（网站），并输入自己的邮箱地址和密码，如图 7-29 所示。

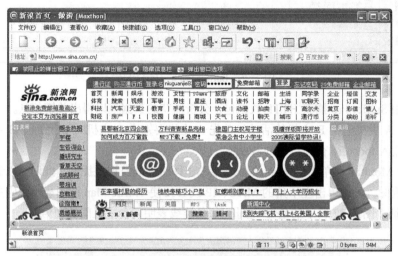

图 7-29　输入登录名及密码

⑦ 此时，从 Capture Panel 中看到捕获数据包已达到一定数量，单击"Stop and Display"按钮，停止抓包。

⑧ 停止抓包后，单击窗口左下角的"Decode"选项，窗中会显示所捕捉的数据，并分析捕获的数据包。

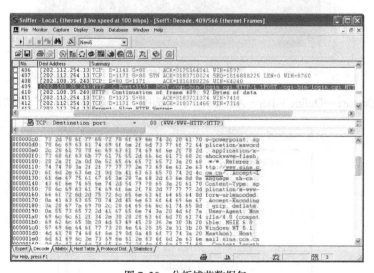

图 7-30　分析捕获数据包

⑨ 过滤后抓包，还是有很多信息包，我们要在 Summary 中找到 POST 类型的数据包 409，如图 7-31 所示。

Sniffer - Local, Ethernet (Line speed at 100 Mbps) - [Snif1: Decode, 409/566 Ethernet Frames]
File Monitor Capture Display Tools Database Window Help
406 [202.112.254.13] TCP: D=1141 S=80 ACK=3175564041 WIN=6597
407 [202.112.254.13] TCP: D=1171 S=80 SYN ACK=3183710024 SEQ=1816888225 LEN=0 WIN=8760
408 [202.108.35.240] TCP: D=80 S=1171 ACK=1816888226 WIN=64240
409 [202.108.35.240] HTTP: C Port=1171 POST /cgi-bin/login.cgi HTTP/1.1POST /cgi-bin/login.cgi HTT
410 [202.108.35.240] HTTP: Continuation of frame 409; 92 Bytes of data
411 [202.112.254.13] TCP: D=1171 S=80 ACK=3183711374 WIN=7410
412 [202.112.254.13] TCP: D=1171 S=80 ACK=3183711466 WIN=7318
TCP: Destination port = 80 (WWW/WWW-HTTP/HTTP)
Expert Decode Matrix Host Table Protocol Dist. Statistics
For Help, press F1

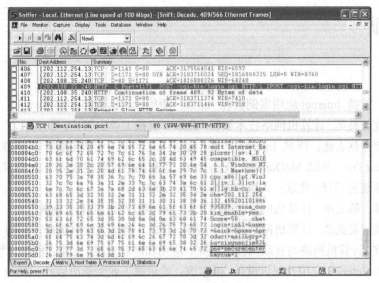

图 7-31　POST 类型的数据包

⑩ 关键信息（见图 7-32）。

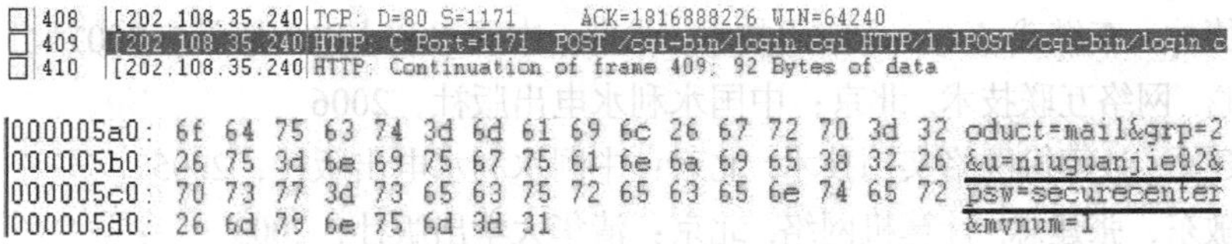

408 [202.108.35.240] TCP: D=80 S=1171 ACK=1816888226 WIN=64240
409 [202.108.35.240] HTTP: C Port=1171 POST /cgi-bin/login.cgi HTTP/1.1POST /cgi-bin/login.c
410 [202.108.35.240] HTTP: Continuation of frame 409; 92 Bytes of data
000005a0: 6f 64 75 63 74 3d 6d 61 69 6c 26 67 72 70 3d 32 oduct=mail&grp=2
000005b0: 26 75 3d 6e 69 75 67 75 61 6e 6a 69 65 38 32 26 &u=niuguanjie82&
000005c0: 70 73 77 3d 73 65 63 75 72 65 63 65 6e 74 65 72 psw=securecenter
000005d0: 26 6d 79 6e 75 6d 3d 31 &mynum=1

图 7-32　关键信息

习　　题

1. 简述网络安全的概念及网络安全威胁的主要来源。
2. 解释下列名词。

主动攻击、被动攻击、计算机病毒、数字签名。

3. 信息安全的目标是什么？
4. 简述防火墙的作用。
5. 简述常见病毒的种类和病毒的防治方法。
6. 简述计算机病毒的几种传播途径。
7. 假如甲、乙二人需要秘密传输文件，应如何操作？
8. 利用 RSA 算法求密文，已知 p=7，q=17，m=19，求 c。
9. 防杀网络病毒，应从哪两方面入手？
10. 熟悉并掌握两种常用的杀毒软件。

参考文献

[1] 匡松，王鹏. Internet 应用案例教程. 北京：清华大学出版社，2011

[2] 吴功宜，吴英. 计算机网络技术教程. 北京：机械工业出版社，2010

[3] 张文专，赵志建，周斌. Internet 应用. 北京：北京理工大学出版社，2010

[4] [美]Mark Dye，Rick McDonald，Tony Rufi. 思科网络学院教程 CCNA Exploration：网络基础知识. 思科系统公司译. 北京：人民邮电出版社，2009

[5] 冯博琴，陈文革. 计算机网络. 2 版. 北京：高等教育出版社，2008

[6] 乔正洪，葛武滇. 计算机网络技术与应用. 北京：清华大学出版社，2008

[7] 吴宫宜. 计算机网络与互联网技术研究、应用和产业发展. 北京：清华大学出版社，2008

[8] 刘桂阳. Internet 应用及网页设计. 哈尔滨：哈尔滨工业大学出版社，2008

[9] 杨云江. 计算机网络基础. 2 版. 北京：清华大学出版社，2007

[10] 张连永，韩红梅，何花等. 计算机网络基础应用教程. 北京：清华大学出版社，2007

[11] 黄勇，骆坚，尉红艳. 上网无忧. 北京：人民邮电出版社，2007

[12] 彭德林，李继武. Internet 应用技术. 北京：中国水利水电出版社，2007

[13] 高晗. 网络互联技术. 北京：中国水利水电出版社，2006

[14] 雷建军. 计算机网络实用技术. 北京：中国水利水电出版社，2005

[15] 徐敬东，张建忠. 计算机网络. 北京：清华大学出版社，2003